著 ジャクソン・ギャラクシー
　 ミケル・デルガード
訳 プレシ南日子

ジャクソン・ギャラクシーの猫を幸せにする飼い方

X-Knowledge

TOTAL CAT MOJO by Jackson Galaxy

Copyright © 2017 by Jackson Galaxy

All rights reserved including the right of reproduction in whole or in part in any form. This edition published by arrangement with TarcherPerigee, an imprint of Penguin Publishing Group, a division of Penguin Random House LLC, through Tuttle-Mori Agency, Inc., Tokyo

僕が初めて飼った猫
バリーに捧ぐ。

バリーは僕にとって先生であり
癒しを与えてくれる天使であり
天才的なコメディアンであり
人の心を読むことができる超能力者であり
枠に収まらない規格外の存在だった。

あらゆる動物と仲良くしていた。
言葉では言い表せないほど愛され
そして惜しまれた。

いつかまた
僕らの元へ戻ってきてくれることを願って。

はじめに　モジョって、何？　　　　　　　　　　　　10

PART 1

愛猫たちのルーツと歴史
――野生の猫からあなたの猫まで――

第1章　ワイルド・キャットとは？　　　　　　　　17
第2章　室内飼いへの大変化　　　　　　　　　　　28

PART 2

なるほどなっとく猫知識
――猫の習性と気持ちを知ろう――

第3章　ワイルド・キャットのリズム　　　　　　　38
第4章　猫の暗号を解読する　　　　　　　　　　　50
第5章　猫のタイプと自信が持てる場所　　　　　　63

PART 3

ジャクソン流・
猫を幸せにする飼い方

第6章　道具箱へようこそ　　　　　　　　　　　　76
第7章　ワイルド・キャットのための基本ツールを覚えよう　　80

第 8 章	猫のための部屋づくりと縄張り	*100*
第 9 章	猫を育てる技術	*128*
第 10 章	猫とほかの動物との関係	*145*
第 11 章	猫と人間との関係──絆を築く──	*181*
第 12 章	誰のための挑戦ラインか？	*216*

PART 4

あなたの悩みに答えます
──解決して猫も人も幸せに──

第 13 章	爪研ぎの問題を解決せよ	*230*
第 14 章	猫たちの折り合いが悪い場合	*236*
第 15 章	人を噛んだり引っ掻いたりする場合	*249*
第 16 章	注意を引こうと問題行動をとる場合	*255*
第 17 章	不安による問題行動を防ぐには	*265*
第 18 章	野良猫がトラブルを引き起こす！	*276*
第 19 章	愛猫が内弁慶すぎる	*281*
第 20 章	トイレの大問題に立ち向かおう	*287*
第 21 章	モジョってこういうこと	*303*

謝辞	*7*
用語索引	*306*
Credits	*310*
プロフィール	*311*

謝辞

新しい本の執筆に手を貸してもらおうと、猫のプライベート・コンサルタントとして活躍する傍ら、博士号取得に向けて研究をし、多忙を極めるミケル・デルガードに連絡したとき、こう説明したのをはっきり覚えている。「今度の本では、僕が猫とその世界について、これまで何年ものあいだに話したり、撮影したり、録音したり、執筆したりしたあらゆることを1カ所にまとめ、整理して、編集するだけだから」と。ところが蓋を開けてみたら、それがどれだけ大変だったかというと、最近ではミケルへの新しくて斬新な言い訳を考えるのが、もはや趣味の域に達してしまったほどだ。本書は、1年半近くにわたる愛と献身の賜物だ。その1年半、僕は2本のテレビ番組を抱え、設立1年目のジャクソン・ギャラクシー財団をなんとか切り盛りし、プライベートでは悲しい出来事にも見舞われた。

僕ひとりだけでは、この手ごわい本を相手にすることなど、到底できなかっただろう。本書のために尽力してくれた人々、出版をサポートしてくれた人々、それから僕がひとしきり熱弁をふるう場を設けてくれた人々に感謝の言葉を贈りたい。彼らはそれぞれ、動物のために尽くすことは、僕たちが想像する以上に価値があることだと教えてくれた。そして、彼らのおかげでばらばらだったパーツがまとまって、本書はできあがった。「ありがとう」という言葉では決して表しきれないほど感謝している。

何よりもまず、本書の制作チームのメンバーである、ミケル・デルガード、ボビー・ロック、ジェシカ・マルティラへ。この長旅で僕が得た多くの教訓の1つは、「構想を持つだけでは、山の麓までしかたどり着けない。信念と意志を持ち、山の偉大さにひれ伏すことで、初めて残りの道を進めるようになる」ということだった。僕たちは一丸となって、ベースキャンプを毎日少しずつ登っていった。大学1年生のように徹夜し、頭も体ももはや大学1年生とは程遠いという現実を突きつけられながらも、言葉や挿絵を一つひとつじっくり吟味していった。時間の重圧や他人の投げかける疑問、僕の過剰な野心に押しつぶされないよう、どんなことにも手を抜かなかった。最後までやり

抜こうとするみんなの強い意志のおかげで、この本が日の目を見ることができた。みんなの動物に対する情熱は、時代を越えて生き続けると僕は確信している。

ジョイ・テュテラは、初めて会ったときから、僕をテレビに出ているおかしな猫オタクのミュージシャンではなく、何よりもまず1人の作家として信用してくれた。あれから4冊。特にこの素晴らしい本を出版できたことと、ジョイがまだ僕を信用してくれたことを嬉しく思っている。問題を解決してくれたことも、気落ちした僕を励ましてくれたことも、僕の言葉が猫や飼い主を救うと請け合ってくれたこともあった。また一緒に仕事しよう。

ターチャーペリジーとペンギン・ランダムハウスのチームのメンバーへ。みんなは最初から最後まで、素晴らしいデザインとともに「キャット・モジョ」を紹介してくれた。君たちに僕の言葉を託せて、光栄に思っている。サラ・カーダーへ。この本にはハラハラさせられたし、僕たち2人にとって試練だったと思う。いつもながら、僕の味方をしてくれてありがとう。

そして、世界各地にいるアーティストのみんなへ。才能を思う存分発揮して、猫のキャラクター「モジョ」とモジョに満ちた猫の世界をたくさんの挿絵でわかりやすく描いてくれてどうもありがとう。

ローリ・フサロへ。君の写真はいつも人間と動物たちとの最も貴重な関係をとらえている。原書の表紙を飾った愛猫ベルーリアと僕の写真は、僕らがこの世を去ったずっと後まで、変わらぬ愛の証として存在し続けるだろう。どんなに感謝しても感謝しきれない。

ミヌーへ。最愛の人として、僕の心の守り神として、そして、共通のミッションを信じるパートナーとして、離れているときも僕の味方でいてくれてありがとう。

弟のマークへ。絶妙なタイミングでこの本の舵取りに参加して、30あまりの荒波を乗り越える手助けをしてくれてありがとう。甲板に叩きつけられながらも進路を見定めてくれたこと、感謝しているよ。僕を信じて嵐から守ってくれてありがとう。

そして、動物の家族たち、ムーシュカ、オードリー、パシャ、ベルーリア、キャロライン、ピシ、リリー、ギャビー、サミー、エディ、アーニー、オリバー、ソフィーへ。毎日僕らが日課をこなす理由を思い出させてくれて、そして、毎日僕の心を純粋な愛で満たしてくれて、どうもありがとう。

父をはじめとする人間の家族のみんなへ。僕を愛してくれてありがとう。みんなが僕に光を送ってくれるおかげで、僕はいつも安全に着地できているのだと思う。

ステファニー・ラズバンドへ。僕がいつも身の丈をわきまえ、必要なときに必要な場所にいられるようにしてくれてありがとう。

RDJとザ・ファムへ。運転は僕の仕事ではないと思い出させてくれること、救いようのない無謀な乗客である僕を愛してくれることに感謝している。

ディスカバリーチャンネル、アニマルプラネットのみんなへ。いつも僕をサポートし、カメラを向けてくれることに、変わらぬ感謝の気持ちを贈りたい。

サンディ・モンテローズ、クリスティ・ロジェロ、そして増え続けているジャクソン・ギャラクシー財団の職員とボランティアのチームのみんなへ。モジョを必要とする猫と猫を必要とし、猫を助けている人々へせっせとモジョを届けてくれてありがとう。

イーヴォ・フィッシャー、キャロリン・コンラッド、ジョセフィーヌ・タンをはじめとする、WMEエンターテインメントのみんな、そしてシュレック・ローズ・ダペロ・アンド・アダムス法律事務所、タン・マネジメントのチームの面々へ。常に邪魔者を遠ざけ、前進を続けてくれてありがとう。

シエナ・リー＝タジリとトースト・タジリへ、2人の存在と、いつも僕たちの会社や構想、そして僕自身に君たちがもたらしてくれるものに感謝している。

それからこの場を借りて、ジャクソン・ギャラクシー・エンタープライズを支える目下拡大中の素晴らしいチームが、情熱を持ち、モジョの構想に取り組んでくれていることについて、スージー・カフマンの文字起こしの才能について、ジュリー・ヘクトの思慮深い犬中心主義のフィードバックについて、感謝の言葉を贈りたい。

普段なら本が最終段階まで来たら、母に電話をかけて、謝辞に掲載させてもらう人々のリストを読み上げるところだ。母はいつも必ず、みんな僕にふさわしい人々だと言ってくれた。それが習慣になっていたからなのか、母からそう言われないと、本が完成したという感覚になれなかった。

僕は今学んでいる。耳を澄ましさえすれば、母はいつでも近くにいてくれることを。そして、母の肉体はもうこの世にないという事実を受け入れる方法を学んでいる。毎日、心が張り裂けないようにする方法も学んでいるところだ。だが、この手の教訓は一朝一夕には得られない。僕の本は永遠に未完成のままだ。僕はそれでいいのだということもこれから学ぶだろう。

今の僕があるのは、すべて母さんのおかげだ。会いたいよ。大好きだよ。どうもありがとう。

はじめに

モジョって、何？

僕は熱狂的な大勢の観客の前に立っている。南米を回る講演旅行でブエノスアイレスを訪れているのだ。ここ1年、マレーシアやインドネシアなども訪れ、通訳を介して話すのにはかなり慣れてきていたし、メキシコシティやコロンビアの首都ボゴタにも行ったばかりだ。同時通訳というのは、実にありがたい。観客がヘッドフォンで訳を聞きながら、笑ったり、息をのんだり、拍手したりして、僕の話についてきてくれるのだから。英語がわかる観客からは2、3秒ほど反応が遅れるけれど、全体的に見れば、そんなこと大した問題ではない。

　僕はいつも講演になると、伝えたいことがあふれでて、流れに任せてまくし立てて話してしまう。そんな僕を尻目に通訳は、冷静に隣に立っている。僕ときたら、熱がこもればこもるほど、通訳の存在もその通訳が何を必要としているのかも、まったく気にならなくなってしまうのだ。そんなとき、だいたいの通訳は、観客が置いてけぼりにならないように、途中で僕の肩を叩いたり、横目で合図したりして、手短に内容を訳してくれる。だが、この日の通訳はそういうタイプではなかった。そもそも彼女はニュースキャスターで、たまたまバイリンガルだっただけなのだ。僕らは息が合っていたとはとても言えなかった。

　アドリブは別として、僕はいつもトークの初めに「キャット・モジョ」という概念を説明するようにしている。それが僕の伝えたいことの骨子だからだ。例のブエノスアイレスでは、この導入部分を話すとき、僕は自分でも乗りに乗っているのがわかった。モジョが猫の行動にどう表れるか実演すべく、毛づくろいの仕方から、しっぽや耳の動き、自信満々な歩き方まで、なりふり構わず真似して見せた。そして、最後に「では、これを何と呼んでいるかというと、僕は『キャット・モジョ』と呼んでいる。あなたのかわいい猫ちゃんには『モジョ』があるんだ」と付け加えた。

僕はこの言葉に余韻を持たせようとした。ところが、僕の期待よりも、余韻が長過ぎた。誰もしゃべり始めず、さっきまで盛り上がっていた会場が、気まずい沈黙に包まれる。通訳に横目で合図を送っても、彼女の口からは一言も出てこない。目を見ると、かすかにパニックになっているのがわかった。

　彼女はハッとすると、僕のほうにぐっと体を寄せて、耳元で「モジョって、何ですか？」と聞いてきた。僕は「どういうこと？　まさかモジョの意味を知らないの？」と聞き返してしまった。今思うと、このときの僕の声は、ちょっと大き過ぎたかもしれない。僕たちはステージの上にもかかわらず、話し合った。「余韻」の時間が1秒1秒増えていく。とても信じられなかった僕は、観客のほうを向くと大声でこう聞いてみた。「ねぇ、みんな。みんなは『モジョ』の意味を知っているだろう？　この中で『モジョ』の意味を知っている人？」。会場は水を打ったように静まりかえっている。

　そのとき、2002年に起きたある出来事を思い出した。僕はコロラド州ボールダーで自分のデスクに座っていた。このとき僕は、自分の知識をマニフェスト的なものにまとめようと思いついたのだった。ひらめき自体は大したものではなかったが、やる気は満々だ。数年前に猫の行動専門家として独立していた僕は、依頼人が飼い猫のことを理解できるように、猫全般に関する自分の知識をわかりやすく要約しようと躍起になっていた。これは現在でも言えることだが、当時は今よりもずっと、猫は不可解な生き物であり、その行動も経験も人間の理解をはるかに超えているため、人間と猫が良好な関係を築くことなどできないと考えられていたのだ。そこで僕は、その関係を築く足掛かりとなるものを見つけて、耳に残るわかりやすいキーワードで表そうと心に決めたのだった。

　キーワードを見つけるのは、仕事をやりやすくするためではない。僕は動物保護施設で10年間働いていたのでよく知っているのだが、当時も今も動物保護施設では、年間数百万匹という途方もない数の猫が殺されている。猫の行動が理解できないために、飼い主と猫とのあいだに壁ができ、その壁がやがて越えることのできない有刺鉄線の柵へと変わり、飼い主と猫との関係が崩壊するのを、僕は何度となく目にしてきた。自尊心の高い飼い主は、猫の行動が理解できていないという事実を受け入れず、猫は自分をばかにしているのだと勝手に解釈する。そして、不満が募り、ついには飼い猫を保護施設に連れて行ったり、道端に捨てたりすることになるのだ。僕は少なくともこの有刺鉄線の柵を外し、人間と動物が安心して触れ合えるようにしたうえで、双方の絆を深

めようと努力していた。

当時僕は、猫の本来の姿である「ワイルド・キャット」という言葉をキーワードとして使うようになっていた。これは今、あなたの膝の上でくつろいでいる猫も、進化の観点から言うと祖先とごくわずかしか違わないという考え方だ（詳しくは後ほど、第1章で説明しよう）。つまり、どんな飼い猫も、トラやジャガーといった野生のネコ科の動物と同じように、原始的な野生の本能が眠っているのだ。ワイルド・キャットは、猫が地上に姿を現して以来ずっと、猫の行動に影響を与えてきた内なる原動力なのだ。その原動力とは、狩りの必要性や、食物連鎖の中間に位置し、獲物を捕食すると同時に天敵から捕食される立場であるという意識、そして自分の縄張りを持ち、守っていく必要性だ。

僕は依頼人の猫が経験している問題のほとんどではないにしても多くが、縄張りを脅かされる不安に起因していると考えるようになった（ただし、まだ診断されていない健康上の問題を抱えている場合は話が別だ）。ワイルド・キャットはほとんどの時間、甘んじて飼い猫の心の奥にじっと隠れているが、縄張りが脅威にさらされると、叫び声を上げながら表に飛び出してくる。それが本物の脅威なのか、単なる思い込みなのかは大して問題ではない。なぜなら、猫は脅威を感じたら、いても立ってもいられなくなるからだ。猫の問題行動は飼い主にとって悩みの種だが、症状に対処するだけでは十分ではない。猫の中にある、ワイルド・キャットの本能を引き出し、不安をコントロールして、払拭できるようにしてやる必要があるのだ。

では、さっき話したデスクに戻ろう。深夜になり、睡魔が有無を言わさず襲ってきた。パソコンに文章を打ち込んでは、自分が半分寝ながら書いていたことに気づいて前に戻り、ほとんど全部消して、また最初から書き直すことを繰り返していた。いつ意識が飛んでもおかしくなかったので、僕は立ち上がり、猫の自信について、何か言葉で説明するのではなく、自信を持った猫はどんな風に見えるかを考えることにした。オフィスの中を行ったり来たりするうちに、自信のある猫は気取った歩き方をすることに気づいた。しっぽは後ろに向けてクエスチョンマークを描き、耳はリラックス、目は見開かず、ひげは普通の状態だ。脅威となるものは見当たらず、戦うか逃げるか決断する闘争・逃走反応も起きない。戦いへの備えも、周囲への警戒も必要なさそうだ。世界は万事うまくいっていると、心の底から感じているからだ。この歩き方は決して作為的なものではなく、猫は周りからどう見られたいかを意識しているわけではない。この自信は、自分の縄張りが間違いなく自分のものだと確信できたときにだけ得られる。僕が探していた答えであり、飼

い主たちに知らせたいと思っていたことは、縄張りが守られているという感覚だったのだ。

　そして、僕は随分単純だが、現在愛猫がどれだけ縄張りに対して自信を持っているか、飼い主が理解し、猫を安心させてあげるだけで、凶暴性からトイレの問題まで、飼い主を悩ませる「症状」のほとんどを解決できるはずだと考えた。僕は部屋を歩き回りながら、この気取った歩き方を人間に置き換えると、どうなるかを考えた。そして、胸を張って歩く人の姿を思い浮かべていたとき、最初に僕の口をついて出たのは、憧れのミュージシャン、マディ・ウォーターズが喜々として歌う「僕のモジョが効いているぜ！」という一節だった。

　こうして、キーワードとなるコンセプトが見つかった。それ以来、僕が猫の行動専門家として築き上げてきたもののほとんどは、飼い主が「キャット・モジョ」を理解することを軸にしてきた。

　ここでブエノスアイレスに戻ろう。水を打ったようなあの会場に。僕はステージの上から、「この中で『モジョ』の意味を知っている人？」と観客に質問をした。2人か3人が手を上げた。観客数は500人。僕のキャリアの土台となった言葉は、理解してもらえていなかっただけでなく、観客を困惑させていた。こうなったら、もう実演して見せるしかない。あのボールダーの夜に戻り、またこのコンセプトを伝える方法を見つけなければ！　観客にもわかりやすく、かつ通訳が訳せる例を。そして、唯一、頭に浮かんだのが、映画『サタデー・ナイト・フィーバー』だった。恥ずかしいと考えている暇はない。ひとまず10代のころの記憶に忠実に、オープニングシーンを再現し始めた。

　ビージーズが歌う「ステイン・アライブ」が鼓動のようなビートを刻む。カメラはブルックリンの歩道を闊歩する、いかにも70年代といった感じの靴を捉える。カメラは徐々に下から上へ移動し、ベルボトムのズボン、ベルト、光沢のあるシャツ、胸まで大きく開いた襟元へ、そしてついに、ジョン・トラボルタが演じるトニー・マネロの顔を映し出す。靴から、完璧に整えられたヘアスタイルに至るまで、すべてがトニーの自信を表していることがわかる。「トニーのモジョは効いている」

　僕は1拍置いて反応を見た。通訳の話し方もどんどん熱を帯びていくと同時に、会場全体に笑顔が広がる。みんな、わかってくれた。そこで、僕はトニーの気取った歩き方を真似た。

　トニーは世故に長けている。だが、モジョを持ったトニーは、別に自分の

ステータスを確認するために知識を身につけているわけではない。彼はただ知っているのだ。女の子はトニーと一緒にいたがるし、男はトニーのようになりたがる。そして、トニー自身、ブルックリンは自分のものだと知っている。これは言葉で説明しなくても、トニーの歩き方を見ればわかる。モジョがあふれているからだ。

トニーになりきって広いステージを端から端まで歩き回り、僕はもうヘトヘトだった。両手を膝に置いてゼイゼイ言いながら目を上げると、目の前には興奮気味にざわめき、うなずく観客たちの姿があった。どうやら最悪の事態は回避できたらしい。

言葉の壁のせいで追い詰められたのは、むしろ幸運だったのかもしれない。あのブエノスアイレスの講演で、キャット・モジョのコンセプトが揺るぎないものとなったからだ。こうして僕は、それまで思ってもみなかった方法で「モジョ」の説明ができるようになった。しかも、文化の違いにかかわらず、誰にでもモジョとはどんなもので、彼らのモジョも猫のモジョとまったく同じところから生まれることを教えられるようになったのだった。

ボールダーでの深夜のひらめきに始まり、ブエノスアイレスでの出来事やこれまで行ってきたあらゆる講演、依頼人宅でのコンサルタント、講座、そして出演しているアニマルプラネットのテレビ番組『猫ヘルパー〜猫のしつけ教えます〜』の全エピソードの行き着いた先が、本書だ。ここ何年ものあいだ、僕が生業としてきたのは、実のところ猫の問題を解決することではなく、猫のモジョを見出し、育て、守る方法を飼い主に教えることだった。ここで言うモジョが、飼い主のモジョなのか、猫のモジョなのかといえば、両方ということになる。というのも、飼い主のモジョが働けば、猫のモジョを引き出すのがずっと楽になるからだ。そして、飼い猫のモジョが効いていれば、誰でも思わず笑顔になるはずだ。

PART 1

愛猫たちの
ルーツと歴史
―― 野生の猫からあなたの猫まで ――

ジャクソンの猫辞典

キャット・モジョとは？

Cat Mo・jo /kat môjô/（名詞） 猫が、自分のものだと確信できる環境の中でくつろぎ、狩りをして、獲物を仕留めて、食べて、毛づくろいをして、眠るという自然の本能に触れているときに示す自信。

　猫にとって「モジョ」とは、自信にほかならない。モジョが身についている猫は、相手の出方をうかがうのではなく、自ら先手を打つ。
　では、モジョはどこから生まれるのだろう？ 猫のモジョの源は、縄張りが誰にも脅かされることなく安全に保たれ、その縄張りで遂行すべき重要な仕事を持っているという意識だ。ここでいう仕事とは、祖先であるヤマネコから代々引き継がれてきた、猫にとって生物学的に不可欠な行動のことで、僕は「狩りをする」「捕らえる」「殺す」「食べる」「毛づくろいをする」「眠る」の6つだと考えている。飼い主は猫の祖先である「ワイルド・キャット」（次ページ）の生活リズムを忠実に再現するだけでいい。猫が心からくつろげたら、そのときにいる場所こそが、その猫の棲家となるからだ。

第1章
ワイルド・キャットとは？

あなたの愛猫の中には、実はもう1匹、別の猫が住んでいる。猫用ベッドやネズミ型のおもちゃ、日がな一日窓の外を眺めたり、ソファにのんびり横たわったりして過ごす生活といった「猫に快適さを提供する要素」を取り除いてみよう。そうすれば、例えば、猫が夜中にあなたのつま先を捕まえようとして布団に潜り込んできたせいで目が覚めたときに、愛猫の中に住むもう1匹の猫がチラッと顔を出すかもしれない。

このもう1匹の野生の心を残した猫を、僕は「ワイルド・キャット」と呼んでいる。あなたの猫とその猫の中に住むワイルド・キャットは、双子のようなものだ。ワイルド・キャットは現代の猫の祖先にあたる猫で、あなたの猫とは長い年月によって隔たれているが、それでもDNAの鎖を通じて、糸電話をしているかのように、密接につながっている。このまっすぐ伸びた糸を通して、ワイルド・キャットはあなたの猫に絶えず信号を送り、急いで縄張りを守れ、狩りをしろ、獲物を仕留めろ、食べろ、警戒を怠るな、と伝えているのだ。

はじめまして！ 僕はモジョ！
ワイルド・キャットのことを解説するね。

猫の進化年表

1100万年前 ネコ科は、ネコ科の現生種につながる2つの系統に枝分かれした。1つはヒョウ亜科（トラ、ライオン、ジャガーおよび4種類のヒョウといったネコ科の中でも大型の7種）、もう1つはネコ亜科だ。ネコ亜科の動物はほとんどが小型で、人間に飼われている猫（イエネコ）もこれに含まれる。ちなみにヒトとチンパンジーの祖先が進化上枝分かれしたのは、これよりずっと遅い500〜700万年前だ！

940万年前 ボルネオヤマネコが現存するネコ亜科のほかの祖先から最初に枝分かれし、独立した系統を形成する。

1100万年前　　　　　　　　　　　　　940万年前

　縄張りの識別や必要とする栄養から遊び方などの行動まで、猫はあらゆる面で双子であるワイルド・キャットとつながっている。これらの特徴はすべて、わずかに薄まりつつも何万年も受け継がれてきた猫という生き物共通の主要な目的を反映している。実際、あなたの猫がワイルド・キャットから受け継いだ身体的、行動的形質がどれだけ多いか考えれば、進化的見地から2匹は一卵性双生児並みに似ていると言っても差し支えないだろう。

　本書では全編にわたり、愛猫の「ワイルドさ」つまり、野生の本能に注目するよう促している。そこにモジョが宿っているからだ。そう思って意識してみると、あなたも猫がワイルド・キャットとつながっていることに気づくようになるだろう。そして、どのような状況のときに、どんな形でワイルド・キャットが顔をのぞかせるかを知ることが、いかに大切かがわかってくるはずだ。でも、それだけではなく、本当の意味であらゆる角度から猫の一瞬一瞬の行動を観察する視点をもってほしいと思っている。猫の体のすぐ内側でワイルド・キャットの心臓が脈を打っているのだ。

850万年前 カラカルの系統（サーバル、カラカル、アフリカゴールデンキャット）が枝分かれする。

800万年前 オセロットの系統（オセロット、マーゲイ、パンパス、ジョフロイキャットなど）が枝分かれする。

720万年前 オオヤマネコの系統（オオヤマネコやボブキャットなど）が枝分かれする。

940万年前

ワイルド・キャットのルーツ

猫の属する食肉目（ネコ目）の動物は、約4200万年前に存在していた比較的小型の哺乳類から進化した（諸説あり）。ちなみに食肉目には猫、犬、熊、アライグマのほか、たくさんの動物が含まれるが、食肉目かどうかは、その動物の歯の構造を基準に判断していて、何を食べるかで決まるわけではない。つまり、食肉目の中には雑食動物もいれば、草食動物もいるのだ。

僕のご先祖様はどんな動物だったのかな。

食肉目は、進化の観点から言うと2つのグループ（亜目）に分けられる。1つはイヌ亜目という犬のような動物たち、もう1つはネコ亜目と呼ばれる猫のような動物たちだ。では、一体何をもって「猫のような」と判断したのだろうか？ それは、食肉目の動物の中でも特に肉食動物らしい、獲物を待ち伏せして襲うタイプの動物ということからだ。そんな行動をする代表的な動物といったら猫が最もふさわしいだろう。

ジャクソンの猫辞典　トラとイエネコはほとんど同じ!?

トラのゲノムとイエネコのゲノムは96％以上類似している。つまり、ネコ科の動物の多くは、その猫の「青写真」を作るタンパク質が同じように組み合わさっているということだ。

670万年前 チーターの系統（ピューマとチーターとジャガランディ）がその他の小型の猫から枝分かれする。

620万年前 現在僕たちが飼っている猫であるイエネコを含むネコ属（ヨーロッパヤマネコ、ジャングルキャット、スナネコ、クロアシネコなど）が、ほかの小型のネコ（ベンガルヤマネコ、スナドリネコ、マヌルネコなど）から枝分かれして独立した系統を形成する。

620万年前

新種のネコはいつ どんなきっかけで誕生するのか

みなさんの中には、猫の進化年表を見ながら「別種や別系統への枝分かれは、どうして起こるのだろう?」と思った人もいるだろう。これらの分岐点は、祖先となる種から、何らかの理由で1つのグループが独立した時期を示している。

具体的に言うと、長い年月のあいだに遺伝子変化が起こり、個体群全体が変異すると新種が形成され、枝分かれが起こる。この変化は、ある動物の集団が同じ種の別の集団から隔離されたために起こることが多い。また、ある地域だけが何らかの理由で以前より危険になった、あるいは餌となる動物が減ったなど、環境の変化が引き金となって、一部の集団が別の地域に移り住んだ場合にも、同じような変化が起こる。地続きだったところが海面の上昇などによって、島になったり、新しい川ができたりして、2つの個体群が分断され、距離的には近くても交われなくなることもある。さらには行動的な要因もあるだろう。例えば、夜行性の動物と昼行性の動物が交尾することは比較的少ないことなどだ。

通常、こうした遺伝子変化には、それぞれ異なる身体的特徴を持つようになる「身体的性質の変化」と、交尾しても子孫が生まれなくなるといった「繁殖的性質の変化」の2つがある。もっとも、人間の手で交配種が作られてきたことからもわかるとおり、新種かどうかの境界線は、ややあいまいな場合もある。とはいえ、繁殖の頻度が高ければ高いほど、より早く(といっても進化的な観点から見れば早いという意味だが)こうした変化の影響が表れ、新種が誕生する。

13万年前 ヨーロッパヤマネコの一亜種であり、イエネコの最も近い祖先と考えられているリビアヤマネコが、ほかのネコ属の動物から枝分かれする。2007年に発表された、979匹の猫(飼い猫、野良猫、野生の猫)を対象に行った遺伝学的研究から、すべてのイエネコはリビアヤマネコの子孫であり、近東地域が猫の家畜化の起源であることがわかった。

620万年前 　　　　　　　　　　　　　　　　　　　　　　　13万年前

アジア東部の型破りな猫「シャムネコ」の起源

　イエネコがアジア東部まで広がったのは今から約2000年前のことで、当時このあたりにはイエネコと交配できる野生の猫（ヤマネコ）は住んでいなかった。こうして遺伝的に隔離された環境で繁殖するうちに突然変異により容姿が変わり、シャムやトンキニーズ、バーマンなどの東洋固有の品種が生まれた。

　近年こうした猫のDNAを調べたところ、いずれも東南アジアで生まれた1匹の猫の子孫であり、現在でもほかのイエネコと同じ種ではあるものの、700年くらい前からほかの品種と交わらずに、独立して繁殖するようになったことがわかった。

2つの世界に分かれる小型のネコ

　小型のネコ科の動物は生息してきた土地により、さらに旧世界種（アフリカ、アジアまたはヨーロッパ）と新世界種（中南米）に分けられる。旧世界種にはイエネコやヤマネコ、スナドリネコ、オオヤマネコ、ボブキャット、カラカル、サーバル、チーターなどが、新世界種にはオセロット、ジョフロイネコ、ピューマなどがいる。

　旧世界種と新世界種の境界線は、ほかの動物ほどはっきりしていない。主な理由は、すべてのネコが進化的にとても密接に結びついているからだ。とはいっても、いくつか行動の違いはある。その例を紹介しよう。

家畜化の歴史

 1万2000年前 中東の肥沃な三日月地帯で、人間が作った初期の穀物貯蔵庫にたくさんのネズミが群がり、そのネズミを目当てに小型の肉食動物が集まった。

 9500年前 キプロスにある約9500年前に作られた墓に1匹の猫が人間とともに埋葬されているのが発見されている。もともとキプロス島に猫はいなかったため、何らかの形で人間が連れてきたものと考えられる。当時の猫はまだ完全に家畜化されていなかったとしても、この猫は人間に飼い馴らされていたのだろう。

1万2000年前　　　　　　　　　　　　　　　　　　　　9500年前

- 旧世界種のネコは前足を体の下に隠して香箱座りをするが、新世界種の猫はしない。

旧世界種　　　　　新世界種

- 小さい鳥を捕らえたとき、旧世界種の猫は羽をあまり取らないことが多いが、新世界種の猫は羽をすべてむしり取ってから食べる。

- 旧世界種の猫は自分のした糞を埋めるが、新世界種の猫は埋めない（飼い猫が旧世界種ではなく新世界種の末裔だった場合、猫のトイレ事情は今とはだいぶ違ったものになっていただろう）。

　とはいえ、旧世界種と新世界種、大型の猫と小型の猫といった種それぞれの違いに気を取られていると、最も大切な純然たる事実を見落としてしまう。それは現存しているネコ科の動物（2017年の最新の分類では推定41種）は、すべて1匹の共通の祖先から生まれた子孫だということだ。これは取りも直さず、ネコ科の動物はみんな例外なく肉食で、大きな目と大きな耳、力強い顎、そして獲物を仕留められる体を持っているという意味でもある。すべての猫は静かにつま先で歩く。爪を引っ込めることができるので、物音を立てずに獲物に忍び寄り、不意打ちを食らわすことができるのだ。それにライオンからトラネコまで、すべてのネコ科の動物を何よりも強く結びつけている最も猫らしい特徴は、縄張りを主張し、守ろうとする衝動であるということも忘れてはいけない。

5000年前 中国で最初の飼い猫の証拠が見つかっている。飼われていたのはベンガルヤマネコだった。しかし、この関係は長くは続かなかった。理由はおそらく、ベンガルヤマネコは人間のそばでよく暮らしていたリビアヤマネコほど簡単に人に懐かないからだろう（ちなみに現在中国で飼われている猫はすべてリビアヤマネコの子孫だ）。

9500年前

小型の猫が吠えないのはなぜ？ 理由は骨にある！

ネコ科の大型動物は、ユキヒョウを除いてすべて「ガオー」と吠えることができるが、通常チーター以外は喉を鳴らさない。一方、ネコ科の小型動物は喉を鳴らすが、吠えることはできない。その一因は首回りにある舌骨と呼ばれる小さな骨にある。

大型のネコの舌骨は骨化していなくて柔軟だが、小型のネコの舌骨は硬く骨化している。それに加えて大型のネコは声帯が平らで四角く、声道が長いため、あまり力まなくても大きくて低い声を出すことができる。一方、小型のネコは硬い舌骨と声帯の組み合わせのおかげで喉を鳴らせると考えられている（喉鳴らしについては第4章で詳しく説明する）。

大型のネコにとって、「ガオー」と吠えるのは、別の猫と一戦交えずに縄張りを守る手段のひとつだ。この大きな雄叫びは「ここには俺がいるから近づくな」というメッセージを、はるか彼方まで届けているのである。

ワイルドさを抑えて飼い猫に

猫が家畜化された時期を正確に特定するのは、たとえ科学者でも難しい。飼い猫は遺伝的にも身体的にも行動的にも、近縁の野生種ととてもよく似ているからだ。その証拠にイエネコとヤマネコはよく交配している。実のところ、猫に「家畜化」という言葉を当てはめるのには抵抗がある。というのは、僕は猫が完全に家畜化したとは考えていないからだ。飼い猫に残る野生の本能に目を向けるように、口を酸っぱくして言っているのもそのためだ。飼い

4000年前 エジプトで猫を飼い始める。その証拠として、ヨーロッパヤマネコが埋葬された墓や首輪をつけた猫が人間の隣に描かれた絵や彫刻が見つかっている。

2500年前 猫をエジプト国外に連れ出すことは禁じられていたにもかかわらず、インドに運ばれ、2500年前までにギリシャをはじめとするヨーロッパ、アジア、アフリカに広まった。

2500年前

猫の中に住むワイルド・キャットが、顔を度々のぞかせることを考えれば、猫が家畜化されていないことがわかるだろう。とはいえ、ここではワイルド・キャットが現在の「飼い猫」へと徐々に変わっていった過程を見ながら話を進めていこう。

数千年にわたり、猫は人間と一緒に、または人間のそばで暮らしてきた。しかし、決して何もかもを人間に依存していたわけではない。ヤマネコはどの種も遺伝的に似ているが、なかでもイエネコの祖先であるリビアヤマネコは比較的懐きやすい。そのため、人間と暮らすのに向いていたのだろう。

最終的にイエネコへと進化する道が開かれたのは、猫と人間がお互いに利益をもたらし合えたからだ。人間の集落で農業が盛んになると、ネズミなどの齧歯類が大繁殖した。となれば、猫にとって餌がそこらじゅうにある、人間のそばでの生活は魅力的だ。それに猫が害獣駆除をしてくれれば人間も助かる。双方にとって有益なこの関係は、人間と猫の歴史全般にわたって繰り返し見られる。

神になることもあれば
邪悪な生き物になることもあった猫

人間と猫の長年にわたる関係のマイナス面は、それが対等な関係ではなかったことだ。残念ながら数世紀にわたって主導権を握っていたのは人間で、ときにはかなりひどいやり方で、その主導権を利用してきた。猫の価値は害獣駆除がどれだけ必要かに左右されたのだ。それでも人間と猫との関係性は変化して、人間は猫の自由さや、時折見せる人懐っこさといったユニークな性格を愛し、猫との交流そのものを楽しむようになった。ところが、そのうち、人間と猫の関係も熱を帯び、しばしば友達であるはずの猫たちに非難の矛先が向けられるようになる……しかも極端にむごたらしいかたちで。

古代エジプトで猫が崇拝されていたという話は聞いたことがあるだろう。

2000年前 ローマ帝国の拡大とともに猫も広い地域に生息するようになる。

1200年前 イエネコがヨーロッパ北部まで分布するようになる。

2500年前

だがエジプト経済が穀物に大きく依存していたことを見落としてはいけない。収穫物をネズミから守るため、「自然界の害獣駆除業者」として、猫が不可欠だったのだ。おかげでエジプト社会における猫の地位が向上した（ちなみにヨーロッパの多くの地域では、既にイタチが害獣駆除をしていたため、猫の出る幕はなかったという）。

　それでも、ほかの国々とは違い、エジプトでは猫を崇めた。猫は芸術作品に描かれ、神殿に住み、ペットとして飼われていたのだ。故意に猫に危害を加えたら重い刑を科され、猫が自然死したら飼い主の一家は眉毛を剃って喪に服したという。猫をミイラにしていたことからも、どれだけ猫を崇拝し、愛していたかは想像がつく。しかも、来世での生活に備えてか、ネズミのミイラまでお供に従えていたのだ。

　ところが猫好きの国、エジプトでさえ、飼い主と猫との関係が不幸な結末

第1章　ワイルド・キャットとは？

25

500年前 イエネコが南北アメリカ大陸とオーストラリア大陸に広がる。メイフラワー号にも害獣駆除のために猫が乗せられていたかもしれない。

500年前

を迎えることもあった。ミイラにされた猫がすべて人間に飼われて大事にされていたとは限らない。神へのお供え物として捧げられた猫もいたのだ。こうした需要が高まったために猫の「繁殖工場」が作られ、意図的に猫を繁殖させては殺して、ミイラにしていたこともあったという。

　イスラム文化圏では、昔から害獣駆除のためだけでなく猫を大事にしてきた。イスラム教の開祖ムハンマドも愛猫家で、彼が飼い猫をどれだけ可愛がっていたかがよくわかる、有名なエピソードがある。ある日、ムハンマドが祈りを捧げに出かけようとしたところ、礼拝服の袖の上で、お気に入りの猫ムエザがすやすや眠っていた。これを見たムハンマドは、ムエザを起こさないようにそっと服の袖を切ったという（なんとなく親近感を覚える話ではないだろうか？ 膝の上で猫が寝てしまったせいで、ソファから立ち上がれなくなってしまった経験がある人は少なくないはずだ）。

現在 猫は南極大陸を除くすべての大陸に住んでいる。順応性という意味では人間に次いで、地球上でもっとも成功している種と言えるかもしれない。

500年前　　　　　　　　　　　　　　　現在

ほかにも猫を崇拝する国はあったが、キリスト教の普及により異教徒が迫害されるようになると、猫の地位も地に落ちていった。実際、中世になると猫は狂信的な宗教と結びつけられた。そして、悪魔の使いや魔女の化身など、邪悪な生き物と見なされるようになり、散々な目に遭わされた。数え切れないほどの猫が魔女裁判で死刑を宣告され、火あぶりの刑にされたり、火に投げ込まれたりして命を落としたと言われている。飼い主が猫を守ろうとしようものなら、飼い主まで裁判にかけられた。

　皮肉なことに、中世にはペストが大流行して何千万人もの命を奪った。ペストを媒介したのはネズミにたかるノミだと言われてきたが、大量の猫が殺されたことで、ネズミが繁殖しやすくなったことは間違いないだろう。後年、考古学者たちはペストが急速に広がったのは、人間とネズミの接触ではなく人間同士の接触が原因であるとして、ペストの流行とネズミとの関係を疑問視するようになったことは確かだ。とはいえ、猫がネズミを大量に殺したところで、ペストの流行を止めるには何の足しにもならなかっただろう。

　いまだに猫は汚名を着せられ、迷信のせいで良い印象を持たれていないこともある。「黒猫が前を横切ると災いが起こる」とか「猫は赤ちゃんの息を盗む」などの言い伝えも、いまだに残っている。それに猫の人気はこれまで以上に高まっているというのに、動物保護施設では毎年大量に猫が殺されている。野良猫を撲滅しようとする動きが広がっているものの、こうした猫にとって負の面も、早く過去のものになってほしいと思う。

第2章
室内飼いへの大変化

野性の本能を残したまま、猫たちは何世紀にもわたって、浮き沈みを経験してきた。可愛がられ、ときには神として崇拝されることさえあったが、一方でただの害虫駆除の道具として扱われることも、魔女裁判にかけられて虐待されたあげく殺されることもあった。

そんな歴史の中で、猫たちの生活を何よりも大きく変えたのは、室内で暮らすようになったことだ。考えてみれば、人間のほうにも同じことが言えそうだ。

ひとつ屋根の下に人間と猫が肩を寄せ合って暮らすようになって以来、猫は複雑な進化を始め、人間と猫との関係も次々と変化を遂げた。だが、それまで猫は屋外、人は屋内で暮らすという暗黙の合意のもとでうまくいっていたはずだ。それなのに、そもそもどうして猫も室内で暮らすようになったのだろう？ そして、同居を始めて以来、人間と猫の関係はどう進歩してきたのだろうか？

人間の家に住むようになった猫
室内飼いが広まってから、猫の社会的地位はどう向上していったのか。

1871年 イギリスで世界初のキャットショーが開催される。

1876年 イギリスで世界初のキャットフード製造業者、スプラット社が誕生。

1870年

高まり続ける猫の地位

　今からおよそ150年前、人間は猫を家の中に迎え入れた。好きだから家の中で飼いたいという発想が広まったのは、イギリスのヴィクトリア女王の影響も大きい。

　ヴィクトリア女王と言えば、孤独なイメージを持たれることが多いが、動物好きとしても有名だった。動物愛護の理念を進歩させ、動物虐待防止協会を王室の庇護のもとに置き、協会を王立にしたのもヴィクトリア女王だ。女王はたくさんの犬や馬、ヤギなどに加え、2匹のペルシャをとても可愛がっていた。最後に飼っていたホワイトヘザーという名の猫は、女王の没後もずっとバッキンガム宮殿に住み続けたという。

　19世紀イギリスのヴィクトリア朝時代には、ペットを飼う人が増え、動物を人道的に扱うようになっていった。また、ペットは地位の象徴であり、上流階級の人々にとっては自然を支配する力を誇示する手段でもあった。野性的だけれど、きれい好きな猫は、人間のそばで暮らすのにうってつけだったのだ。たくさんの作家や芸術家が作品に猫への愛を描き、そのうち飼い主たちは愛猫の葬式までするようになる。

第2章　室内飼いへの大変化

1895年 スプラット社がキャットフードをアメリカに輸出。

1895年 アメリカで最初のキャットショーが開催される。

1930年代 アメリカで缶入りキャットフードの製造が始まる。

1930年

高層マンション暮らしの猫
―農村から都心へ―

　最初の猫の祖先が地球上に登場して以来、人間との関係から、わずかながらも遺伝子構造まで、猫についての多くのことが変化したのは明らかだろう。猫も犬も、人間との共存に成功したことはよく知られているが、犬との関係とは対照的に、猫との関係は、人間が猫に何か変化を求めたわけでもないのに、うまくいっている。というのも、現在、飼い主と一緒にベッドで寝ている猫たちは、ネズミから穀物を守るために人間がそばに住まわせた猫たちと、基本的に同じなのだ。

　人間と猫の関係における最大の変化は、猫の「飼い主」の人口分布が農村から都市へとシフトしたために起こった。農村における猫の役目は、家の中で一緒に暮らす家族の一員というよりも、ネズミを退治する害虫駆除要員だった。一方、都市の猫は飼い主とのあいだに、より愛情のこもった家族のような関係を築いていったのだ。こうなったことには、いくつもの理由が考えられる。

　第一に、都市は大家族よりもひとり暮らしの人が多く、近くに住む親戚の数も少ない。さらに都会は離婚率が高く、子どもが少ないことも考えると、飼い主たちの生活の中で、猫との関係がより中心的な位置を占めることになるのも頷ける。

　それに都会の人は、狭い家に住み、労働時間が長い傾向があるので、ペットとしては、毎日散歩が必要な犬よりも、狭くて留守がちな家庭でも飼える、猫のような小型動物のほうが、都合が良いのだ。そう、それから多くの人がある意味勘違いをしている理由も忘れてはいけない。猫が都会で人気を博しているのは、手のかからないペットだと思われているからだ！　もっとも、本当にまったく手がかからなかったら、今ごろ僕は食いっぱぐれていることだろう。

1930年代 猫と犬の避妊・去勢手術が導入される。

1940年代 食用肉が不足。1940年代に肉の配給量が不足したため、くず肉や魚を利用したドライタイプのキャットフードが開発される。その後ドライタイプのキャットフードが生産量でも購入量でもキャットフードの主流となる。

1930年

実のところ、猫にとって、農村から都市へ、屋外から屋内へのパラダイムシフトは、完結したと言うにはほど遠い。まだ変化の真っ只中にいるのだ。というのも、世界には、いまだに猫を有害な生き物と見なしている地域がたくさんあるのだ。

　それに、僕たちの暮らす社会のように、猫を愛し、大事にする文化があるところでさえも、まだ猫は自然の中を闊歩していた野生の祖先同様、生まれながらにして自分勝手で残酷であるという固定観念が捨てられず、まるで人質のように室内に閉じ込めておくのは、残酷で可哀想なことだと考えている人がたくさんいるのだ。

人と暮らし始めて猫は何が変わったのか？
―加速する進化―

　今でも猫の約96％は自分で交尾する相手を選ぶ。そのおかげで、現代の猫の大半は、遺伝的系統があまり変化せず、自然に維持されている。だからといって、猫が人間と暮らすようになっても、何も変化しなかったというわけではない。それにある意味、猫は人間と暮らすことを自ら選んでいたとも言える。

　というのも、人懐こい猫は人間とうまくやっていけるため、人間から餌をもらったり、家に住ませてもらったりしやすい。そして、同じような人懐こく人間とうまくやっていける遺伝子を持った猫と交尾する可能性が高い。そのため、猫同士は特定の身体的、行動的特徴を持つ相手を意図的に選んだわけではないものの、人間と猫との関係が、最も大きな遺伝的変化につながったのだ。

第2章　室内飼いへの大変化

31

1947年 エド・ロウという人物が猫砂を発明。それまでは灰や土、砂が使われていたが、ほとんどの家では、ただ猫を外に出していた。

1940・1950年代 引き続き避妊手術と去勢手術が行われていたが、まだ普及してはいなかった。驚くことに全身麻酔は義務づけられておらず、推奨されているだけだった。また、どういうわけかメス猫に1回だけお産をさせてあげることが「人道的」だと広く考えられていた。

1950年

現代の猫は昔の猫とどう違う?

　2014年、22匹のイエネコ（メインクーン、ノルウェージャン・フォレスト・キャット、バーマン、ジャパニーズ・ボブテイル、ターキッシュバン、エジプシャンマウ、アビシニアン）とリビアヤマネコ、ヨーロッパヤマネコについて、頬の内側の粘液を採取してDNAを分析する研究が行われた。その結果、人間に飼われるようになった猫に特有の遺伝子変化がいくつか明らかになった。

遺伝子変化と関連した変化
- 記憶力が良くなった。
- 例えば、人間から餌をもらうなど、刺激と報酬の関係をよく理解できるようになった。
- 恐怖条件付けを行うまでに時間がかかるようになった。現代の猫は昔の猫ほど早く闘争・逃走反応が起こらない。

身体的特徴
- 体が小さくなった。
- 顎が短くなった。
- 脳が小さくなった。
- 闘争・逃走反応をコントロールする副腎が小さくなった。
- 人間の残飯を消化できるように腸が長くなった。
- ネコ科の動物はすべて、獲物の首に噛みついて1発で仕留められるように長い犬歯を持っている。イエネコの歯はほかのネコ科の動物よりも隙間が少なくぴったり並んでいて、好物である小型の齧歯動物を捕まえるのに役立っている。

1950年代 キャットフードのブランドが爆発的に増える。

1969年 ほかに先駆けてロサンゼルスに低価格で避妊・去勢手術を行うクリニックが誕生。それまではとてつもない数の猫が安楽死させられていた。

1950年

昔から変わっていない特徴

- 頭蓋骨の形。ネコ科の動物はどれも似たような形の頭蓋骨を持っていて、獲物に力強く噛みついて仕留められるように特別な形の顎をしている。イエネコの頭蓋骨はライオンやトラの頭蓋骨よりもずっと小さいが、構造はよく似ているのだ。
- 習性。善かれ悪しかれ、イエネコの習性はかなりの面で昔のままだ。
- ほとんどの猫は自分で交尾の相手を見つけるため、遺伝子多様性が保たれている。
- 猫は今でもだいたいにおいて人間がいなくても生きていける。

猫の品種改良のはじまり
―純血種の猫たち―

　人間が遺伝の仕組みについて、初めて正しく理解できるようになったのは、グレゴール・メンデルがかの有名なエンドウ豆の優性遺伝と劣性遺伝に関する論文を発表した1800年代後半のことだった。それ以前も人間は家畜や犬の交配を行っていた。当時、ほとんどの品種改良は安定した食料源を得る目的で行われていて、犬は例えば狩りの際に、穴に隠れた獲物を追い立てるため、あるいは撃たれて水の上に落ちた獲物を陸地まで運ぶため、さらには闘犬のためなど、特定の仕事をさせるために掛け合わされた。ところが、思いどおりの容姿や習性を持った動物を作り出すとなると、なかなか成果を上げることはできなかった。まだ遺伝の仕組みについて基本的なことしかわかっていなかったからだ。

　ところが遺伝の仕組みを理解してからというもの、人間は自分たちが選んだ猫同士を交尾させることによって繁殖をコントロールし、猫の進化に「影

1972年 米国動物虐待防止協会が、動物を迎え入れる際には必ず避妊・去勢手術を受けさせるよう訴える。

1970年代 アメリカを中心に、完全室内飼いが主流になる。猫がますます家族の一員として受け入れられるようになったことから、多くの獣医師や動物愛護協会は、猫を危険から守り、野生動物を猫から守るため、室内飼いを推奨した。

1990年

第2章　室内飼いへの大変化

33

響」を与えられるようになった。もっとも、当初の交配の目的は望みどおりの容姿の猫を生みだすことであり、何らかの能力を持たせるためではなかった。つまり、人間は猫の性格ではなく、見た目を変えたかっただけなのだ。

こうして特定の身体的特徴を持った猫同士を掛け合わせ、ペルシャなど、昔ながらの品種が生まれた。その実、初期の交配種は特定の毛色の猫を作るために行われたのだが、例えば、黒い猫と白い猫の子どもは灰色になると誤解されていた。1871年にイギリスで第1回チャンピオンシップ・キャットショーが開催され、マンクスやさまざまな毛色の毛足の短い猫に加え、ペルシャやロシアンブルー、シャム、アンゴラ、アビシニアンなど見た目が異なる猫たちが出陳された。

そして、固有の特徴を持った品種ができてくると、それぞれの品種の愛好家の団体が現れ、やがて愛猫家協会が誕生した。人々は猫を自分の子どものように自慢し、正装させてショーに出場させたり、審査を受けさせたりするようになった。ところが、容姿に磨きをかけ、歩き方などを教え込む代わりに、愛猫家たちは、耳や目、顔、しっぽ、さらには手足の形など、それぞれの品種固有の特徴を定義するようになる。こうした特徴は、単に毛色の違いだけということも少なくない。例えば、当初ペルシャと認められるための条件は、そのチンチラのような毛色だけで、顔が平らかどうかは考慮されなかったのだ。また、シャムをほかの猫と区別する特徴は、全体の毛色が薄く、顔の中央や体の末端のみに焦げ茶色のシールポイントと呼ばれる模様があることだけだった。これらの品種は見ればすぐわかったが、かといって、ほかのイエネコと極端に異なる容姿をしていたわけではない。

現在、猫の品種は認定する機関によって異なり、44〜60種近くある。それぞれが別の生き物だと言ってもいいほど、見た目が異なる。しかし、品種が確立する過程で、人間は猫の外見に最大限、手を加えてきたが、交配する猫たちの健康にまでは配慮が行き届かなかった。ペルシャの顔はより平らになり、シャムの顔はよりほっそりとした逆三角形になっていった。こうした交

1990年 アメリカで野良猫を捕らえて（Trap）、去勢し（Neuter）、元の場所に帰す（Return）「TNR法」が誕生する。

1994年 テキサス州ヒューストンは、ペットに避妊・去勢手術を受けさせたくても、なかなか動物病院まで行けない場合もあることに気づき、世界で初めて、自動車で出張して避妊・去勢手術を行うサービスを開始。

1990年

配がもたらした変化が、やがて猫の健康にさまざまな害を及ぼすこととなる。

ペルシャは鼻が低くなるように繁殖させた結果、呼吸しにくくなったうえに、皮膚や歯、目の病気にかかりやすくなり、さらには出産時のリスクが高まり、難産が増えた。一方、スコティッシュフォールドは痛みと関節炎の研究に使われている。スコティッシュフォールドと言えば折れた耳が特徴だが、この特徴を生みだす突然変異は、痛みを伴う骨および軟骨の形成異常をもたらすからだ。マンクスは脊髄の異常により、腰痛や便秘などの排泄障害を起こしやすい。メインクーンは心臓病にかかりやすく、シャムは喘息や知覚過敏症候群になりやすい。

ここに挙げたのはほんの一部の例に過ぎない。遺伝子の多様性を制限してしまうと、有害な突然変異や病気が発生する危険性が高まる。これは避けられないのだ。

人間は猫の外見を変えられるようになったかもしれないが、猫の内面を少しでもよく理解できるようになったと言えるだろうか？　少なくとも僕の立場から言わせてもらうと、猫と同居するようになって理解が深まった部分もあるが、新たな問題も生じている。

飼い主と猫との力関係はさまざまだが、完全に猫が優位に立つことはない。既に見てきたとおり、かつて農場で害獣駆除をしていたころだって、食いぶちは保障されていたものの、地位まで保障されていたわけではなかった。現在も猫は本物の家族の座を占めるというよりは、「家族の補欠」のように見なされ、飼い主は往々にして猫を相手に子育ての真似事をしているに過ぎないのではないだろうか。

僕は何も人間を槍玉に挙げようとしているわけではない。人間と猫が共生するには、双方とも相手に合わせて、生き方を大幅に変えなくてはならないからだ。そこで、ちょっと考えてみてほしい。ヴィクトリア女王の時代からわずか150年足らずのあいだに、猫の生活はどう変化しただろう？　これは進化の観点から見ればほんの一瞬に過ぎないが、猫たちは箱の中で用を足し、

第2章

35

室内飼いへの大変化

1999年 動物権利擁護団体イン・ディフェンス・オブ・アニマルズ（IDA）が、ペットの飼い主を意味する「pet owner」という表現を「pet guardian（ペットの保護者）」に改めることで、ペットの法的地位を変えるべく、「ガーディアン・キャンペーン」と呼ばれる運動を開始する。

2003年 カリフォルニア州のウエストハリウッド市がアメリカで初めて抜爪手術を禁止する。

2003年

飼い主と同じように夜どおし眠り、ソファに座り、キッチンやパソコンのキーボードの上を歩くことを禁止され、さらにはそれまで数千㎡に及ぶ広大な縄張りを持っていたのに、小さなマンションでの暮らしに甘んじなければならなくなった。その結果、人間はますます猫をインテリアの一部とみなすようになり、飼い主の理想どおりになれず、社会からつまはじきにされる猫が増えてしまったのだ。

　ここまで、4200万年に及ぶ進化の歴史とワイルド・キャットとは何かを説明してきた。次のパート2では、猫の飼い主がずっと前から知りたかったけれど、聞くに聞けなかったあらゆる質問に答えていこう。

PART
2

なるほどなっとく
猫知識
──猫の習性と気持ちを知ろう──

第**3**章

ワイルド・キャット
のリズム

猫の行動専門家になったばかりのころ、僕は依頼人や猫セミナーにやってくる生徒はもちろん、猫の飼い主なら誰でも、猫のすべてを知りたいはずだと思い込んでいた。夜遅くまで膨大な時間をかけて自分の知識を噛み砕き、わかりやすくまとめようとしたのもそのためだ。ところが、蓋を開けてみれば、僕のところへ来る人はたいてい、自分の猫にも当てはまる情報にしか興味がないことがわかった。それもそのはず、そもそも依頼人は、自分の飼い猫の困った行動をやめさせるために僕を雇ったわけで、猫に関する細々した情報を関連付けて解説しようとする僕の試みは、おまけ程度にしか見られていなかったのだ。猫という生き物全般について理解を深めてもらいたくても、その前に飽きられてしまうのがオチだということに気づいた。

そこで「キャット・モジョ」という言葉を思いついたときと同じように、猫のことを正しく理解してもらうために、キーワードとなるコンセプトをまた見つけなければならなかった。飼い猫の行動がワイルド・キャットの行動と結びついていることを、すぐに思い出せる言葉がいい。

まず、このとき伝えたいと思っていたのは、猫の生活において何よりも重要な3つのR、「ルーティン（Routines）」「儀式（Rituals）」「リズム（Rhythm）」だった。どれもハンターだった祖先の猫たちの生活スタイルに根ざしていることだ。ワイルド・キャットは猫としての自信を得るために、毎日必ずこの3つのRが組み込まれた、例えば狩り（それが本当の狩りでも狩りの真似事でも）といった特定の「タスク」を達成する必要があるのだ。

そうして僕が思いついた記憶に残るキーワードは、「狩りをして（Hunt）、獲物を捕らえ（Catch）、殺して（Kill）、食べ（Eat）、毛づくろいをして（Groom）、眠る（Sleep）」という猫の原始的な習性を表す「HCKEGS」だった。

僕は今でも、依頼人に猫の応援団になったつもりでリズムに乗って元気良く、呪文のようにこの6つの言葉を繰り返してもらうようにしている。これを覚えておけば、飼い猫の世界は原始的な野生の本能、ワイルド・キャットのリズムで回っていて、このリズムを維持することが飼い主の仕事であることを、いつでも思い出せる。そして、遊びの時間や休憩時間、食事の時間といったルーティンを確立し、ひいては猫にどんな餌を与えるべきか、といったことまで意識できるようになるだろう。そうしたことすべてが、猫の自信、つまりはモジョを維持するために不可欠なのだ。

狩りをして、獲物を捕らえ、殺して、食べる

　第1章・2章で伝えたように、かつては猫にネズミを退治させたい人間の思惑と、ネズミを捕まえたい猫の思惑が見事に一致していた。当時の猫たちは、ワイルド・キャットのリズムの土台となっている、「狩りをして、獲物を捕らえ、殺して、食べる」（HCKE）という4つのプロセスを日々経験していたわけだが、そのことは猫だけでなく、人間にも利益をもたらしてきた。だからこそ、猫と人間は長年にわたり手を携えて、同じ道筋を歩んでくることができたのだ。

　この道に変化が訪れ、家畜化への分かれ道に差しかかったのは、わずか150年前のことだ。それまでは、猫は外で暮らすものであり、室内で飼うのは猫にとって残酷だと考えられていた。だからこそ、猫と僕たち人間の未来にとって、現在という時期に、猫とどのように暮らしていくかを考えることがとても重要なのだ。猫にとっては、何千年も当たり前とされていたことが、突然当たり前ではなくなった今、猫が持って生まれた本能的な衝動を失うことなく、室内でより安全に、より質の高い生活ができるよう、人間と猫は互いに歩み寄ろうとしている。HCKEの習性を強調しているのは、猫の世話は最小限で構わないという意味ではなく、飼い猫と祖先のワイルド・キャットは、DNAの鎖を通じて今でもつながっていることを、いつでも思い出せるようにするためだ。

　それでも「猫と遊ばなくても大丈夫ですか？」とか、「自動給餌器があれば、2日ほど猫に留守番させてもいいですか？」と聞いてくる飼い主は後を絶たない。だが、僕としては、ただ「ダメです！」と答えるのではなく、飼い主自身がHCKEの重要性を理解して、自分で答えを出し、そもそもそんな疑問を持たないようになってほしいと思っている。

猫はハンターとして世界をどう経験しているか

生来のハンターである猫は、触覚、視覚、聴覚を主とする複数の感覚を頼りに狩りをしている。つまり、猫の体の大部分が狩りに役立つようにできているのだ。

触覚

猫は触れられることに非常に敏感だ。その一因は、皮膚にある受容細胞という感覚刺激を脳に伝える細胞にある。受容細胞は何かが接触すると反応し、脳に「何かに触られている！」という信号を送り続けるのだ。人間は受容細胞が触られていることに慣れてくるので、例えば、服を着ていても、一瞬一瞬、何かが接触していると感じ続けることはない。ところが猫の場合、この「順化」と呼ばれる現象が起こらないのだ。これはメルケル細胞という非常に敏感な受容細胞が圧力になかなか順応しないためだ。ちなみに人間の場合、メルケル細胞は指先などに多く見られる。また、猫は毛根部分の神経もとても敏感で、毛並みが乱れただけでイライラすることもあるのだ。

ここで猫と触覚に関わるトリビアをいくつか紹介しよう。

- 猫の体には特に敏感な部分があり、鼻、つま先、前足の肉球は体のほかの部分よりも受容細胞の数が多い。動物行動学者のジョン・ブラッドショー博士は、猫の足を「感覚器」と呼んでいるほどだ。
- 猫の鼻の皮膚が露出している部分は、風の方向と温度を感知することができる。
- 猫はつま先にも毛包受容体がある。毛足の長い猫はブラッシングのとき神経質になりやすいだけでなく、足の裏に猫砂などが触れると敏感に反応するのは、このためだと考えられる。
- 口の周りや手首（前足首）に短くて硬い毛があり、振動を感知できる。
- 爪の付け根でものの動きを感知できるので、つかんだネズミの動きを知るのに重宝している。

猫は神経が過敏なせいで、過剰な刺激を感じるだけでなく、病的な毛づくろいの仕方をするようになったり、強迫神経症になったりすることもある。そのため、猫を撫でたり、ブラッシングしたりしているときに猫が急にこちらを向いて、手に噛みついたり、ブ

ラシを奪い取ったりしても、どうか嫌われていると勘違いしないでほしい。

同時に、こうした知覚は狩りのためだけに身につけたわけではないことも理解しておこう。猫自身がコヨーテやタカといったほかの動物の餌食になることもあるのだ。触覚が鋭いということは、痛みに敏感だという意味でもある。猫は攻撃されそうになったら瞬時に闘争・逃走反応が起こるよう、狙われていないか敏感に察知する必要があるのだ。

ひげの感覚

触覚に関して、ひげの敏感さに勝るものはない。犬と比べて猫は、鼻口部からの信号を受け取る脳の部位が大きい。ひげの受容細胞は、脳の体性感覚皮質と呼ばれる部分に信号を送っていて、周りの温度や体のバランス、通り抜けようとしている空間の大きさなどの情報を伝える役目を持っている。

ひげはさらに空気の流れを感知し、自分の周りの空気がどれくらい強く、どの方向に、どのくらいの速度で動いているかを伝えている。この情報は獲物の動きを予想するのにも役立っている。

猫は近くのものがあまりはっきり見えていないため、口にくわえた獲物や口の近くにいる獲物について知るために、ひげからの情報にかなり頼っている。狩りの態勢のとき、鼻の両側にそれぞれ約12本ずつ生えているひげは前に向けられ、獲物の動きを感知して正確に位置を把握するため、嚙みついて仕留めることができる。それから、上唇の上に生えているひげは、頬のひげや目の上、顎、手首の内側、足の後ろ側のひげとともに、猫が立体的にものを「見る」のに役立っているのだ。

同じヤマネコでもヒゲに違いあり

実は、夜行性のヤマネコは昼行性のヤマネコよりも立派なひげを持っているという。

視覚

　これは祖先のワイルド・キャットから引き継いだ筋肉やその他の身体の部位、本能についても言えることだが、猫の眼は解剖学的にも機能的にも狩りに役立つようにできている。猫の眼は体の大きさからいっても、顔の大きさからいっても大きく、ほかの肉食動物と同じく前向きについている。視野は周辺視野も含めて200度あり、そのうち90度は両目で見ているので奥行きもわかる。こうして例えば鳥がどれくらい遠くにいるかを測ることができるのだ。そのうえ、速い動きにも反応するので、ちょこちょこ走り回るネズミを捕まえるのに最適と言えるだろう。

　ところが、すぐ近くで獲物を扱うときには、あまり視覚を使わない。近距離の視覚はややぼんやりしていて、人間ほど細かいものまで見えないのだ。その代わり、最適な焦点距離は2〜6mもあるので、鳥やネズミに忍び寄るのにうってつけだ。獲物が30cm以内に近づいたら、もう目の焦点は合わないので、代わりにひげを前に向けて細かい情報を得る。とはいうものの、室内飼いの猫は比較的近くにあるものに焦点を合わせることが多いため、わずかに近視で、外に出ている猫は祖先のワイルド・キャット同様、普通は遠視だ。

猫と人間の眼の違い

　猫の眼は人間の眼とよく似た働き方をする。瞳孔つまり黒目の部分に光が入ってくると、水晶体と角膜が光の屈折を調節し、眼の奥にある網膜に像を結ぶようになっているのだ。網膜には光の明暗を感じる「桿体細胞」と色を識別する「錐体細胞」という2つのタイプの受容細胞がある。人間の眼と猫の眼が最も異なるのはこの細胞の量だ。猫は人間よりも3倍多くの桿体細胞を持っているが、錐体細胞の数は人間よりも少ない。そのため日光の下ならいくつかの色を識別できるものの、人間のように鮮やかには見えない。その代わり、薄暗いところでは白黒ながら、人間よりもものがくっきり見える。

　それでは、ここでもう少し人間との違いを紹介しよう。

● 猫の瞳孔は人間のように丸くはなく、縦に切り込みを入れたような形をしている。これにより、光に早く反応することができ、あらゆる方向に広げたり狭めたりしやすくなっている。
● 猫の水晶体は人間ほど弾力性がないので、焦点を合わせるのに時間がかかる。それにまぶしい日の光を浴びたときなど、瞳孔が狭まり過ぎると

焦点を合わせるのが難しくなる。
- 人間の網膜には「中心窩(ちゅうしんか)」と呼ばれる小さなくぼみがあり、細部を見ることに特化している。一方、猫には中心窩に似た機能を持った「視覚線条」と呼ばれる部分があり、そこには光を感じる桿体細胞が密集しているので、暗いところでもものを見ることができる。
- 猫の網膜の裏には光を反射する「タペータム（輝板）」という部分がある。タペータムの細胞は備え付けのフラッシュのようなもので、光が弱いときに信号を増幅させる。

聴覚

　触覚、視覚と同様、聴覚も狩りをする猫の生活のルーティンになくてはならない要素だ。猫は肉食動物の中で最も可聴域が広く、10.5オクターブの範囲の音を聞くことができる。低音域については人間も猫も大差はないが、高音域については、猫のほうが人間より1.6オクターブも上まで聞こえるので、ネズミの鳴き声を聞き取るのに適している。猫の聴覚はほとんどの面で、ほかの猫とコミュニケーションを図るためではなく、獲物を探しやすいように発達しているのだ。

　猫の外耳（一般的に耳と呼ばれる部分）はなかなか聞き取れない音も集めて、外耳道（耳の穴）に送りこみ、音をよく分析できる形をしている。それに左右の耳をバラバラに動かすことで、獲物だろうと、天敵だろうと、母猫を呼ぶ子猫の鳴き声だろうと、音源を正確に特定できる。また、それぞれ約180度回転させられるので、後ろから誰か近づいてきてもすぐにわかるのだ。

　さて、敏腕ハンターである猫の体の仕組みがわかったところで、今度は猫がどんなものを獲物にしているのか、いくつか代表的な例を見ていこう。

鳩より小さい獲物がお気に入り

　猫は自分の体より小さいものなら何でも捕らえるが、鳩より小さい獲物を好むようだ。1番の好物はネズミといった小型の齧歯類で、2番目に僅差で鳥が続く。猫はさらに虫や爬虫類、両生類も捕まえる。

　最近の研究結果によると、猫は個体ごとに好みの獲物が異なる。ほとんどの猫はもっぱら1種類か2種類の獲物を狙うが、なかにはあまり選り好みせず、動くものなら何でも捕食する猫もいる。

野外で自由に暮らしている猫の食事は75%を齧歯類が占めているが、これは鳥よりも捕まえやすいからかもしれない。獲物の好みには、どんな獲物が手に入るか、さらには子猫時代に母猫からどんな餌を与えられていたかも影響することがある。結局のところ、猫は環境に順応する必要があり、ネズミが手に入らないのなら、鳥を捕まえなければならず、それができなければ飢えてしまうのだ。

猫が好む狩りのスタイルも、獲物の種類によっておのずと決まってくる。猫は個体ごとに違った仕留め方をするのだが、ここではいくつかのタイプを紹介しよう。

- 開けた場所で物陰に潜んで待ち伏せする。
- 茂みからそっと忍び寄り、突然襲いかかる。
- 獲物が巣穴から飛び出してくるのを待つ。

これはすべての猫に当てはまることを忘れないでほしい。つまりあなたの飼い猫にもお気に入りの狩りのスタイルがあるのだ。

獲物を捕らえた後の行動

たいてい猫はまず前足で獲物をつかみ、首筋に噛みついて脊髄を食いちぎり、とどめを刺す。反撃する力が獲物に残っていそうなときや、まだ狩りに慣れていない猫の場合、何度も噛みつくこともある。また、猫が獲物を叩いたり、投げつけたりして「食べ物をおもちゃにしている」ように見えることがあるが、これは猫が残酷だからではない。危険な獲物を疲れさせ、最後の一撃が決まりやすくしているのだ。

一見むちゃくちゃに見えるが、獲物の殺し方は実に合理的である。猫は最終的に獲物が死んだかをひげで確認するだけでなく、神経がつながっている歯で、くわえた獲物の動きを察知して、それに合わせて噛み方を加減するのだ。DNAに組み込まれたこうした細かい行動のおかげで、猫は効率よく、徹底的かつリスクを冒さずに獲物を仕留められるのだ。

猫が自然界における最高のハンターになれたのは、このような能力を備えていたからに違いない。だが、こうした特性や才能は偶然持ち合わせていたものではなく、個々の環境条件に順応した結果、身についたものだ。また、猫は捕食者であると同時に、ほかの動物の獲物になる被食者でもあるため、狩りにも、自分の身を守るのにも適した独自の形で順応したことも理解して

おこう。猫は同じスキルを使って獲物を仕留め、生き延びてきたのだ。この素晴らしい才能と、それが猫の行動や縄張りに住むほかの動物との関係に与えた影響については、第10章で話そう。

さて、飼い猫の体や行動、磨き上げられた狩りの腕前が、HCKEのために進化したことを学んだので、狩りが猫のモジョにとって不可欠だということがよくわかったのではないだろうか。狩りは猫にとっても、ワイルド・キャットにとっても楽しいものだ。そして楽しむことと重要な目的を達成することは、基本的に同じことを意味する。どの猫にとっても、狩りが1日の最大の目的であり、最大の楽しみなのである。飼い猫を喜ばせたかったら、HCKEのための3つのR「ルーティン、儀式、リズム」の流れを確立して、猫にとっていくぶん制約のあるあなたの家の中で、日々の最大の目的を達成できる場所を見つけてあげることだ。詳しくは第7章で説明しよう。

猫の食事

「現実世界」での本当の狩りであれ、遊びの時間に飼い主と行う「狩りごっこ」であれ、獲物を捕らえたら、次は食べる番だ。ご存じのとおり、猫はベジタリアンではない。すべての猫は完全なる肉食動物（真性肉食動物）なのだ。猫の消化器官は肉しか処理できない。

また、猫の狩りは行き当たりばったりで、お腹が空いたときに近くにいる獲物を捕まえる。文字どおりバッタが視界に飛び込んでくればバッタを食べ、鳥が来たら鳥を食べるのだ。腐肉を食べることはなく、草は消化できない。だからといって猫はたくさんの餌を食べなければならないわけでもない。

一般に猫は舌にあって味を感じる味蕾と呼ばれる味覚受容体が人間よりも少ないため、味覚は鋭くない。嗅覚のほうが狩りにずっと役立つため、食べるときも、においが重視される。

嗅覚は食事と深く関わっていて、猫は鼻が詰まるとよく食欲がなくなる。とはいえ、塩味、甘味、酸味、苦味は感知でき、酸味と苦味は嫌う傾向があると考えられている（諸説ある）。この反応は危険な毒を摂取しないようにするために進化したのだろう。さらに、猫はアデノシン三リン酸というエネルギーを供給する分子に反応する味覚受容体を持っている。アデノシン三リン酸は肉である証と考えられているが、面白いことに人間はこの分子を味わうことはできない。

COLUMN　食べ方に現れる猫の習性

- 猫は手近なものを獲って食べ、手に入る餌の量に合わせて行動量を調節する。
- 全体的に手に入る餌の量が少ない場合、1回に食べる量が増える。
- ハツカネズミは1匹で約30calあり、猫は1日平均10〜30回狩りをして、8匹前後のハツカネズミを捕まえる。
- 猫は仕留めた場所から離れて獲物を食べることが多い。
- 猫は食べる際、身をかがめるが、獲物が十分大きければ、寝転がって食べることもある。
- 猫は頭を傾けて餌を食べることがある。これは餌入れからではなく、地面に置いた獲物を食べるときに祖先の猫がしていた行動と同じだ。なかなか噛み切れないと、ますます頭を傾ける。
- 猫は餌を少しだけ口に含むとブルブルッと頭を振ることがある。これも祖先から引き継いだ行動で、骨から身を離したり、鳥の体から羽を抜いたりするのに役立つ。
- 猫はよく噛まずに食べる。猫の歯はちょうど肉を飲み込めるくらいの大きさに切り裂くのに適した形をしている。

猫は一日中、毛づくろいと睡眠で大忙し？

　猫は生来きれい好きで、起きている時間の30〜50％を費やして、体の隅々まで毛づくろいをする。体の大部分は、生まれつきザラザラした舌で舐めて毛づくろいをするが、舌が届きにくい場所は足を使う。
　では野生の猫が毛づくろいをする目的は何だろう？　毛づくろいをすると毛が清潔に保たれ、寄生虫が体内に侵入するのを防げる。それに、体についた獲物のにおいを消して、自分自身のにおいを強めることもできる。獲物のにおいが残っていると、ほかの肉食動物が寄って来かねないのだ。
　睡眠に関して言うと、猫の自然な体内時計は人間同様、昼の長さや日の光によって変化する。猫は長時間眠り続けるよりも短い睡眠を何度も繰り返し、人間と同じように深い睡眠と浅い睡眠を周期的に繰り返す。眠っている猫の

脚やひげがピクピク動くのを見たことがある人もいるだろう。これは猫が深く眠っていることを示し、筋肉が収縮しているのだ。ただし、横になれば必ず深く眠れるわけではない。猫はうたた寝するだけで、短時間だけの比較的浅い睡眠を取るほうが普通だ。食物連鎖の中間に位置する動物としては、獲物を見逃さないためにも、自分の命を守るためにも、睡眠中も用心を怠るわけにはいかないのだ。

猫は1日中寝ているのか？

　仕事で留守にしている間、猫は何をしていると思うかと飼い主に聞いたら、きっと「寝ている」と答えるだろう。猫は1日中寝ていると思われがちだ。ところが、2009年に発表された研究結果によると、猫の首輪にカメラを取り付けて観察したところ、1匹だけで家にいるとき、猫が眠る時間は全体の約6％に過ぎなかった。これとは対照的に20％以上の時間、窓の外を眺めていたという。この結果は取りも直さず、「猫テレビ」の役割を果たす、窓の重要性を物語っている（猫テレビは、第8章で詳しく取り上げよう）。

猫は夜行性？

　夜中に猫が大暴れするので眠れない飼い主を中心に、猫は夜行性だという説が広く信じられている。確かに人間と比べると猫のほうが夜、活発になるが、実は夜行性とも言い切れない。猫は明け方と夕暮れ時に活動する薄明薄暮性動物で、もし自然のリズムに従って、そのほかの影響を受けずに生活できたら、主な獲物である齧歯類と同じように、明け方と夕暮れ時に活動的になるようにできているのだ。

　もうおわかりのように、どの猫の中にも野生だった祖先の猫が元気に生き残っている。それは、HCKEGSを巡る1日のリズムのすべての面に表れている。だが、決してそれだけにとどまらない。もし猫が何を考えているのか知りたかったら、ワイルド・キャットの声に耳を傾けるだけでいい。そうすれば、飼い猫の言葉が聞こえてくるはずだ。

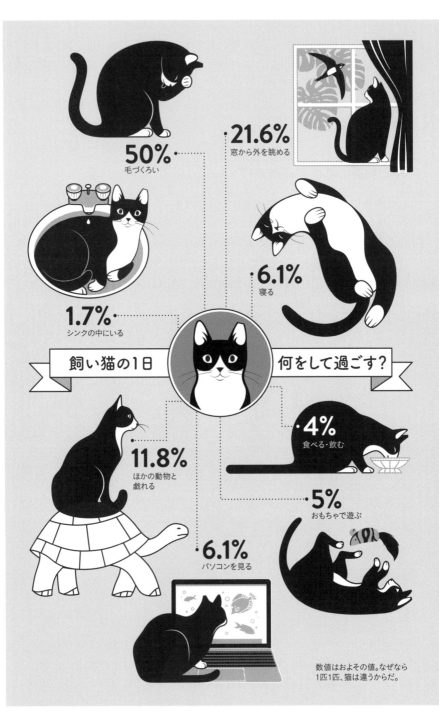

- 野良猫は昼も夜も活動するが、夜のほうが遠出する。

- 猫の最大の脅威は自動車である（場所によってはコヨーテも）。

- 年配のオスはコロニーに属しているが、若いオスは単独で行動する。

- 1日の15%の時間を狩りに費やし、毎日20〜30回狩りを試みるが、成功率は30%前後に過ぎない。

野良猫の1日　　何をして過ごす？

- 猫はよく通る道や縄張りの境界線に沿って、小枝や切り株、柵に体をこすりつけたり、引っ掻いたり、おしっこをかけたりしてマーキングする。

- 決まった場所で日光浴し、野良猫も日の当たる場所が移動するのに合わせて移動する。

- 日中のほとんどの時間は暑さや天敵、人間を避けるために、低木や柵の陰、背の高い草むらに身を潜めている。

第3章　ワイルド・キャットのリズム

第4章

猫の暗号を解読する

「うちの猫、何を考えているのかさっぱりわからないんです！」。何年も前からずっと、猫の里親や依頼人、僕のテレビ番組『猫ヘルパー〜猫のしつけ教えます〜』の視聴者、それに道ですれ違う見ず知らずの人まで、みんな僕にこう訴えてくる（というか青筋を立てて不満をぶつけてくる）。そういう人たちの中には、猫との関係が険悪になり、一触即発の事態に陥っている人もいる。

猫の行動の意味を何とか理解しようとしている飼い主を、当の猫はぽかんと眺めている。その表情をどう解釈するかは、飼い主次第だ。例えば、リビングで座ってテレビを観ているところに猫が入ってきて、勝手にバッグの中に入り込み、用を足したとしたらどう思うだろう？ 例はなんでもいいのだが、一発で逆鱗に触れそうな状況を考えてみよう。バッグに用を足されるのは確かに大迷惑だが、事態を悪化させるのは飼い主自身だ。次第に、はらわたが煮え繰り返り、きっと猫は自分に抗議しているのだと決めつける。「さっきあげたごはんが気に入らなかったに違いない」「毎日12時間も留守番させられるのが不満なんだ」「新しい恋人ができたから妬いているのかも」などと、あれこれ考えているうちに「きっと俺のことが嫌いなんだ！」という最悪の結論にたどり着く。

僕自身、不協和音を奏で始めていた猫と飼い主との絆が、あっけなく崩れ落ちるのを何度も目にしてきた。いったん、絆が崩壊したら、猫はさっさと逃げていくだろう。基本的に僕の仕事は、取り返しがつかなくなる前に、この悪循環を断ち切ることだ。動物保護施設で働いていた頃、いくら払ったら飼い猫を引き取ってもらえるかという問い合わせを度々受けた。だから、この悪循環が行き着く先を嫌というほどよく知っている。飼い主のもとから逃げ出した猫は棲家を失い、保護施設の檻に入れられるのだ。

何でも犬に見える色眼鏡
をかけて見ると……

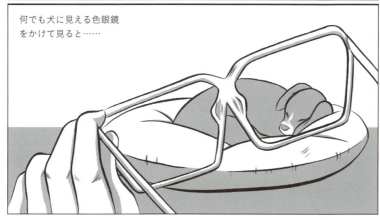

　どうして悪循環が起こるかと言うと、1つの原因は、飼い主が無意識のうちに猫を犬のように扱っていることにある。つまり、猫にも犬のようにわかりやすく意思表示をしてほしいと思ってしまうのだ。猫と人間の歴史を振り返れば、この期待がどれだけ無謀かわかるだろう。犬はわかりやすく意思表示し、人間っぽい反応をするように何千年もかけて改良されてきた。人間の役に立つ特質を持つ犬同士を掛け合わせたのは、犬と仲良くなりたかったからだ。ところが猫に関しては、友達になれるかどうかは重要視されなかった。猫が人間の食料を守るハンターの役割を担っていたのは、それが双方の利益になったからだ。したがって、今さら急に基本的なコミュニケーション方法を猫に変えろと言うのは、どう考えても無理な相談だろう。
　猫の世界と人間の世界、猫の言葉と人間の言葉のあいだには柵がある。猫と人間は、この柵を挟んで対話しなければならないのだ。犬なら喜んで柵を

跳び越えて遊びに来てくれるが、猫はそんなことはしない。これまでの猫と人間の関係においては、柵を越えて相手の領域に入ることなど求められていなかったからだ。

とはいえ、猫の言葉は地球上に生息するほかのどの動物にも負けず劣らず雄弁だ。飼い主は柵のそばまで来て、猫の言葉に耳を傾けるだけでいい。猫の言語は、猫特有の発声からボディランゲージ、マーキングまで総動員して成り立っている。いったん、猫の言葉がわかるようになれば、もう腹を立てることもなく、猫とずっと充実した関係が築けるはずだ。

それでは、まずは猫の「話し方」から見ていこう。

「ミャオ」だけではない、豊かな猫の言葉

鳥のさえずりのような声から震えた声、喉鳴らし、うなり声、そしてもちろん「ミャオ」という声まで、猫は100種類もの異なる声を出せる。その数は大半の肉食動物よりも多く、犬にも勝る。なぜ猫はそんなにたくさん言いたいことがあるのだろう？　猫はどう猛な声で「あっちに行け」と言うこともあれば、親しげな声で「こっちに来て」と言うこともある。大きな鳴き声を出せば、ボディランゲージよりも、ずっと遠くにいる相手までメッセージが届くし、同時に自分がどれだけ大きくて強いかも伝えられる。

通常、野良猫は飼い猫よりも口数が少ない。猫が声を出すのは多くの場合、人間に何かを伝えるためで、頻度は個体差による。例えば、シャムやオリエンタル、アビシニアンなど、一部の品種はたいていほかの品種よりもよく鳴くため、遺伝的な要因もあるのだろう。だが、猫がよく鳴くか鳴かないかは、飼い主の影響も大きい。何と言っても、鳴けば飼い主の注意を引き、餌をもらえることもあれば、撫でてもらえたり、ドアを開けてもらえたりするのだから。面白いことに、子猫が必死で母猫を呼ぶときを除くと、猫がほかの猫に「ミャオ」と声をかけることはめったにない。

猫はもっと別の音を使ってほかの猫とやりとりする。例えば遠吠えのような鳴き方や発情期特有の鳴き方は、「ミャオ」と同じようにまず口を開いて音を出しながら口を閉じる。一方、戦うときや痛みを感じているときなど、あまり友好的ではない悲痛な声や唸り声、金切り声や「シャー」という声をあげるときは、口を開けたまま音を出す。

最高に可愛くて親しげな声を出すときは、まったく口を開かない。喉鳴らしや鳥のさえずりのような声、震えた声を出すのは、挨拶するときと直接触れ合うときだけだ。

猫はどうやって喉を鳴らすのか？

　喉鳴らしは猫の謎の1つで、まだ完全には解明されていない。喉を鳴らすのはたいてい嬉しいときだが、ストレスや痛みを感じているときや死が迫っているときにも喉を鳴らすことがある。確かに言えるのは、いずれの場合も、猫が喉を鳴らそうと思って鳴らしているわけではなく、どちらかというと条件反射に近いということだ。脳が喉頭の筋肉に信号を送ると、喉頭の筋肉は猫の呼吸に合わせて1秒間に25回ほど声帯を動かし、あのゴロゴロという独特な音を出す。

　母猫は子猫に自分の居場所を伝えるため、子猫は母猫に「そばにいるよ」と伝えるために喉を鳴らす。また、喉を鳴らすとその猫の脳内でエンドルフィンという神経伝達物質が出て心地よくなるので、母猫の喉鳴らしは子猫を寝かしつけるのにも役立つ。

　喉鳴らしには癒しの効果もあるかもしれない。というのも、喉鳴らしの音は傷を癒したり、骨密度を高めたりする周波数20〜40ヘルツに近いのだ。そう考えると、怪我をしたり、病気にかかったりした猫がよく喉を鳴らすのも頷ける。ちなみに、現在のところ人間の骨も癒せるという確実な証拠は見つかっていない。

　もしかすると猫は人間もコントロールしているのかもしれない。2009年に発表されたカレン・マコームらの研究結果によると、人間は猫が餌をほしがっているときの喉鳴らし（「緊急」の喉鳴らし）と、緊急ではない喉鳴らしを聞き分けることができるという。緊急の喉鳴らしには興奮状態を表す高周波が含まれていて、人間はこの音に反応して、猫に注意を向けたり、餌を与えたりするのだ。

猫はどれくらい大きな声をだせるのか？

　かつて、ギネスブックに載っていた「世界で最も大きな音で喉を鳴らす猫」は、イギリスに住むスモーキーという猫だった。その鳴き声は、人間がレストランで話しているときと同じくらいの67.7デシベルの音だったという。

歯をカタカタ鳴らす理由は
獲物に関係している

　窓の外にいる鳥を食い入るように見る猫の姿は、誰でも見たことがあるだろう。猫の口からはカタカタと歯を鳴らす音が聞こえてくる。一体猫はなんでこんな音を出すのだろう？

　獲物がいるのに捕まえられないとき、猫はよく歯を鳴らす。なかにはほかの猫に向かって歯を鳴らす猫までいる。歯を動かすのは、美味しそうな鳥がいるのに食べられない不満を表しているのだと言う人もいれば、とどめを刺す練習をしているのだと言う人もいる。

　さまざまな説があるが、おそらく最も有力なのは、獲物の出す音を真似ているという説だろう。アマゾン川流域に住むマーゲイというネコ科の野生種は、サルの仲間のタマリンの出す音を真似て、跳びかかれるくらい近くまでおびき出すという。

　2013年に発表されたスウェーデンの研究では、本物の鳥の鳴き声と、猫が歯を鳴らして立てる鳥のさえずりのような音やキーキーという音を比較し、部分的に一致していることを証明した。確かにこの手を使えば、猫はほかの動物よりも確実に獲物を仕留められるだろう。

　ヒツジの皮を被ったオオカミのように、猫は仲間のふりをして獲物に近づく。猫にとって狩りがどれだけ大事かを考えれば、獲物を手に入れるために猫の声がうまく進化してきたこともよくわかる。

さまざまなボディランゲージから
猫の気持ちを読み解こう

　猫は体を使ってたくさんのことを伝える。自信に満ちあふれている、リラックスしている、喜んでいる、怖がっている、警戒している、臨戦態勢に入っているなど、感じていることを体で伝える方法には、わずかな個体差があるものの、猫共通のサインもある。これは人間に対しても、ほかの猫に対しても使われるものだ。

　猫共通のサインの多くは、先祖代々受け継がれてきたものだが、現代の猫には、それがかえって問題となることもある。ここでは、しっぽや耳、目などの動きや変化から、猫がどんな気持ちになっているのかを知るための手掛りを解説していこう。

しっぽ：3次元で気持ちを表現

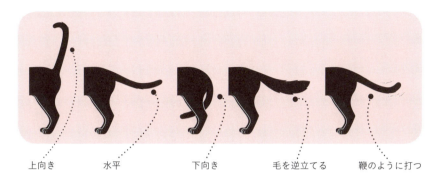

上向き　　水平　　下向き　　毛を逆立てる　　鞭のように打つ

　猫のしっぽはいろいろな役割を果たす。ジャンプしたり、バランスを取ったりするときにも活躍するし、体を温めたり、身を守ったりするのにも役立っている。猫が座っているときや、ゆっくり歩いているとき、しっぽはほかに用がないので、意思表示に使われる。猫のしっぽがいくつものメッセージを発信できるのは、しっぽの先端だけをほかの部分とは独立して動かすこともできるからだ。祖先の猫たちが暮らしていた草原という環境では、しっぽは猫の気持ちを遠くまで伝えるのに便利だった。

　しっぽを高く上げて気取った歩き方をしていれば、自信に満ちていることがわかる。しっぽを上げて、先端だけカーブさせるのは、友好的で遊びたがっている猫がよく見せる典型的なスタイルで、「こんにちは！」とか「こっちだよ。ついて来て」と言っているのだ。

　しっぽが下がるにつれて、メッセージも少しずつ変わってくる。例えば、態度を決めかねているときはしっぽが真上よりも45度ほど下がる。

　しっぽを地面と水平に上げるのは、どっちつかずの気分の場合もあれば、友好的な場合も、探検しようか迷っている場合もあり、周りの状況と合わせて考えないと理解できない。

　しっぽを下げることには、いくつか役割がある。例えば獲物に忍び寄るとき、猫は少しだけしっぽを下げる。その一方、身を守ろうとしている、または恐怖を感じているときも、体を小さく見せようとしてしっぽを下げる。さらに極端な例としては、しっぽを地面すれすれまで下げて匍匐前進したり、脅威になりそうなものから大急ぎで逃げたりすることもある。しっぽを脚のあいだにはさむのは、極度に緊張している証拠だ。

　毛が逆立っていたら、戦闘準備態勢が整ったというサインで、攻撃に出るか防御に回るかはわからないが、危険が迫っているのを感じて反応している

ケースが多い。

　まるでマーキングでおしっこをするときのように、しっぽをぶるぶる震わせるのは、基本的にはいい意味で興奮していることを表している。僕の経験から言うと、猫は自分の好きな人に向けて、または相手の近くでこのマーキングに似た動作をする。推測に過ぎないが、猫は体をこすりつける行為や、体臭をマーキングする自信にみちた表現、尿によるマーキングという自信の持てない表現を駆使して、所有権を主張しているのだろう。どちらにしても、しっぽをぶるぶる震わせたら、とても好かれているのだと思うことにしている。

　しっぽを鞭のように打ちつけるのは、今にも攻撃を仕掛けてこようとしているか、身を守ろうとしていることを意味し、ピクピクっと小さく動かすのは、欲求不満やイライラした状態を表している。

猫同士はしっぽで気持ちを伝え合う

　2009年に発表されたある研究で、イタリアにある野良猫のコロニー（生活をともにする集団）を8カ月にわたり観察した。噛みついたり、睨みつけたり、追いかけたり、戦ったりといった、闘争的な行動のほかに、身をかがめたり、後ずさりをしたり、「シャーシャー」と言ったりして、闘争を回避する行動や、クンクンにおいを嗅いだり、体をすり寄せたり、しっぽを上に向けたりといった友好的な行動も見られた。

　しっぽを上げるのは、多くの場合、攻撃的でない猫が攻撃的な猫に対して見せる行動で、「喧嘩する気はないよ」というメッセージを送り、相手から攻撃されないようにしているのかもしれない。

　ジョン・ブラッドショーらが行った実験も、しっぽを上げる行動に友好的な態度を伝える役割があることを証明した。猫にさまざまなしっぽの形をした別の猫の影を見せて、どう反応するかを観察した。影を見せるだけなら、被験者の猫はフェロモンや声など、しっぽ以外のメッセージに惑わされないですむ。その結果、しっぽを上げている猫の影を見たときには、ほかのときよりも早く、自分もしっぽを上げて影に近づいていくことがわかった。また、しっぽを下げている猫の影を見た猫は、しっぽをピクピクさせたり、自分もしっぽを下げたりする傾向があった。

耳：気持ちが最初に表れる部分

耳を立てる　　耳を寝かせる　　耳を平らにして横を向ける　　情報を集める

　耳はわずかに動くこともあれば、素早く動くことも、左右バラバラに動くこともあり、猫のボディランゲージの中で最も雄弁と言える。猫の心の状態は耳に最初に現れる。耳を動かす筋肉は20種類以上あり、体を休めていても、いつでもすぐに動かすことができるのだ。

　耳を立てると周りの音がよく聞こえ、情報を集めたり、音に反応したりしやすくなる。リラックスしている猫は耳を立て、少し横に向ける。耳が前に向いているときは、警戒しているか、もしくは欲求不満を表す。

　耳を平らに寝かせるのにはいくつかの意味がある。横を向けて伏せていたら、猫は怯えていて情報収拾しようとしている。耳が下に向いていればいるほど、猫は怖がっているのだ。耳を完全に後ろに向けていたら、攻撃に備えて身を守ろうとしている。

　左右の耳がバラバラに動いている場合、解釈はもっと難しい。猫自身も態度を決めかねているからだ。

目：光から情報を集める

目を合わせないようにする　　瞳孔が広がっている　　瞳孔が狭まっている

リラックスした目　　瞬きする

　瞳孔は光が少ないときにも開くが、戦うか逃げるかを判断しなければならない状況でも開く。瞳孔が広がるとより多くの光と情報を集められるのだ。例えば危険度を見積もっているとき、情報が多いほど、多くの逃げ道を確保できる。瞳孔が大きく開いているほど、おそらく猫の警戒心も高まっている。

逆に瞳孔が狭まっている猫は、自信を持ち、リラックスしていることが多い。
　もっとも、目がどんな役割を果たしているかだけでなく、どのように使われているかも重要だ。通常相手をまっすぐ見るのは挑発だが、猫がどれくらい集中しているか、あるいは気が散っているか、見方によって、どの程度本気で挑発しているかがわかる。
　ほかの猫と目を合わさないようにするのには理由があり、たいていは争いごとを避けたいからだ。ゆっくり瞬きするのは満足してリラックスしている証拠で、猫と挨拶したり、触れ合ったりしたいときには、ゆっくり瞬きするといい。詳しくは第11章で説明しよう。

ひげ：前向きは情報を集めているしるし

　ひげの主な機能は、触れたものの情報を得ることだが、人間にとっては、猫がリラックスしているか、しっかり目を覚ましているかを知るための情報源となる。
　リラックスした猫のひげは柔らかく、横を向いているが、怖がっている猫や、身を守ろうとしている猫はひげを顔の両側にぴったりとつけ、体を小さく見せようとする。
　前を向いたひげは、猫が情報を集めて

　・柔らかく横を　　・前を向いたひげ
　　向いたひげ

いることを意味する。ひげは空気やものの動きを感知できるのだ。前に向いているほど、猫の注意力は高まっている。ひげが前を向くのは、猫が跳びかかろうとしている場合もあれば、危険を察知した場合、あるいはただ単に何かに興味を引かれているだけの場合もあるので、ここでも文脈となる情報が重要になってくる。

　どんな行動や姿勢にも理由がある。だから猫の気持ちを判断するときには、必ず広い視野でものを見なければならないことを覚えておこう。ソファの上でリラックスしていることもあれば、窓の外にいる別の猫をじっと見ていることも、ベッドの下に潜り込んでいることもあるだろう。それに、周りのあらゆる要素に目を向けなければならない。しっぽや目、耳、声といった猫自身の体に関連するものはもちろん、同じ縄張りに住む生き物や時間帯にも注意が必要だ。僕は猫語の翻訳から、文脈の重要性を学んだ。

姿勢：全身で相手へメッセージを送る

　ほかの動物と違って、猫には明らかに「ごめんなさい、どうか許してください」と言って、仲直りしようとしているのがわかる服従のサインがない。そもそも猫の頭にそんな考えは浮かばないのだろう。このようなコミュニケーションの限界は、争いごとを解決する能力にも影響しているのだが、では、猫はどうやってほかの猫とうまくやっているのだろうか？

　ここで歴史を振り返り、猫が人間だけでなく、ほかの猫に対する社交性を身につけたのはごく最近だったことを思い出そう。祖先の猫は社会性のある動物ではなかったのだ。現代の猫は、相手を避ける姿勢や防御姿勢を取ることで争いを解決する一方で、互いに毛づくろいをしたり、体をすり寄せたりしてグループ特有のにおいを生み出し、しっぽを上げるなどのサインを使って、絆を保っている。

　気が動転した猫は普通、次の2つのうちどちらかの反応をする。1つは毛を逆立て、なるべく体が大きく見える姿勢だ。このとき猫は警戒心の塊で、いざとなれば身を守れる体勢にある。足をピンと伸ばし、しっぽを膨らませ、腰を高く上げている猫は攻撃態勢が整い、「いつでもかかってこい」と言っている。

　もう1つの反応は逆に体をなるべく小さく見せ、自分は危険ではないことをアピールすることだ。耳を後ろに倒し、肩を丸め、姿勢を低くして手足もしっぽも体の下にしまい込む。追い詰められて逃げ場を失えば、止むを得ず攻撃に転じることもあるが、それは最後の手段である。

　猫同士は常に互いに警戒し合っていると思うかもしれないが、そんなことはない。猫はお腹を見せてごろりと寝転がったり、ほかの猫に体をすり寄せたりといった友好的な仕草もする。寝転がる動作は発情期のメス猫によく見られるが、オス猫がすることもある。多くの猫はマタタビを見ると、ごろんとお腹を見せるし、ほかの猫、通常は自分よりも年上の猫の前でやる猫もいる。しっぽを上げるのと同じように、お腹を見せるのも「僕はフレンドリーで危険じゃないよ」というメッセージを伝えているようだ。猫同士がにらみ合っている場面で寝転がることはまれである。

子猫は遊んでほしいときにお腹を見せるが、成猫は防衛態勢に入ったときにも仰向けになる。この姿勢なら歯も両手両足もすぐに防御に使える。仰向けになった猫は通常喧嘩は望んでいないが、必要なら自分の身は守れることをアピールしているのだ。詳しくは次ページの「ジャクソンの猫語辞典」で説明しよう。

　あくびをして伸びをするのは、猫がくつろいでいる証拠だ。リラックスした猫は手足を体の下に隠して、いわゆる香箱座りをする。すぐに逃げたり、身を守ったりする必要がないので、武器を全部しまっているのだ

　前足を体の前に出しているスフィンクスのような座り方もリラックスしている姿勢と言える。心から安心している猫は、とろんとした眠そうな目で香箱座りかスフィンクス座りをする。

　どちらの座り方も身をかがめているのと間違えてはいけない。身をかがめる姿勢は体がこわばっていて、前足を少しだけ立てて前かがみになっている。顔にも緊張が表れていることが多く、しっかり目を閉じて瞬きする。通常猫がこの姿勢をするのは、痛みを感じているときだ。猫は痛みを隠すのがうまいので、ちょっとした行動も見逃さないようにしよう。

 COLUMN　猫が嫌がっているサイン

　猫は何の前触れもなく、突然噛みつくと思っている飼い主がたくさんいるが、ほとんどの猫は噛みつく前にいくつもの警告を出す。ただし、警告は必ずしもわかりやすいものばかりではない。

　例えば歩き去ったり、背を向けたりするのは、相手と関わらないようにしているサインだ。しっぽを鞭のように振ったり、背中をピクッと動かしたりするのを見たことがある人もいるだろう。手でパンチするのも警告で、「これ嫌なんだよ、もうやめてよね。今度やったら噛みついちゃうから。引っ掻くかもよ！」という意味だ。

　イライラしたときに出す警告については、パート4のそれぞれのケースで見ていこう。

仰向けの姿勢
「キャット・ハグ」の意味すること

　猫が仰向けになるのを僕は「キャット・ハグ」と呼んでいる。猫の動作の中で一番ハグに近いからだ。キャット・ハグをしている猫の気持ちをしっかり受け止めるには、まず被食者としての猫の経験を理解する必要がある。

　基本的にお腹を見せるのは、猫のセリフを代弁すると「僕は今100％無防備な状態なんだ。つまり仰向けになって、君に一番弱いところを見せているんだ」ということだ。お腹を出してごろりと転がるときと同じで、これは相手を信頼しているというメッセージなのだ。

　ということは、猫はお腹に触ってほしいのだろうか？　そんなことはない！　被食者の防衛本能を考慮し、猫の体がどう反応するようにできているか理解すれば、安全な距離を保ちつつ、キャット・ハグをする猫の気持ちに応えられるだろう。ただし、猫が既にお腹に触ることを許していて、気のおけない関係がしっかり築かれているなら話は別だ。既に話したとおり仰向けは防御姿勢でもあるので、猫が身の危険を感じたら、突然噛みついたり、引っ掻いたりしてくるかもしれない。

猫同士のコミュニケーションは嗅覚を使う

　獲物に忍び寄って突然襲いかかる猫たちは、あまり嗅覚を使わずに狩りをする。犬は遠くから獲物の跡を追っていくが、猫は短い距離しか追わないのだ。だが、猫同士のやりとりには、においが欠かせない。猫の嗅覚は人間の約14倍鋭く、においの情報は脳の中でも不安や攻撃性といった主な感情や動機をつかさどる部分に直接届くことを覚えておこう。

　猫はさらに「鋤鼻器（ヤコブソン器官）」と呼ばれる部分で、フェロモンを感知することができる。フェロモンとは、性別や生殖状態、個体を識別する情報を知らせる特別な化学信号だ。猫が顔をしかめて、口を半開きにしている姿を見たことがある人もいるだろう。これは「フレーメン反応」と言い、猫がフェロモンを感知しているときに見られる。フェロモンからは、どの猫がいつそこにいたのか、どんな気分だったかまで知ることができる。よく知

っている猫か、よそ者か、発情したメス猫か、去勢されていないオス猫か、その猫がストレスを感じていたかまでわかる。この情報はほかの猫との接触や争いを避けるのにも役立つ。知らない猫がマーキングした跡があると、猫は何度もにおいを嗅ぐ。しかし、だからといってその場所に近寄らなくなるわけではないので、必ずしも「進入禁止」という意味ではないのだろう。

フェロモン：人間には分からない謎の信号

　猫は頬、額、唇、顎、しっぽ、足、ひげ、肉球、横腹にある腺、乳腺からフェロモンを出す。これらの腺を物やほかの猫にこすりつけると、自分のにおいを残すことができる。それぞれのフェロモンにどんな機能があるのかはまだ完全にわかっておらず、解明されているのは顔から分泌される3つのフェロモンだけだ。

　1つめは「F2」と呼ばれるフェロモンで、オス猫が「いつでも交尾できるよ」というメッセージを発している。2つめは頬や顎をものにこすりつけると分泌される「F3」と呼ばれるフェロモンで、縄張りを主張するのに使われる。そして3つめの「F4」は、人間やほかの猫など、よく知っている個体を識別するのに使われる社会的フェロモンだ。F4は猫同士の喧嘩を減らし、猫がほかの固体を認識しやすくする。

　また、どこをどうこすりつけるかを見ると、わずかながら猫の気分がわかる。例えば、頬をこすりつけるのは、一般に自信に満ちあふれているサインで、頭をゴンとぶつけてくるのは、「大好き」と言っているサインだ。

　ものを引っ掻くのは縄張りを主張する方法の1つだが、引っ掻きながらフェロモンを出すこともある。尿によるマーキングには、性行動の場合と、新参者や今までなかったものが加わったなど、縄張りの変化に対する反応の場合がある。尿によるマーキングは、猫としてはまったく普通の行動だが、顔によるマーキングとは正反対で、縄張りを侵される不安に対する反応だ。

　猫をワイルド・キャットたらしめている要素はあらゆる猫に共通しているが、残念ながらすべてを説明することはできない。猫全般に関する話が一通り終わったところで、今度はあなたの飼い猫のユニークな個性がどこから来ているのか、じっくり掘り下げて見ていくことにしよう。

第**5**章

猫のタイプと
自信が持てる場所

もう猫という動物について、かなり正確なイメージを持ってもらえたのではないかと思う。人間の住まいという制約のない野生の生活の中で、猫たちは進化した。猫はほとんど条件反射のように目的を追求し、キャット・モジョという深遠なる世界に飛び込む。ではそろそろ、猫全般に関する情報を、僕たちが一緒に暮らす猫1匹1匹のために活用する方法を考えていくことにしよう。ワイルド・キャットの手を借りて、飼い猫の長所を引き出すことができれば、縄張りに手を加えて猫の自信を最大限まで高め、猫との関係を改善することだってできる。

猫には3つのタイプがある

実のところ、僕自身は限られたタイプに人を分類するのは好きではない。だから「猫の行動専門家」という肩書きも、自分の名前の後に書くようにしている。行動専門家というと、さまざまな症状を持った猫たちを診察して、パズルのピースをはめ込むみたいに、猫の一つひとつの行動をつなぎ合わせて、完璧な猫にすることが仕事のように思われかねない。誰だって、自分のセラピストが名刺に「人間行動専門家」なんて書いていたら、いい気はしないだろう。なんだか冷たい響きがする。

とはいえ、残念ながら1匹1匹の猫を満足のいくまで理解する時間はない。わずか数時間のあいだに、猫の住環境や家族を観察し、「挑戦ライン」(詳しくは第9章で解説する)を広げる練習をして、猫の診断をして、家族に宿題を出して、カウンセリングを締めくくらなければならないからだ。依頼されたすべての猫が自信、つまりはモジョを取り戻し、すべての飼い主が猫にとってモ

ジョがいかに大切か理解できるようにするのが僕の究極の使命だ。だが、あるとき猫によって求めるモジョの程度が異なることに気づいた。そのおかげで、猫を分類するのではなく、現在のモジョの度合いがどれくらいで、その猫がどのくらいまでモジョを高めたいか理解しておくと、飼い主にとっても僕にとっても役に立つことがわかったのだ。

猫にモジョを身につけさせるには、まず猫が縄張りは自分のものだと心から思えるようにしてやることから始める。それができたら、少しハードルを上げよう。縄張りを「所有」するだけでなく、縄張りに「誇り」を持てるようにして、「棲家」に変えるのだ。モジョの度合いがどの程度かわかれば、どんなゴールを目指せばいいかイメージしやすくなる。そこで僕は「モヒート猫」「ナポレオン猫」「内弁慶猫」という3つのタイプを考えた。

モヒート猫：目指すべき猫のタイプ

さて、あなたは長年、アメリカのベッドタウンで暮らしていると想像しよう。ある日、2週間ほど前に越してきた隣人から、ホームパーティに招待された。自己紹介がてら親睦を深めるのが狙いだ。玄関ドアをノックするなり予想外の陽気な出迎えを受け、あなたは少したじろぐ。新しい隣人は満面の笑みであなたを下の名前で呼び、まるで何年も前からの友達のように温かくハグする。そして、すかさず飲み物を載せたお盆を持ってくる「モヒートはいかが？　いろんな味があるのよ。これはライムが強めで、こっちはキュウリが多め。それからグラスの縁に塩が付いているのといないのもあるわ」

圧倒されて何も言えないでいると、あなたのことを恥ずかしがり屋なのだと思った隣人は、微笑みながらグラスを1つ渡し、あなたの肘にそっと手を添えて、中へ導く。「部屋を案内しましょう」

まずは暖炉からだ。暖炉の縁には、旅先で撮った写真や、誕生日や結婚式の写真が飾られている。隣人は1枚の古い写真を手に取り、愛おしそうに指で写真をなぞりながら、祖母との関係について語る。目からこぼれた涙を拭ったら、ガイドツアー再開だ。こうして、ありとあらゆる場所へ通される。

一つひとつの場所に歴史があるのに感心しながら案内されているうちに、隣人の話に引き込まれている自分に気づく。

だが、ちょっと待てよ。あなたはふと我に帰る。隣人はつい最近引っ越してきたはずでは？　なのに、随分前からこの家で暮らしていたように感じる。思い出の品とか家具とか、冷蔵庫に貼られたマグネットやカレンダーだけでなく、何か深いところを流れる「思い」のようなものが伝わってくるのだ。2週間前に引っ越し業者のトラックがやってきたかと思ったら、もうれっきとした「家」が出来上がっていることに、感心してしまう。

それに、隣人は家の中をあくせく歩き回って、あなたに自慢しようとしているわけでもなければ、緊張しているわけでもない。そこで、彼女は無理にあなたに好印象を与えようとしていないからこそ、落ち着いていられるのだということに気づく。完璧に見せることで、自分の地位を示そうとしているわけでもない。隣人はただ、あなたとよく知り合いたいだけなのだ。この家には何の策略もない。そうして、あなたは密かに考えていた暇乞いの言い訳を使わずにすむ。理由はこの家にもっといたくなってしまったからだ。

では今度は、この隣人が猫だったらどんな風か想像してみよう。

あなたが家の中に足を踏み入れるとすぐに、この「モヒート猫」はしっぽを高く上げ、胸を張り、部屋の真ん中を突っ切って歩いてくる。耳は前を向いて、周りの音をよく聞いているが、侵入者の情報を得ようとくるくる向きを変えたりしない。目も前に向いているが、逃げ道を探して部屋の隅を見ているのではなく、あなたを歓迎している。猫は飲み物を勧める代わりに、8の字を描いてあなたの足元を回る。あなたは下に手を伸ばし、猫に挨拶する。すると、伸ばした指に猫は額や頬を押しつける。猫は見知らぬ相手に体を触らせ、触れ合う喜びをあなたに与えると同時に、自信を持ってあなたにマーキングし、自分のにおいを染み込ませる。

リビングに入ると、猫はドアのそばにあるキャットタワーの3段目に登り、縄張りに対する誇りをのぞかせながら、自分が日頃どうやってこの場所を監視しているか実演してみせる。次にキッチンに向かうと、猫は急いで先回りし、あなたの横で、夕食をガツガツ食べる。またリビングに戻ると、猫は爪研ぎを始める。新しい場所に寄るたびに、あなたに額や頬をこすりつけてマ

ーキングするだろう。そして、あなたがやっとソファに腰を落ち着けて話を始めるころには、あなたの膝の上かすぐ横で寝息を立て始める。

　モジョの度合いを表す物差しで言うと、モヒート猫は真ん中だ。猫は間違いなく自信を持っている。縄張りを愛し、誇りを持ち、揺るぎない所有者意識を持つことで、縄張りが猫の棲家となる。自分の家が大好きで、ほかの人にも見せたがるのが、モヒート猫の特徴だ。周りのものやそこに住む人との関わり方を見ればわかる。これが猫のあるべき幸せな姿なのだ。

　僕たち人間が目指すのは、すべての猫がこの「モヒート猫」になることだ。自信にあふれたモヒート猫に対して、ほかの2つのタイプは心の奥底に不安を抱えている。揺るぎない所有者意識を示すのではなく、自分の縄張りが奪われると思って茫然とするか、そもそも自分に縄張りを持つ資格などないと思うかのどちらかだ。

ナポレオン猫：過剰に支配欲が強いタイプ

　僕はニューヨークで育ったのだが、当時はギャングがたくさんいて、それが当たり前のようになっていた。13歳のあるとき、不慣れな場所を歩いていると、年下のギャングの男の子が急に僕の前に立ちはだかった。そして、少年は腕を組んで踏ん反り返ると、顔をぐっと近づけて「お前どこにいるかわかってるんだろうな？」と言った。

　「教えてやるよ」と少年が指さした先を見ると、レンガの建物の壁に白いペンキで大きくギャング団のマークが描かれていた。少年は眼を細め、いつでも襲いかかれることを全身で表していたが、僕を殺す気がないのは明らかだった。僕がライバルのギャング団の一員だったら話は別だが、少年は僕を縄張りに入らせないようにしていたわけではなく、そこが「自分たち」の縄張りだということを認めさせようとしているだけだった。ギャングは敵対するギャング団はもちろん、世間全般に向けて、その地区が自分たちの縄張りであることを宣言し、相手の頭に叩き込む必要があるのだ。

　僕が何もできずにうろたえていると、少年は笑い出した。しかも、のけぞ

りながら大声で。少年の笑い声は、僕のプライドをズタズタにしたが、縄張りを守り切った少年のプライドは満たされ、僕はそこを通してもらえた。

ある意味、誰かを脅かし、侮辱することで縄張りの所有意識が高まったのだろう。僕が完全に降伏したことを見届けなければ、縄張りの所有者にはなれない。それがギャングの本能だ。この少年が僕にしたことも、ギャングが近隣の人々にしてきたことも、すべて本能のなせる技なのだ。

ナポレオン・コンプレックスという言葉はあまりよく知られていないかもしれないが、このギャングの少年のように「過剰に支配欲が強い人」を表すものとして長年使われてきた。心の奥ではその縄張りが本当に自分のものだという自信が持てないため、目的を見失ってしまう。だからよそ者を縄張りから排除することでしか、自分たちの縄張りを確認できない。

これはすべて「ナポレオン猫」の行動に当てはまる。ナポレオン猫は誰かが縄張りに入ってきたら、耳を前に向け、相手の目をまっすぐ見据え、身をかがめて攻撃の姿勢で出迎える。まず「こいつは一体何者だ？ 何を盗みに来た？」という疑問が頭に浮かぶ。ナポレオン・コンプレックスという名前のとおり、猫は縄張りを奪われることを極度に恐れ、何とか奪われまいと過剰に反応する。ナポレオン猫は、まったく予想もしていなかったときに、家の中で同居人を待ち伏せする。同居人あるいはほかの動物が、既に猫に譲歩しながら暮らしていてもお構いなしだ。

ナポレオン猫は訪問者に対して、モヒートを載せたお盆を持って玄関で出迎える代わりに、戸口に仁王立ちになるか、あのギャングの少年のように相手の行く手に立ちはだかるはずだ。だが、ナポレオン猫の世界では、スプレーではなく、尿で壁に落書きする。猫が窓の下やドアなど、家の中にマーキングするのは、城を塀で囲って守っているようなもので、縄張りが奪われないように過剰に警戒していることがわかる。結局のところ、モジョが足りないのだ。

興味深いことに、猫のタイプを特定してから何年かのあいだ、一対一でカウンセリングをしているうちに、ナポレオン猫はほとんど愛情を注がれておらず、共感も得られていないことに気づいた。「ナポレオン猫」を「モヒート猫」に近づけたければ、共感してあげることだ。

内弁慶猫：過剰に自信のないタイプ

　3つめのタイプ、「内弁慶猫」は大体どんな猫か想像できるだろう。内弁慶猫にとって何より大事なのは、誰にも気づかれないよう人目を避けることであり、クローゼットやベッドの下に隠れてばかりいる。

　だから飼い主のそばを通り過ぎるときも、コソコソと気づかれないようにしている。支配欲の強いナポレオン猫は戸口に横たわり、モヒート猫はご機嫌でみんなに声をかけながら歩き回るのに対し、内弁慶猫は壁にぴったりくっつき、部屋の真ん中を横切ることはない。「ここは私の縄張りじゃありません。あなたの縄張りですよね。それは構わないのですが、もし差し支えなければ、そこのトイレに行ってもいいでしょうか？　あなたのことを見ているわけじゃなくて、向こうに行きたいだけです。私のことはどうか気にしないでください」と言っているのだ。そして、しっぽを脚のあいだにしまい込んだまま、一瞬にして姿を消す。

　皮肉なことに、コソコソ隅っこばかり歩き、極力ほかの猫や人間と顔を合わさないようにして、相手に譲ってばかりいる怖がりの内弁慶猫は、自信のないこうした行動のせいで、ほかの猫からカモにされたり、のけ者にされたりすることもある。多頭飼いの家では、内弁慶猫がクローゼットやベッドの下、棚や冷蔵庫の上で縮こまっているのを目にする。ひどいケースになると、安心だと思っている場所、安全地帯から離れることができず、そこでうんちやおしっこをしてしまうこともある。

　自信の度合いでいうとナポレオン猫の対極に位置するが、内弁慶猫もモジョが足りない。隠れるのは受け身の行動であり、能動的ではないからだ。

　できればどの猫もその猫なりのモヒート猫にしてやりたい。自信のある猫のイメージを押しつけるのではなく、それぞれの猫の傾向を認めて、不安を取り除き、その猫に一番合った形のモヒート猫にしてやりたいのだ。ナポレオン猫にし

ても内弁慶猫にしても、モヒート猫になる妨げとなるのは、飼い主がその猫に対して抱く感情だ。ナポレオン猫は軽蔑されやすく、内弁慶猫は可哀そうだと同情されやすい。ナポレオン猫はほかの猫と喧嘩しないように隔離され、内弁慶猫は安全地帯から出なくてすむように、冷蔵庫の上やベッドの下に餌を置いてもらったり、クローゼットの奥に寝床を作ってもらったりする。善意があだとなることは珍しくないのだ。モヒート猫を目指すなら、挑戦ライン（詳しくは140ページ）を越えさせるしかない。

ワイルド・キャットと暮らす

　自然界の猫の縄張りは、壁やドア、窓で仕切られてなどいない。猫は自分で地図を作り、境界線を決める。ほとんどの猫は1つ拠点となる場所を選び、そこを棲家とする。拠点を取り囲む縄張りの大きさは、性別、住んでいる地域にどれだけ獲物がいるか、どのような天敵がいるか、交尾の相手はいるか、縄張り争いの激しさによって違ってくる。

　ドアも壁もない環境では、猫はマーキングして自分の縄張りを主張する。だが、ライオンからイエネコまで、すべてのネコ科の動物に共通する要素をよく見ていくと、ネコたちはただ縄張り意識が強いだけでなく、縄張りの主張の仕方が似ていることがわかる。ネコ科の動物はすべて尿をかけたり、引っ掻いたり、頬などの体臭腺をこすりつけたり、それから糞をしたりしてマーキングを行い、道標のように縄張りの境界線を示す。

　猫はよく通る場所のしるしとして、柵や落ちた枝を引っかいたり、頬をこすりつけたりする。尿は木の切り株などの目立つものにマーキングして、おおまかな境界線を示すのに使われる。第4章でも触れたように、マーキングは「ここに住んでいます」と伝えているだけで、「出て行け」と言っているわけではない。尿のマーキングは、その猫が来た時期と生殖状態の情報を伝え、繁殖期にはより頻繁に行われるようになる。

　境界線を明らかにするのは、ひとえに猫同士が喧嘩せずに共存するためだ。「2時から4時までここを使いたいんだけど、大丈夫？」というメッセージを残しているようなものである。ほかの猫との衝突を避け、食料源を確保し、必要であれば時間をずらして同じ縄張りを共有する。もちろん猫同士が同意に至らず、喧嘩に発展することもあるが、マーキングはほかの猫がいつどこに現れるかを知るのに役立つ。だからこそ、飼い猫にとってもマーキングは重要になってくる。室内飼いされることで、飼い主によって境界線が決められてしまっている場合はなおさらだ。

自信が持てる場所はどこにある?

　人間を含むほかの動物は縄張りを2次元でしか捉えていないが、猫は3次元で捉えている。僕たち2本足の人間は、部屋に入ったらまず床に置かれたものを確認して、どの椅子やソファが座り心地が良さそうかといったことを、かなり平面的に見る。ところが猫は床から天井までくまなく調べ、どこならのんびり休めそうか、どこに登れば同じ縄張りに住むほかの動物の出入りを観察しやすいか、獲物を捕らえるときや遊びのとき、あるいはひとりになりたいとき、どこを使えばいいかを立体的に考える。

　猫はそこが「棲家」だと感じられるから、自信を持って縄張りを闊歩できる。だが、猫のモジョ(自信)は、狩りができるかや、ワイルド・キャットのリズムを守れるかだけで決まるわけではない。縄張りの中で、一番自分らしく行動できる場所にいるときにも、自信を得られる。猫は垂直軸に沿ってお気に入りの場所をいくつか見つけ、そこを自分の場所とする。床から天井へかけて、見晴らしの利く場所はいくつもあるが、猫によって気に入る場所はそれぞれだ。飼い主の仕事は、猫のお気に入りの場所がどこか見分け、猫がそこにいやすくして、自尊心を高め、モジョを最大限に発揮しながら世界と関わっていけるようにすることだ。それにはよく観察するだけでいい。

　僕は自信を持ってお気に入りの場所を選び、そこに居着いた猫を「居住者」と呼んでいる。猫がどのタイプの居住者かわかれば、猫に縄張りを与え、猫らしく自信を持って行動できるようにしてやるのに大いに役立つ。ここで、居住者の3つのタイプについて考えてみよう。

ブッシュ猫
　ブッシュ猫タイプはローテーブルの下や植物の陰にいる。頭の中がすっかりワイルド・キャットになって、獲物に襲いかかろうと待ち伏せすることも多い。ブッシュ猫は4つの足をすべてしっかり地面につけていることを好む。

ツリー猫

　ツリー猫タイプは床より高いところにいる。高いところから下の様子を窺っているほうが、自信が持てるのだ。必ずしも天井の近くにいるわけではなく、椅子やソファの上にいることもある。床よりも高いところでさえあれば、自信を維持できるからだ。

ビーチ猫

　ビーチ猫タイプは地面に4つ足をついていることを好むが、ブッシュ猫のようにローテーブルの下で待ち伏せするのではなく、堂々と部屋の中心にいる。ビーチ猫は広々としたところが好きなのだ。飼い主が毎日のようにつまずきそうになるのは、このタイプの猫だ。猫は同じ家に住む人間や動物に「君たちのほうが僕をよけて歩いてくれよ」というメッセージを発している。

　ただし、ブッシュ猫かツリー猫かビーチ猫か判断する前に、猫がその場所の居住者になったのか、ただ隠れているだけなのか見分ける必要がある。居住者は、ボディランゲージを見ればわかる。耳を前に向け、あたりの様子を見回しているが、警戒はしていないはずだ。隠れている場合はまったく違う。猫は体を小さくし、人目につかないようにしている。そこは猫にとって、自信の持てない場所なのだ。身をかがめるのはその姿勢が楽だからではない。安全地帯を求めているのは、自信がない証拠だ。1日中どこかに隠れている

猫やベッドの下から出てこない猫は、自信を持ったブッシュ猫ではない。それに冷蔵庫の上で暮らしているからといって、必ずしもツリー猫とは限らない。その理由を説明しよう。

冷蔵庫の上でビクビクしながら暮らしている猫を見ると、つい同情してしまう。だが、この状況を続けてはいけない。その場所が好きなわけではなく、止むを得ずそこにいるのに、冷蔵庫の上で餌を与えているとしたら、状況を改善することはできない。猫はほかの動物や人間など、何かを避けるために冷蔵庫の上にいるのだ。

また、猫は怯えて洞穴のような場所に隠れることもある。ベッドの下で餌を与えたり、近くに猫用トイレを置いたりして、猫が必要とするものを洞穴のそばに集めても、猫に安心感を与えることにはなら

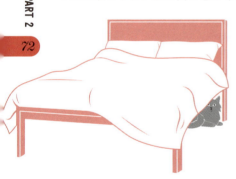

ない。洞穴に隠れても猫は安心できず、ただ自分を小さく感じるだけだ。

猫はよく家具や棚の下にも隠れる。ベッドの下の一番奥やクローゼットの奥、壁にできた穴にまで隠れる猫がいるのだ。僕は全部見たことがある。物の下は究極の洞穴だ。最終的には、物の下に猫が入れないように工夫する必要はあるが、ただやみくもに猫の安心感を奪い取るわけにはいかない。

ストレスが溜らないように、猫にはのんびり過ごせる安全な場所が必要なことはわかっている。そこで役に立つのが隠れ家となる「コクーン」だ。コクーンを与える目的は、猫が休めるようにするだけでなく、猫の意欲をかき立て、変化させることにある。動かせるものであればテントのような猫用ベッドでも、トンネルでも、ペットキャリーでも構わない。最初は部屋の隅な

どに置いて、猫がその場所をよく使うようになってきたら、コクーンを徐々にほかの人間や動物がよく通る場所に動かす。これにより、猫に安心感を与えつつ、自信を持たせ、積極的に家族と触れ合えるようにするのだ。

コクーンは猫の変化を促すためにある。猫を成長させ、自信を持って行動できるように変身させるのだ。

洞穴とコクーンは大違い

洞穴はただの隠れる場所だが、コクーンは猫が変化するために入る安全な場所というわけだ。

支配的なボス猫なんていない

僕は1匹の猫がコロニーや多頭飼いのほかの猫を牛耳るという「ボス猫説」を支持してはいない。ボスや支配者という言葉はよく耳にするが、犬や猫に

当てはめるのには、いろいろな意味で問題がある。

　実のところ、猫の集団が1匹のボス猫を筆頭に厳格な上下関係を形成するという説には、まったくと言っていいほど根拠がない。集団生活をする猫は、ピラミッド型の階級を形成するのではなく、さまざまな「役割」を分担して受け持つようになると僕は考えている。例えば、複数の猫がお気に入りの場所を時間帯をずらして共有することがあり、そのような場合には、1匹の猫が見回り役を買って出る。僕の家ではピシというオス猫がこの役を担当していて、例えば、キャロラインという猫のお尻のにおいを嗅ぐことで「そろそろ撤退する時間だ。もう行くんだ」というメッセージを伝える。

　ピシのような猫をボス猫と呼ぶ人もたくさんいるだろう。だが、社会の中で役割を持つことと、いわゆるボスになることは異なる。社会が完全な無法状態になるのを防ぐ唯一の方法は、役割を分担することだ。一方、ボスは支配力を持った者のことであり、支配力は性格的特性ではない。2匹の動物の関わり方のパターンを示しているとは言えるかもしれないが、犬がオオカミのように群れをなして狩りをするという確たる証拠はなく、猫に関する証拠はさらに少ない。僕たちが目にする支配的、あるいは攻撃的な行動の多くは、猫同士の年齢差や親しさの度合いの違いから生じたものだという研究結果もある。つまり、本当の意味でボス猫と呼べる猫はいないということだ。

　それに1匹の猫を「ボス猫」と呼ぶのは非常に問題がある。猫の行動を理解する参考にならず、問題をまったく解決できないからだ。ボス猫と見なした猫を、つい敵意に満ちた目で見るようになり、あらゆる行動を攻撃と解釈してしまう。その結果、飼い主はその猫を支配しようとしてしまうのだ。

猫のタイプと関係の築き方

　既に話したように、モヒート猫は社交的でほかの猫を引き寄せる。モヒート猫は自信があり、自己防衛にばかり気を取られていないので、世界は心持ちモヒート猫を中心に回るようになる。一方、ナポレオン猫と内弁慶猫は、いつも自分のことで手一杯で不安で仕方がないため、家庭やコロニー全体の利益にまで頭が回らない。ナポレオン猫や内弁慶猫の不安は、ほかの猫からの攻撃を招く可能性もある。モヒート猫はこうした不安を超越しているため、自分を取り巻く世界の全体的構造を把握し、周りの状況にずっと容易に対応できる。しかし、だからといってモヒート猫は、支配的なわけではない。猫を注意深く観察するとわかるが、猫同士の関係は、融通が利くか、縄張りを共有できるかに大きく左右されるからだ。

PART 3

ジャクソン流・猫を幸せにする飼い方

第6章

道具箱へようこそ

イ ンスタで人気の猫も、どこにでもいる普通の猫も、ワイルド・キャットの血を引く正真正銘の猫だ。第5章までは、猫の歴史や室内で暮らすようになった経緯、それに伴う苦難などを説明してきた。その知識を土台に、新しい話題に移ろう。猫の歴史全般にわたって、人間が猫に影響を与えてきたことは既に話したとおりだ。では、現在はどうだろう？　人間はただ猫の縄張りを守り、餌や寝床を与えるだけの存在ではない。飼い主は猫のパートナーであり、猫たちに最高の幸せをもたらす機会を与えられているのだ。

この後の章を読めば、ツールという形で猫と幸せに暮らすためのたくさんの知識を得られるだろう。何年も試して効果が確認されている実用的なアドバイスやテクニックで、猫はもちろん飼い主の生活の質を高められるはずだ。だが、パート3で一番重要なのは、ツールそのものではない。あなたと飼い猫は特別な関係にあることを理解し、忘れないようにすることだ。

ちょっと想像してみてほしい。あなたには15歳になる息子がいるとしよう。この子は優しくて、人付き合いもうまく、これまで誰にも迷惑をかけたことなどなかった。ところが、ある日の午後、中学校から電話がかかってきた。息子が特別な理由もなく別の生徒を殴り、相手の生徒は怪我をして病院に運ばれたというのだ。息子は事件が解決するまで停学処分となり、今は校長室で保護者が迎えに来るのを待っているという。

あなたはショックに打ちのめされ、電話を置く。息子が友達に手を上げるなんて。きっとそれ相当の理由があったはずだ。車の鍵をつかんでから学校に到着するまで、怒り、不満、不安、戸惑いが押し寄せてきて、めまいがする。あれこれ考えて、心が掻き乱されながらも、校長室であなたを待つ息子の姿を思い浮かべる。不安と後悔の念に苛まれつつも、まだ怒りが収まって

いないかもしれない。いずれにしても息子が苦しんでいることだけは確かだ。あなたの胸も痛む。何といっても血を分けた子どもなのだ。息子を助けるために、どうしてこんなことになったのか知りたいと思うだろう。

　では、今度は違う場面を想像してほしい。疲れきって仕事から帰り、ドアを開けると鼻を刺すようなアンモニア臭に襲われる。よその猫がトイレ以外のところでおしっこをしてしまったという話は聞いたことがあるが、あなたの猫がしたのは初めてだ。あなたは買ったばかりの白いソファの真ん中に、オレンジがかった黄色い大きな染みができているのを発見する。忙しい1日を過ごし、やっと家に帰ってきたと思ったらこのありさまだ。

　ショックが怒りに変わり、爆発寸前の状態で洗浄スプレーを手にソファの汚れを落としにかかる。何度スプレーして拭き取っても、汚れが染み込み、ソファはきれいにならない。猫が何かあなたのしたことに腹を立てて、わざとおしっこをしたに違いない、という考えが頭の中で渦巻き、どんどんと怒りがこみ上げてくる。明らかにこれは悪意のある行為だ。猫がどうしてそんなことをしたのか、理由はなんであれ、自分に過失はなかったはずだ。猫はいつものようにキッチンの入り口で夕食を待っている。あなたはため息をつく。猫は自分がどれほどの被害をあなたに与えたかなど、知るよしもないことに気づいたからだ。

　では、この2つの場面を比べてみよう。息子も猫も、何か決定的な「問題」があることを伝えている。息子の場合、あなたはすぐに息子本人のことを考えた。どうして暴力に訴えたのか、自分はなぜその兆候に気づけなかったのかといった大きな疑問で、頭がいっぱいになるはずだ。続いて、どうすれば息子を助けられるのか、どうすればこの事件を乗り越えられるかと考える。ところが猫の例の場合、どうして猫は自分にこんなことをしたのか、どうやったらソファについた汚れを落とせるかばかりを考える。最近起きた家庭内の変化が原因で、猫がお漏らしをした可能性を考えることもなければ、翌日朝一で猫を動物病院に連れて行き、病気にかかっていないか診てもらおうという考えも浮かばない。

　つまり、1つめのシナリオでは息子のことを第一に心配しているが、2つめのシナリオでは猫のことをなおざりに、ソファのことばかり気にかけているのだ。そこに問題がある。家庭の中で、家族同士は分け隔てなく相手を思いやる。しかし、自分たちを分別のある人間だと思っていたとしても、猫を家族の一員としてではなく、所有物として扱っている限り、その影響は家庭全体に及ぶだろう。問題は、所有という考え方であり、それを解決する鍵は猫との関係性にある。

第**6**章　道具箱へようこそ

77

猫と家族になるための心構え

種の違いを度外視して、猫も家族の一員として見れば、あなたと猫は絆で結ばれていることがわかる。この絆の中心には、次の基本的要素があり、猫とうまくやっていけるかは、これらの要素にかかっている。

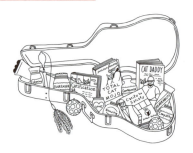

- 猫を知ること：好き嫌い、何を怖がり、何を嫌がるか、過去の経験が現在の行動にどう影響しているかを知ろう。
- 猫の話に耳を傾けること：それが愛情であれ、保護であれ、時間であれ、猫があなたに何か求めていたら、たとえすぐに要望に応えられなくても、よく注意を払うこと。
- 妥協すること：どんな関係もどちらか一方の要望だけで成り立っているわけでない。たとえ実際にはまったく望んでいなくても、相手に合わせるべきときもある。
- 自分が万能ではないことを認めること：相手のすべてを理解していないことや、お互いの関係が一瞬一瞬生み出す結果をコントロールできないことを認めることで、猫との関係も一方通行にならないようにできる。猫がどんな反応をするか、周りの状況にどう対処するか、飼い主が決めることはできない。猫があなたから学ぶように、あなたも猫から学ぶ。つまり、いつでも相手と向き合えるようにすることだ。

当然ながら、これらすべてを実行する秘訣は、愛することだ。猫と一緒に暮らすのは、猫のいない暮らしよりもずっと良いことを心から理解できれば、上のすべての条件を受け入れられる。猫とともに過ごす、すべての瞬間が双方に影響を及ぼすからだけでなく、結局のところ猫も人間も、互いに愛し愛されるために生きているからだ。

これらの基本を実践していくうちに、猫との関係はそれぞれのペースで次第に進化を遂げていくだろう。そして、猫とあなたとの物語の中で、猫に思いどおりになってほしいと強い衝動にかられることもあるが、やがて物語の支配者ではなく、1人の登場人物に落ち着く。

そこで「所有権を手放す」という、もう1つの基本的要素が重要になってくる。猫は所有物ではなく、対等なパートナーだと認めることで、猫との共

同生活が何よりも貴重な体験となる。

　僕の目的は猫と飼い主との関係を、人間同士の関係と同等に見なすことで、新たな展望が開けるようにすることだ。この視点に立てれば、問題行動から良い結果を引き出せ、この本から学んだことが10倍効果を発揮するようになるだろう。共感を持って猫の行動を観察すると、家具におしっこをかけるといった意思表示にも、違った反応ができるようになる。猫に怒りをぶつけてガミガミ叱るのではなく、「あら、この子らしくないな。こんなことをするなんて、何が原因だろう？」という疑問が、真っ先に頭に浮かぶだろう。そしてこの大きな疑問にもとづき、対応することになる。この発想こそが、これからこのパート3で紹介するツールを使いこなすうえで重要になるのだ。

　さらに猫に共感することで、飼い主はある程度、先を見通せるようになる。猫とのつながりを保ちつつ対処できれば、猫の怒りが爆発する前に火のついた導火線を見つけることができるだろう。ソファに巨大なシミを作る前に、ほかの人には感知できない兆候となる行動があったはずだ。いつもと違う歩き方やそれまで聞いたことのなかった声など、症状とは関係のなさそうな行動の場合もある。飼い主は感覚を鋭くさせ、ちょっとした違和感にも反応できれば、猫の命を救うことだってできるだろうし、少なくともソファは確実に守れるはずだ。

　この章の冒頭で言ったように、何よりも大切なのは猫と飼い主は1つの絆で結ばれているのだと理解することだ。これからほかの人々と築いていく関係と同じように、猫との関係をうまく維持するにはツールを使う必要がある。次の章以降では、そうしたたくさんのツールを紹介しよう。そこで覚えておいてほしいのは、世界中のどんなツールも、それを受け入れ、活用する場がなければ何の役にも立たないということだ。その場とは、あなたの中にある共感する心だ。それでは、これからツールを詳しく説明していこう。

第7章

ワイルド・キャットのための基本ツールを覚えよう

こで、「キャット・モジョ」のおさらいをしておこう。16ページの「キャット・モジョとは？」で話したとおり、猫のモジョの源は、縄張りが誰にも脅かされることなく安全に保たれ、その縄張りで遂行すべき重要な仕事を持っているという意識だ。ここでいう仕事とは、狩りをして、獲物を捕らえ、殺して、食べ、そして毛づくろいをして、眠ることであり、猫の原始的な野生の本能にもとづいた一連の行動のことだ。僕はこの6つのプロセスを「HCKEGS」と呼んでいると前に話した。猫が自信を持って、このサイクルをこなすことができれば、キャット・モジョが満たされる。猫をその状態にさせることこそが、僕ら飼い主たちが目指すところだ。

この目標を達成するため、あなたは一つひとつの活動が予定どおり行えるように土台を作る必要がある。これを3つのR「ルーティン、儀式、リズム」とともに行うのだ（3つのRは38ページを参照してほしい）。

どの家庭にも、起床、出勤、帰宅、就寝に合わせたエネルギーの自然なサイクルがある。このエネルギーの高まるタイミングに合わせて、猫との儀式やルーティンが行われ、それが次第に日常化すると、リズムが生まれる。このリズムは、一緒に遊んだり、餌を与えたりといった猫とのさまざまな交流の基礎となる。

ただし、これは猫を飼い主のリズムに合わせることとは違う。猫のニーズと飼い主のニーズを家庭のリズムに組み込んでいくのだ。人間も日々のタスクが習慣化して日課になると、自信や安定感が得られるように、猫にも日課が必要だ。つまり飼い主は、仕事に行ったり、家事をしたりと、自分のことだけではなく、猫自身の日課も、猫を可愛がる時間も、猫用トイレの掃除も、すべてこのリズムに組み込むということである。

膨らむエネルギーの風船

猫は狩りに備えて必要なだけ眠る。眠りながらエネルギーを蓄えるのだ。ある意味、猫はエネルギーの風船と言える。最初は空っぽだが、眠っているうちにエネルギーで膨らんでいく。目覚めると猫はこのエネルギーのやり場、あるいは標的を求める。猫は長い年月をかけて、エネルギーを発散させるリズムをプログラムされてきた。だからワイルド・キャットとしては、目覚めたら狩りをせずにはいられない。誰かに撫でてもらったり、家族の活動的なリズムを経験したりといった、猫の周りで起こる出来事も猫にエネルギーを与えるので、猫はより多くのエネルギーを発散しなければならなくなる。

ここが飼い主の腕の見せどころだ。飼い主はリズムを確立して、猫に一定のモジョを与えると同時に、風船がエネルギーでいっぱいになる前にフラストレーションを軽減してやる。猫と戯れるとき、飼い主はエネルギーを与え、風船を膨らませることもできれば、安全弁を開けてエネルギーを抜くこともできる。それくらい単純なことなのだ。人間も同じだが、猫もさまざまな儀式やルーティンによって、1日のリズムが出来上がる。

毎日、僕たちの家庭では、かなり予想可能なタイミングでエネルギーが高まるが、猫のエネルギーもほかの家族のエネルギーと同じタイミングで高まる。朝、家族が起きてくると、猫はエネルギーを吸収する。朝の儀式は、目覚まし時計が鳴ったり、シャワーを浴びたり、髭を剃ったり、化粧をしたり、朝食をとったりとさまざまだ。これらの儀式が朝のルーティンを構成する。「お弁当持った？」「もう準備できた？」「猫たちにご飯あげた？」と誰もが大声を上げながら家の中を駆け回るあいだも、猫はエネルギーを吸収する。そして、家の周りを歩く足音やドアをパタンと閉める音、その残響が聞こえると、猫はまたまたエネルギーを吸収する。こうしてエネルギーでいっぱいになった猫が家に1匹で残される。

ではここで、このあと何が起こるか想像してみよう。窓の外には鳥がいて、自動車の音や近所のマンションの人が立てる音が聞こえる。あなたや家族が帰宅するとまたエネルギーが高まる。「今日は何かあった？」などと話しながら、家族でテーブルを囲む。人間も猫も食事が終われば、皿洗いの時間だ。そして明日の準備をする。あなたがのんびりくつろいでいるあいだも、猫のエネルギーは蓄積される。しばらくテレビを観てから立ち上がると、エネルギーは最高潮まで達する。そして、あなたは明日に備えて寝る支度をすると、

すぐに大きな寝息を立て始める。ここで、ついに猫の風船が破裂する。

エネルギーでいっぱいになった猫の風船はどうなるのだろうか。意志のある風船があったとしよう。この風船はもうすぐ破裂しそうだと感じたので、自らガス抜きを始める。猫が手近な物を意味もなく攻撃する「転嫁攻撃」をしていたら、それはガス抜きをしている証拠だ。もっとささやかな方法でガス抜きをすることもある。しっぽを振るのもその1つ。いったん風船がいっぱいになったら、しっぽがガス抜き機能を果たす。それに背中をピクピクさせることもある。これは痙攣の一種だが、エネルギーを発散する役割も果たしている。部屋を横切って歩いていた猫が、まるでハエか何かが体に止まったかのように突然立ち止まり、一心不乱に毛づくろいを始めるのを見たことがある人もいるだろう。こうして自分で気持ちを落ち着かせるのも、ガス抜きの一種だ。

では、風船を膨らませる行動とは何だろうか。なかには撫でられることに耐えられず、エネルギーが溜まってしまう猫もいる。エネルギーは溜まる一方で、はけ口はない。3秒あるいは30秒くらいのあいだは気持ちよく感じていたのに、なぜか突然その感覚が不快になり、風船が破裂するのだ。怒ったように「シャー」と言ったり、噛みついたり、攻撃を仕掛けてきたり、逃げ出したり、自分で毛づくろいを始めたりするのは、風船から必死に空気を出そうとしているのだ。

ワイルド・キャットのための基本ツールは、こうした主要な儀式やルーティンの詳細に注目し、猫にモジョを感じさせながら、飼い主も家庭内のリズムを楽しめるようにすることだ。

遊びには獲物が登場しなければならない

ワイルド・キャットのリズムがわかったところで、ちょっと考えてみよう。カサカサ音を立てるボールを部屋の反対側まで投げてやるのは遊びと見なせるだろうか？　リビングにプラスチックでできたネズミや葉巻型のキャットニップ（イヌハッカ）を山ほど置いてあるのだから、わざわざ飼い主が遊んでやらなくてもいいと思っていないだろうか？　この期に及んでも、まだ絨毯の上で毛糸の球を転がしたりするのが猫の遊びだと思っていないだろうか？　だとしたら、まだ先に進むわけにはいかない。第3章「ワイルド・キャットのリズム」をもう一度読んでから、ここに戻ってきてほしい。

愛猫が心の底から幸せで、健康でいられるように、僕がみなさんに一番伝えたいのは、遊びはおまけでもなければ、時間があるときだけ行う楽しい気

分転換でもないということだ。犬の飼い主が愛犬に首輪とリードをつけて毎日散歩に連れて行くように、猫の飼い主は一緒に遊べるおもちゃを用意して、毎日遊びに時間を使う。猫の遊びも犬の散歩と同じくらい重視しなければいけない。犬も猫もそれぞれこうした運動や行動が必要なのだ。

とはいえ、一緒におもちゃで遊ぶだけでは十分とは言えない。遊びを「体系的な活動」にすることが重要だ。行き当たりばったりに遊ぶのとHCKE（狩りをして、獲物を捕らえ、殺して、食べる）を再現することの違いは、HCKEにはルーティンという性質がある点だ。猫は物事がある程度、予想どおりに運ぶことを好むため、猫のための遊びの時間も予想を裏切らないようにするとよい。例えば僕たちがモノポリーをする場合、座り込んでただ適当に駒を動かしたりしない。まずサイコロを振って駒を動かし、カードを引いて家を買うだろう。猫との遊びも同じようにルールに従って行う。

おもちゃを取り出し、狩りをして獲物を捕らえて殺すという狩りのハイライト場面を再現できるように、獲物を本物らしく動かしてやると、猫のモジョは高まっていく。ワイルド・キャットがしたい行動ができる場面を、計画的に作り出すのだ。こうして猫のモジョは満たされる。

うちの猫は遊ばないという誤解

よく「うちの猫は遊ばないんです！」と言われるが、飼い主たちがそう思う理由は、家の中を延々1時間くらいひたすら駆け回るのが猫の遊びだと思い込んでいるからのようだ。ここで思い出してほしいのは、必ずしも活発に動き回ることだけが遊びではないということだ。「準備」あるいは「忍び寄る」のも、獲物に跳びかかって仕留めるのと同じくらい、あるいはそれ以上に重要なプロセスなのだ。

猫が動き続けていなくても、狩りによるエネルギーの消耗は起こる。天井に止まった虫をじっと見ているだけでも、何かに忍び寄るだけでも、エネルギーは消耗するのだ。心身ともに集中することで、猫はエネルギーを消費する。こういった行動には目的があり、それには猫も没頭する。ただ走り回るだけのような運動をさせると、人も猫もフラストレーションが溜まってしまう。こうした失敗は避けて、どんな遊び方がうまくいくかを学ぼう。

遊ばない猫はいない。飼い主は愛猫にとって何が遊びとなるかを理解するだけでいい。例えば、16歳になる糖尿病を抱えたペルシャにとっては、天井に止まった虫を見ることが遊びかもしれない。ひたすら天井の虫を眺めていて、いざ虫が床に下りてきたというのに、軽く2回手を出しただけだったと

しても、立派な遊びだ。16歳の糖尿病のペルシャが家中走り回ることは期待できないが、うちの猫は遊ばないものだと思い込んではいけない。愛猫にとってHCKEの代わりとはどのようなものか、理解するようにしよう。もちろん、飼い主の仕事はそれだけではない。遊びの儀式を生み出すだけでなく、その儀式に参加して初めて遊びが成立するのだ。

おもちゃの種類と遊ぶときに注意すること

一緒に遊ぶ双方向的おもちゃ 人と猫が一緒になって遊ぶもの。飼い主が狩りに似た遊びを与える。例えば、羽のついた棒や紐の先に小さな獲物などのついた双方向的おもちゃは、獲物を捕まえたいという衝動に火をつける。間違いなく最も重要なおもちゃだ。

離れて遊ぶおもちゃ 投げて、持ってこいができるもの。たいていソファや冷蔵庫の下に入ってしまい、大掃除のときに救出される。キラキラ光るボールやカサカサ音のするボール、ネズミのぬいぐるみなどだ。こういうおもちゃも悪くはないが、完璧とは言えない。

自分で動くおもちゃ 電池で動く類のもの。怠け者の飼い主のために作られた。スイッチを入れると、あとはおもちゃがやってくれる。問題は、動きを完全に予想できるため、狩りの醍醐味が失われてしまうことだ。予想外のことがまったく起こらなかったら、猫にとってこの儀式は意味を失う。だからといって、自動で動くおもちゃを使ってはいけないと言っているわけではない。飼い主だって、忙しい1日を終えて疲れ果てていることもあるだろう。そんなとき、何もしないくらいなら、おもちゃのスイッチを入れてやるほうがいい。猫との遊びを自動のおもちゃばかりに頼らなければ、猫のモジョを高める妨げにはならないはずだ。

レーザーポインター レーザーポインターは、遊びのエンジンをかけるのに役立つ。だが、ツールとしては限界がある。レーザーポインターだけで遊びを完結できないからだ。その理由は、レーザーポインターの獲物は「殺せない」ことにある。噛みつくことも、捕まえることもできず、ひたすら追いかけるしかなく、猫にしてみれば、もったいぶってからかわれているようなものだ。レーザーでウォーミングアップしたら、「捕らえて殺せる」実体のあるおもちゃと取り替える必要がある。

遊びは鳥になったつもりで

　遊ぶときは、それに専念すること。片手でスマートフォンをいじりながら反対の手で羽のついた棒を振ったり、誰かと話しながら、あるいはテレビを観ながら猫と遊んだりしないでほしい。猫にワイルド・キャットのリズムを味わわせて、その恩恵を得たければ、飼い主も全面的に参加する必要がある。

　ただ時間をかければいいというわけでもない。飼い主も「ゲーム」の中で役割を演じるのだ。僕はよく「鳥になろう」とか「ネズミになろう」と言っている。実際に獲物になるのはどんな感じだろうか。牙を持った素早い動物が、目の前であなたを狙っていたら、どうやって逃げるだろう？　それを念頭に置きながら、猫がどうやって狩りをしているか、つまり猫と遊ぶとき、どうやって獲物の動きを再現して猫に対抗すべきかを見ていこう。

　では、まず鳥になってみてほしい。まず、おもちゃで天井に止まった蛾のような、かすかな動きを1分間真似してみよう。それからしばらく同じ位置でひらひら舞ったら、次は捕まる番だ。急降下して床に降りれば、猫が跳びかかってくるだろう。ここでまたおもちゃを引っ張って、鳥を飛び立たせてしまっては、狩りは成立しない。あなたは死んだふりをして、猫が鳥をつついて本当に死んでいるか確認するのを待つのだ。その後、猫は獲物を置いてその場を去るふりをして、獲物が動き出さないか確かめるだろう。

　ここまで来たら、ゆっくり動き始めよう。かろうじて生きている感じでジリジリと歩き、ソファの陰に逃げ込む。猫が大きく目を見開き、夢中になってこちらを見ながら、筋肉を緊張させ、しっぽの先をピクピクさせたら、すべては順調に進んでいる証拠だ。その後、瞳孔を広げて頭を上下に動かしながら、獲物の寸法を正確に測り、あの有名な跳びかかる直前の腰を振る動作をしたら、猫は狩りごっこに夢中になっているということ。ここまできたら、猫は攻撃を仕掛けてくるはずだ。そうしたら、また飛び立ってしまおう。

　今度はあなたが猫に捕まるか、まだ逃げるかを決める。そして、また最初から始める。天井に止まった蛾の動きから始まり、猫が腰を振って跳びかかるまでを繰り返すのだ。そのあいだじゅう、どうしたら猫の自信を一番うまく引き出せるかを考えよう。

　僕が個人的にとても嬉しく感じるのは、遊びの終盤に猫がおもちゃをくわえ、うなり声を上げて部屋の中を見回し、捕まえた獲物を堪能するのに最適な場所を探すときだ。その後、猫は歩き去り、僕はおもちゃに付いているひ

もを弛ませて、猫がくわえているおもちゃが引っ張られないようにしながら猫の後についていく。うまく遊んでやれたから、猫はワイルド・キャットの世界に入り込み、狩りごっこに夢中になれたのだ。僕は猫が羽を手放すのを待ち、また飛び立たせる。こうしてワイルド・キャットが顔を出したことを確認できる。

猫のタイプ分け
―どんな獲物が好きか見分けよう―

　今度は狩りに関する、一般的な猫のタイプを紹介しよう。何よりも重要なのは、自分の猫がどれに当てはまるか判断することだ。トカゲやネズミのように地面を這う獲物が好きだろうか？　それとも鳥や蝶のように空を飛ぶ獲物が好きだろうか？　1つの場所から別の場所へ素早く移動できるような獲物が好きな猫もいる。なかには鳥の動きを怖がる猫もいて、そういう猫は地面を這う獲物を好む。

愛猫の狩りのスタイルを見極める

　第3章の44ページで話したとおり、猫は生まれながらにして好みの狩りのスタイルを持っている。一般に猫は、開けた場所で物陰に潜んで待ち伏せするか、茂みからそっと忍び寄って突然襲いかかるか、獲物が巣穴から飛び出してくるのを待つ。これらの戦略を遊びに取り入れて、猫がどれに一番よく反応するか見てみよう。

ハンターとしての猫の種類

　狩りのスタイル（仕方）は猫によって異なるという話をしたが、ハンターとしての猫は、2つのタイプに分けられる。

　1つは「スポーツカー・タイプ」で、飼い主がおもちゃを渡すだけで、エンジンがかかり走り出す。一瞬のためらいもない。キーを回し、アクセルを踏み込み、一気に時速100キロまで加速するのだ。

　もう一方は「クラシックカー・タイプ」で、5分ほど手動でクランクを回さなければエンジンがかからず、おもちゃに反応しない。しかし、いったんエンジンがかかってしまえば、こっちのもの。クランクを動かし、キーを回して猫を狩りに参加させるため、レーザーポインターのようなおもちゃを使う。このタイプは、クラシックカーの旧式エンジンのようなものなのだ。

猫が遊びの最中に飽きてしまわないようにする方法

　2002年に発表されたジョン・ブラッドショー博士による研究では、猫が同じおもちゃに対して示す興味の度合いを、新しいおもちゃを与えられた場合と比較した。その結果、当然と言えば当然だが、新しいおもちゃを与えると、猫はよくつかんだり噛んだりするようになることがわかった。ということは、猫は遊びに飽きたのではなく、おもちゃに飽きただけかもしれない。

　獲物に似た形をしたおもちゃなら大体どんなものでも猫を動かすことはできるが、HCKEを再現した遊びをするときには、猫の興味を持続させるために、いくつかのおもちゃを代わる代わる使うといいだろう。

ジャクソンの猫辞典

グツグツとコトコト 遊びを終わらせるタイミング

　猫は、瞬発力は抜群だが、長距離走は苦手だ。遊びの時間に15分もぶっ続けで走らせるのは、子猫から人間で言うと10代くらいの猫でない限り、賢明な方法とは言えない。猫の多くは走らされるのを望んでいないし、飼い主もフラストレーションが溜まるからだ。そして「うちの猫は遊ばないんです！」とか「1時間遊んでやっても、ちっとも疲れないのです！」と訴えるようになる。

　走らせる代わりに、ワイルド・キャットの視点に立って、遊びの時間を構成しよう。比較的短い時間、活発に遊んだら、少し休憩をはさんでまた遊ぶ、という流れを繰り返す。料理で言うと、最初に強火でグツグツ煮込んで、あとは弱火でコトコト煮込み、その後にまたグツグツと煮立てるのだ。

　ということで、まずはグツグツ煮立てる。おもちゃを追いかけさせてエネルギーをいくらか消耗させる。何秒か息を切らすこともあるだろう。レーザーポインターが好きな猫なら、このグツグツのあいだは、エンジンをかけるために使ってもいい。その後で少しコトコト煮る。つまり休憩させる。猫は飽きてしまったか、興味を失ったように見えるが、すぐにまたグツグツ煮立てることができる。

　これを繰り返す。ちょっと疲れさせ、休ませたら、また始める。何度か繰り返すうちに、グツグツのときにあまり盛り上がらなくなり、狩りの時間も短くなったことに気づくだろう。1回跳びかかって終わりになったり、飼い主がおもちゃを近くに持って来てやらないと捕まえなくなり、横になったままやる気がなさそうに片手ではたく程度になったりしたら、遊びはひとまず終了だ。

猫にしかわからないキャットニップの魅力

　誰でも多少の気晴らしは必要だ。猫にとっての気晴らしは薬草で、猫が反応する植物はいくつかあるが、なかでもよく知られているのは、キャットニップ（イヌハッカ）、セイヨウカノコソウ、セイヨウスイカズラ、そしてマタタビだろう。

　キャットニップはミントの一種で、猫を引きつけるネペタラクトンという物質を含んでいる。大小問わずネコ科の動物のほとんどが反応する。その反応とは、幻覚剤のようでも、媚薬のようでも、興

奮剤のようでも、弛緩剤のようでもあるという。

　キャットニップを嗅いだ猫が取る行動で一番多いのは、寝転がることだ。発情期のメス猫が寝転がるのに似ているが、キャットニップの場合、オス猫も寝転がる。キャットニップを嗅ぐと性的に興奮するのか、遊びたくなるのか、ハンターの本能がくすぐられるのか定かではないが、この3つすべてが当てはまるように見えることもある。また、キャットニップを舐めたり噛んだりするのが好きな猫もいれば、ただにおい嗅いでその場に寝そべり、トロンとした目でよだれを垂らす猫もいれば、ハイになる猫もいる。

　ところが、3匹に1匹はキャットニップに反応しない。これは遺伝によるものだ。子猫もまったく反応しないので、反応するかしないかは性的成熟度も関係しているらしい。ただし、避妊・去勢手術を受けていても反応する。反応が続く時間は比較的短く、5〜15分程度だ。それから少なくとも30分ほど経たないと、また反応することはない。

　もちろん、キャットニップについて何よりも知っておくべきことは、あなた自身の愛猫がどう反応するかだ。キャットニップを嗅ぐとあまり抑制が利かなくなる。人間にとっても言えることだが、これは良い面もあれば悪い面もある。愛猫は楽しく酔っ払うタイプか、酔って絡むタイプか考えてみよう。人間も楽しく酔っ払う人もいれば、相手に絡んだり、突っかかったりして酔っ払う人もいる。それと同じように、猫はどちらのタイプなのか、抑制があまり利かなくなったら、猫がどう行動するかを予想しておく必要があるということだ。ほかの猫をいじめる傾向があったら、さらに乱暴になり、手に負えなくなるかもしれない。おもちゃの奪い合いは普段より激しくなり、刺激に過剰に反応する猫の場合、その傾向が行動に現れやすくなる。そのほかの猫については、普段よりリラックスし、大胆になる。

　つまり、多頭飼いの家でキャットニップを試すのは、リスクがあるということだ。それでも使ってみたいという人に僕がいつも勧めているのは、全猫一緒にではなく、まず1匹ずつ試してみる方法だ。猫同士が緊張関係にあったり、新しい猫を迎え入れたりする場合、キャットニップそのものやキャットニップを使ったおもちゃを家に置いておかないほうがいいだろう。リスクを冒す必要はない。それに1回のキャットニップの効果は短時間しか続かないうえに、何度も使うと効果が薄れるので、キャットニップのおもちゃはキャットニップの葉と一緒に箱などにしまい込んで効果を高め、ここぞというときにだけ出すようにしよう。そうすれば、毎回猫に最高の経験をさせてやれるし、いざというとき猫がキャットニップに対して良い印象を持っていたほうが何かといいだろう（この理由は136ページの「『大当たり！』効果」を参照）。

モジョを高める食事は断然ウェット

　HCKEGSの生活リズムを再現してやると、飼い猫の中にワイルド・キャットが今も生きていることがわかる。しかし、狩りを中心に生きたいという生来の欲求は、このリズムを一通り行っただけでは満たされない。猫は心身ともに、狩りの成果によって、満たされるのだ。すなわち、野生の猫同様に、あなたの猫も必然的に肉食ということになる。

　僕自身も好んで使い、人にも勧めているのは、肉をベースにした生の餌で、骨や筋肉、皮膚や血、脂肪、内臓、それから獲物の胃に残っている少量の植物に至るまで、獲物のあらゆる部位を含んでいるものだ。生肉を扱うのが苦手な人もいるだろうし、生の餌を喜ばない猫もいる。そんな人と猫にお勧めなのは、穀物を含んでいないウェットフードだ。

　僕は市販されている最高品質のドライフードより、最低のウェットフードを与えるほうがましだと思う。ただし、年を取った猫の場合、話は別だ。体重が落ちないようにすることが最優先。高齢になったら餌に関するこだわりは捨てて、ドライフードが好きな猫にはドライフードを与えて構わない。だが、僕の意見としては、猫にとって一番自然な餌は、あくまでもウェットフードだ。

　ドライフードは便利なので、ほとんどの人が好んで用いている。ドライフードを使っている家庭では、四六時中餌を出したままにしていることが多いが、これではワイルド・キャットは納得しない。僕がドライフードを勧めない一番の理由は、往々にして炭水化物の割合がとても高いからだ。炭水化物の多い食事は、尿中結晶、2型糖尿病、肥満につながることがわかっている。そんなリスクを負ってまで、ドライフードを与えたくはない。

　病気のリスクはさておき、野生だった猫の祖先の食べ物は、狩りで捕らえた動物だということを思い出そう。動物はタンパク質と水分が豊富だ。ところがドライフードの製造工程では、成型の際に原料に含まれる栄養素の一部が損なわれてしまう。そして成型が終わるころには、水分が10％未満に減ってしまうのだ。ウェットフードは約60％が水分で、ネズミの水分量約75％にずっと近い。計算するまでもなく違いは明らかだ。ドライフードを与えられている猫は、足りない水分を補うためにより多く水を飲むかもしれないが、さまざまな研究結果によると、それでも十分とは言えない。つまり、猫のためを思うなら、ドライフードはやめておいたほうがいいということだ。

愛猫の好物を探し当てよう

　ふと気づいたら、猫の気に入る餌を見つけようと、ありとあらゆるキャットフードを片っ端から試していたという人もいるだろう。猫との関係は異性との交際と同じだ。付き合い始めたばかりのころは、好みの食べ物などわからないから、相手に尋ねる。もちろん猫に聞くことはできないが、いくつかの選択肢を提示して、健康に良くて、猫も喜んで食べる餌を見つけることならできる。

　そこで重要になってくるのは、種類の豊富さだ。野生の猫の場合、たとえネズミが大好物だったとしても、だからといって、自然界に存在するほかのさまざまな食料には目もくれないというわけではない。それに猫は一生同じものばかりを食べて生きていくようにもできていない。何よりも大事なことは、ときどき猫の気持ちになってみてほしいということだ。僕たちだって、生涯にわたり毎食同じものを食べていたら、そのうち細かいこだわりができてきて、好みがうるさくもなるだろう。

　ただし、幸いなことにキャットフード市場は現在急成長中で、バラエティには事欠かない。さほどお金をかけなくても、いろいろな種類のタンパク質や舌触り、調理法で作られたバラエティ豊かなキャットフードを試し、愛猫の大好物を探り当てることができるはずだ。そこで、どのタイプのキャットフードが好きかを、一つひとつ入念に調べていくことになる。原材料はもちろん、大きさや形もさまざまで、ちょっと固めのものが好きな猫もいれば、柔らかめのものが好きな猫もいるだろう。かと思えば、実は魚が好きかもしれない。選択肢は無数にあるが、何より重要なのは、あなたの猫が「大当たり！」と言うような、大好物の餌を見つけることだ。

　動物保護施設で働いた経験から、ぜひとも注意してほしいことがある。決まった食べ物しか口にしない猫の場合、飼い主に万が一のことがあると、猫にとっても災難だが、新しい保護者も手を焼くことになりかねない。猫が保護され、施設に連れて行かれた場合、ただでさえ食べられる餌が限られているうえにストレスも加わり、食事を拒むこともあるのだ。猫を置いて先立つような事態は起こってほしくないが、猫のためにも念のため準備しておこう。基本的に日ごろからいろいろな餌を試して、猫に新しい味や食感を教えておけば、猫が生活上の困難や変化に直面したときでも、うまく対処できるようになる。

COLUMN　生の食事に変える方法

　生の肉と言うと抵抗があるかもしれないが、一部の猫にとって、生の餌は「お袋の味」のようなものだ。生の食事に変えたいならば、まずはご褒美として与えてみて、猫が気に入るか様子を見てみよう。

　既にウェットフードを与えているなら、いつもの餌に新しい生の餌を少しずつ混ぜて、徐々に変えていくこともできる。あまり突然新しい餌に切り替えないほうがいい。でないと、猫が激しい下痢を起こして、家中が大惨事に見舞われかねない。

　猫によっては、生の肉を1分弱オーブンに入れて焦げ目をつけると食いつきが良くなる。温めると香りが際立って猫の興味を引けるし、獲物の平均的な体温に近づくからだ。餌に少し水をかけてやるとわずかながら肉汁がでるので、喜ぶ猫もいる。それに乾燥肉を餌にふりかけて猫を引きつけるという手もある。猫が新しい餌を食べるようになったら、もう「ふりかけ」は必要なくなるだろう。

　また、生の餌をすりつぶして、愛猫の好きな形状にしてあげてもいいし、いろいろな種類の肉、いろいろな切り方、いろいろな大きさを試してもいい。新しい餌に挑戦させるのは、さまざまな餌の選択肢を提示することを意味する。生肉でもバラエティに富んだ食事ができるのだ。

猫の食事のベストなタイミング

　手に入る獲物を捕らえて食べることと、残飯をあさることは違う。猫がいつでも餌を食べられるようにずっと出しておくのは、基本的に残飯をあさらせていることと変わらない。それに食べ放題の餌にはありがたみがなく、モジョも働かない。僕の経験から言うと、餌を出したままにしておくのは猫の生理機能を徐々に弱らせる。

　猫は1日に数回、少しずつ餌を食べるようにできている。次の食事までのあいだは5〜6時間空けるのが理想だ。僕は各家庭のリズムに合わせて、1日2〜4食与えるように勧めている。1日中狩りをしている野生の猫と飼い猫の違いは、飼い猫の体内時計は飼い主の生活と連動している点だ。家族が朝起きると、家庭内のエネルギーが急上昇し、それに合わせて猫のエネルギーも急上昇する。理想的には、こういったエネルギーが高まるタイミングに合わせ

てHCKEを始められるといい。飼い主が帰宅したときにも猫のエネルギーが高まり、就寝時間にももう一度同じことが起こる。家庭内で日課のようにエネルギーレベルが高まるタイミングに合わせて、遊んで餌を与える、つまりHCKEを再現する習慣を作るといいだろう。

　猫の食事の時間を管理すれば、猫のエネルギーを制御することにもなる。また、消化のタイミングを管理することで、いつ排泄するかもわかってくるだろう。なるべくシンプルに保つことを心がけ、食事のスケジュールを猫のリズムに合わせるようにしよう。

COLUMN 食事の量は猫の様子を見ながら決めよう

　どの猫にも当てはまるような食事のガイドラインは現実に即しているとは言えないと僕は考えている。1つの情報源だけを頼りに猫に与える餌の量を判断しないようにしよう。自分で調べると同時に、猫の好き嫌いや食べたがる量を知り、体重と活動レベルがどう変化するか注意して見守るのだ。

　ちなみに、猫が体を維持するには体重0.5kgにつき、1日28〜38cal必要とされている。例えば、ハツカネズミなら1匹で約30calだ。外で暮らしている猫は1日に20〜30回狩りをして、8〜10匹のハツカネズミを捕まえて食べる。外に住む猫は室内飼いの猫とは違うリズムで生きていて、餌を見つけるためにずっと多くの努力を要する。

簡単にできる早食いの防止策

　猫の餌に関する鉄則をどれだけ伝授したところで、多頭飼いの場合はまったく役に立たない場合もある。猫によって、食べる早さも量もさまざま。年老いた猫、または病気の猫は、ほかの猫よりも頻繁に餌を与える必要がある。ずっと餌を出しておいたほうがよい場合もあるだろう。また、基本的に猫は獲物を分け合わず、ほとんどの猫は別の猫と同じ餌入れを使いたがらない。そのため、餌入れはそれぞれ離して置くほうがよい。それぞれの猫の周りには誰にも入ってきてほしくない個人的空間があるので、その空間を尊重して

やる必要があるのだ。

　一部の猫は前後の見境なくガツガツ食べた揚げ句、吐いてしまう。普通は食べた直後に吐くので、ついさっき餌入れに入れたのとほぼ同じ形状のものを拭き取るはめになる。猫が餌を食べて吐く理由はさまざまだ。例えば、甲状腺機能亢進症（こうしん）など、健康上の問題を抱えている場合もある。もし繰り返すようなら何らかの病気の症状と考えて、獣医師に診てもらったほうが賢明だ。しかし、心理的要因により早食いする猫も少なくない。例えば、もともと野良猫で、ほかの猫と限られた餌を取り合っていたのかもしれないし、あなたの家に来る前は犬と一緒に飼われていて、餌を横取りされていたため、犬が来る前に大急ぎで食べる習慣がついている可能性もある。

　理由は何であれ、この問題は簡単に解決できる。「早食い防止ボウル」を使うのだ。この餌入れは底に出っ張りがあって、この障害物をよけなければ餌が口に入らないようにできている。あるいは、普段使っている餌入れに、きれいに洗った石をいくつか入れるだけ

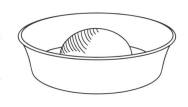

でもいい。猫は石をよけながら餌を食べなければならなくなる。早食い防止ボウルは食べて吐く習慣をやめさせられるだけでなく、新しいペットと既に飼っている猫とを引き合わせるときにも役に立つ（新しいペットとの引き合わせについては第10章で詳しく解説しよう）。

餌を使って挑戦を促す方法

　ほかの猫と一緒に食事をするのが苦手な猫が1匹だけいるという家もあるだろう。内弁慶猫タイプの猫だ。いくら怯えているからといって、その猫だけほかの部屋で餌を与えるのは得策ではない。それよりも、餌の時間を活用して、少しずつ仲間に加われるようにしてやろう。

　猫に何かを与えるときはいつも挑戦させるチャンスだ。食事も例外ではない。猫は人間に褒められようとして行動するのではなく、ほしいものを手に入れるために行動する。そのため、お腹が空いていなければ、猫を飼い主の思いどおりに行動させることはできない。テレビ番組『猫ヘルパー〜猫のしつけ教えます〜』の撮影を始めたばかりのころ、僕が餌を使って挑戦させる様子を見ていたテレビ局の人たちから「それって、猫を餌で釣っているだけじゃないの？」と聞かれたことがある。これは、まったくもってそのとおりなのだ。僕は猫を餌で釣っている。だが、それで問題ないのだ。

COLUMN 猫に選り好みさせない方法

　ここでは、猫は餌の好き嫌いを何で判断しているのかを知って、選り好みさせない方法を学んでいこう。まずは、新しい餌を試してみる気にさせよう。知っておいてほしいのは、新しい餌に挑戦させるには、少しお腹を空かせておく必要があることだ。それでは、選り好みさせないため、そして餌をきちんと食べさせるための注意点をあげていこう。

ひげの感触　多くの猫はボウルの縁にひげが当たる感触が好きではない。なので、ひげが当たらないような浅いボウルか平たい皿を使うとよい。

食感　柔らかい食感が好きな猫もいれば、少し弾力のある食感が好きな猫もいる。それにドライフードの形にまでこだわりを持つ猫もいる。

温度　餌は「ネズミの体温」にして出そう。誇り高きワイルド・キャットは、冷蔵庫から出てきたばかりの冷え冷えのものを好んで食べたりしない。ちなみに、ネズミは恒温動物なので、体温は人間と同じくらいだ。

選択肢　たくさんの選択肢を用意し、順繰りに餌の種類を代え、どの餌が好きかチェックする。

餌をやる場所　餌入れは猫にとって必ず安全なところに置く。ほかの猫の居場所から離れた場所で、ほかの動物の行き来する様子が見える場所がいい。犬もキャットフードが大好きだということを覚えておこう。それに小さい子どもは餌入れや餌で遊びたがる。静かに落ち着いて食事をしたいと思うのは、誰でも同じで、猫にもそうする権利があるのだ。

餌をよそいすぎないこと　餌入れの脇で「ミャオ」と鳴けば、飼い主の注意を引き、餌を山盛りにしてもらえることを学習する猫もいる。適量を入れること。

病気で食べないこともある　餌を食べないのは、単に選り好みしているだけとは限らない。1日、2日でも、口をつけなかったら要注意だ。肥満の猫は特に肝リピドーシス（肝臓に脂肪が蓄積した状態で、食欲不振などの症状が表れる）になるリスクが高く、肝リピドーシスになると突然命を落としかねない。食べない場合は、その理由を見極める必要がある。

モジョを高める毛づくろいと睡眠

　ワイルド・キャットのリズムに組み込まれた、HCKEGSのうち、狩りをして、獲物を捕らえ、殺して、食べるという4つの行動（HCKE）と違い、最後の2つ（GS）、毛づくろいと睡眠は飼い主の手助けを必要としない。最初の4つの行動がうまくできれば、放っておいても行うからだ。ある意味、猫が毛づくろいをして眠るのは、ワイルド・キャットと飼い主がそれぞれの役割を全うできた証拠である。飼い猫が狩りをして、獲物を捕らえ、殺して、食べ、狩りが完結し、エネルギーの風船が完全にしぼんだら、毛づくろいをして眠りたいという抗いがたい本能がHCKEGSのサイクルを終わらせ、次のサイクルに備える。とはいえ、ここでいくつか毛づくろいと睡眠に関する一般的な注意点を説明しておこう。

毛づくろいをする猫・しない猫

　愛猫が最後に毛づくろいをしている姿を見たのはいつだっただろう？　猫が毛づくろいをしなかったら、何か問題があるはずだ。また、毛がベトベトしていたり、それまで絡まなかった毛が絡むようになったりしたら、注意が

必要だ。飼い主には異変がないか注意深く観察する役目がある。毛づくろいをしようとしないのは、病気や鬱病の兆候かもしれない。また、肥満が原因の場合もある。腰や背中もちゃんと毛づくろいをしているか、確認しよう。腰や背中に届かなくなっていたら、要注意だ。

毛づくろいを手伝う必要があるか

　ブラッシングはどんな猫にもメリットがあるが、品種によっては絶対に必要なものもいる。毛足が長い猫は、毛が絡まることで痛みを感じることがあり、そうなるとプロの手を借りなければならない。

猫にシャンプーは必要か

　年中、猫をシャンプーさせているという人もいるが、どうして自分のペットを拷問にかける必要があるのだろうかと僕は思う。

実は猫をシャンプーする理由は1つもない。悪臭でも付いたか、泥だらけになったのでもない限り、シャンプーさせる必要はないのだ。ただし、スフィンクスなど、毛のない品種は例外だ。体毛に覆われていないという不自然な状態のため、週1回はシャンプーしてやらなければならない。猫は体を自分のにおいで覆うために、時間をかけて毛づくろいをする。これはワイルド・キャットにとって不可欠な行動であり、モジョの源でもある。風呂に入れるのは、猫のIDを消し去るようなものなのだ。年を取ってあまり毛づくろいをしなくなった猫や、肥満で自分では全身を毛づくろいできない猫は、人間の赤ちゃん用のお尻拭きで拭いてもいいが、いずれにしてもシャンプーさせる必要はない。

COLUMN　ライオンカットは残酷ではない

　頭部の毛を残して、体の毛を刈るライオンカットをしている猫を見ると、「なんてひどいことを！　どうして自分の猫にそんなことができるんだ！」と腹を立てる人がいる。
　ライオンカットは夏場、体が熱くなり過ぎないように行うものと思われがちだが、それだけではない。野生種に毛足の長い猫がいないように、長毛は猫本来の姿ではないのだ。長毛種が誕生したのは、人間が交配した結果である。だが、長毛種は触られたり、毛づくろいや撫でられている際に、毛が抜けたりするのに敏感だ。長毛種の多くは、毛が絡まないようによくブラシをかけなければならないにもかかわらず、ブラシが嫌いなのは、そのためだ。
　ライオンカットは高齢または太りすぎで、自分では十分毛づくろいできない猫にもお勧めだ。
　どんなことでも同じだが、「これは自分のためにやっているのだろうか？　猫のためにやっているのだろうか？」と自問しよう。ライオンカットに関して言えば、目を引くスタイルなだけに、飼い主の趣味でやっているように思われがちだが、多くの猫は毛を刈ってもらってとても喜んでいるので、猫のためと言えるだろう。

ぐっすり眠れる場所が必要

　睡眠は健康に関わる問題で、人間と同じように猫もストレスを感じると眠れなくなる。そこで、猫が静かに落ち着いて、安全な場所で休めるようにしてあげよう。にぎやかな家庭やほかにもペットを飼っている場合はなおさらだ。ベッドで飼い主と一緒に寝るのは構わないが、自分の寝床で寝るという選択肢もほしいかもしれない。肌触りや形の違うベッドをいくつか用意して、猫がリラックスするのはどれか確認するといい。高いところで寝るのが好きな猫もいれば、低いところで寝るのが好きな猫もいるので、覚えておこう。

　ワイルド・キャットのリズムと家庭のリズムを合わせる利点は、比較的簡単に行え、すぐに大きな成果が得られ、猫の生活のあらゆる面に影響を及ぼすことだ。そして、HCKEGSのサイクルがうまく回れば、猫に自信をもたらす。だが、これから見ていくとおり、猫が心身ともに健康で幸せに暮らすためには、縄張りを所有しているという自信も必要になってくる。

第**8**章

猫のための
部屋づくりと縄張り

同じことばかり繰り返して、もう聞き飽きたかもしれないが、それでも言わせてほしい。縄張りとそこにあるもの（資源）に対する所有意識が、猫のモジョにとって最も大事な要素である。僕はこのテーマで既に2冊の本を書いたと言えば、それがどれだけ大事なことかわかってもらえるだろう。どちらの本もワイルド・キャットの縄張りに対する本能に焦点を当てている。そして、愛猫がどのように本能を発揮するかを説明したうえで、猫の本能を満足させられる「世界」つまりは環境を作り上げている。

では、どうして猫のための世界を作る必要があるのだろうか。人間と猫は、農村での生活から都市での生活への移動を続けている。屋外で暮らす猫は、通常半径500mほどを縄張りとしているが、猫を室内飼いし、個体密度の高い環境で生活させることで、彼らの縄張りはずっと小さくなってしまう。心の中のワイルド・キャットの世界は以前と変わらない大きさなのに、外の世界はどんどん狭くなっていく。そして、中の世界と外の世界のバランスが崩れたままにしておくと、問題行動につながるのだ。さらに、多頭飼いの場合、猫同士が敵対的な関係になり、貴重な資源を巡る争いが激しくなる。これは猫同士だけの話で収まらず、同じ屋根の下で暮らす、すべての生き物がしわ寄せを受けることになる。

しかし、幸いなことに、縄張りが狭くなったことによる問題は解消できる。刺激が多く、飼い主も猫も受け入れられる環境を作り出す、住まいのリフォーム「キャットリフォーム」を施すのだ。そうすれば、家の隅々まで無駄なく使うことができるようになる。飼い主のセンスを尊重しつつ、猫が床から天井まで続く3次元の世界で縄張りを手に入れ、自信を持って過ごせるよう

にしてやれるのだ。田舎に比べてずっと狭い都市の室内という新しい世界を飼い主と猫でうまく共有するわけだが、これができないと、さっきも言ったとおり、問題行動へとつながっていく。

どの猫にもモジョを開花させられる、つまりは自信を持って振る舞える場所が必要だ。そこで飼い主としてすべきことを考えてみよう。まずは、家の中で猫の縄張りの中心に当たる部分「ベースキャンプ」を作ることから始める。ベースキャンプは新しい猫を迎え入れたとき、ほかの猫と引き合わせ、慣れさせるのに適した安全な場所でもある。

そこで、以下のことができるベースキャンプを作ろう。猫が戻っていけるベースキャンプがあれば、変化から来るストレスを最小限に抑えられる。

- 移動する
- 改造・改築する
- 新しい動物と今飼っている猫とを引き合わせる
- 新しい人間の家族と今飼っている猫とを引き合わせる
- 内気な猫を飼っている場合、来客が来たら案内する
- 緊急事態に備える

どこにベースキャンプを作るか

ベースキャンプは飼い主が過ごす部屋に作るとよい。社会的意味を持った場所であり、飼い主のにおいと猫のにおいが混じり合う場所でもあるからだ。例えば、リビング、書斎、寝室などがお勧めだ。納戸や洗面室、地下室はベースキャンプ向きではない。飼い主のにおいがあまりしないうえ、飼い主が長い時間を過ごしたいと思う場所でもないからだ。

既に猫を飼っている家に新しい猫を迎え入れる場合、飼い主の寝室を新しい猫のベースキャンプにするべきではない。先住猫たちが飼い主と一緒に寝ている場合、新しい猫のベースキャンプだからといって、寝室から先住猫たちを追い出すのは得策とは言えない。ベッドはどこよりも飼い主のにおいが染みついている場所だ。寝室をベースキャンプにすると、新入り猫に試練を与えることになりかねない。

ベースキャンプを拡張する

ベースキャンプには、猫用のベッドや爪研ぎ器、トイレなど、縄張りのしるしとなる「縄張りマーカー」がたくさん必要だ。猫の縄張りが広がり、別の場所で過ごす時間が長くなったら、縄張りマーカーも遠くへ動かそう。縄張りマーカーをベースキャンプ外の場所に動かせば、猫に新しい場所を教えることができ、ベースキャンプは拡張する。縄張りマーカーとにおいの染みついた愛用品が、猫の縄張りを広げ、モジョを急激に高めるのだ。

まず、ベースキャンプから出る準備ができたら、縄張りマーカーのいくつかをベースキャンプに隣接する別の場所へ動かそう。そうすれば、猫が家の中を探検したときに馴染みのある縄張りマーカーを見つけ、新しい場所も既に自分の棲家のように感じられる。

では、ベースキャンプから出る準備ができたかどうかを、どうやって判断するのか？　猫がしっぽをピンと上げ、散策し、餌を食べ、水を飲み、おもちゃに自分のにおいを染み込ませるなど、見るからに伸び伸びと行動していたら、ベースキャンプを拡張する準備ができた合図だ。猫のボディランゲージや行動を参考にしながら、ベースキャンプを広げよう。

それから、ベースキャンプの外に移動したものに代えて、新しい縄張りマーカーやにおいの染みついた愛用品を置こう。そうすれば、猫は家中どこへ行っても馴染み深いにおいのする場所があり、家全体が自分の場所だという意識を持てる。

ジャクソンの猫辞典 縄張り拡張のための必需品

縄張りマーカー 猫の縄張りを示すもの。その名のとおり、例えば爪研ぎ器や猫用トイレ、ベッドなど、猫が視覚的・嗅覚的しるしを残したものを指す。最も重要な縄張りマーカーは猫用トイレである（詳しくは、後ほどこの章で説明しよう）。

においの染みついた愛用品 猫のにおいを吸収する柔らかいもので、縄張りマーカーの役目も果たす。ベッドや毛布、カーペット、爪研ぎ用の段ボールや爪研ぎ器などが良い例で、体をこすりつけたり、引っ掻いたり、上に寝そべったりできて、「僕はここに住んでいるんだ」というメッセージを伝える。

縄張りマーカーにもなる爪研ぎ器

「猫のせいで家がボロボロなんです」と言って、よく依頼人に泣きつかれる。気持ちはよくわかる。だが、多くの場合、人間が迷惑だと感じる行動は、猫にとって必要なものである。ローテーブルや椅子などを引っ掻くのがいい例だ。猫は遊びで引っ掻いているわけではない。引っ掻くのは、背中や胸の筋肉を伸ばし、運動してストレスを解消し、古い爪の層をはがすためなのだ。

それにモジョを機能させるための2つの重要な役割もある。1つは「引っ掻いた跡は所有権の証明」であること。もう1つは「引っ掻くことで自分のにおいを人間やほかの猫のにおいと混ぜる」ことだ。

猫の縄張り意識から生じる爪を研ぎたいという衝動をよく理解するために、人間に置き換えて考えてみよう。人間はよく、リビングを家具や絵、写真、本、思い出の品などの持ち物で飾りたがる。一方、猫は住んでいる場所をにおいや視覚的サインで飾り、その飾りを常に「新しい状態」で保とうとする。引っ掻くのは、この目的にぴったりの行動なのだ。

家中いたるところに引っ掻けるものがあると、その布や木に爪跡やにおいが残される。あなたが新しい写真を飾ったり、写真の位置を変えたりするように、猫もそこを通り過ぎるときに、においのマークに手を加えるのだ。引っ掻くと安心感が得られ、所有しているという自信が持てる。

猫は普通、自分の縄張り以外の場所、例えば飼い主のにおいがする場所でも爪研ぎしたくなることもある。飼い主が使ったソファや椅子で爪を研ぎたがるのにはいくつかの理由がある。なかでも重要な理由は、猫には一緒に暮らしている猫同士で「グループのにおい」を生みだす習性があるということだ。猫は家にいるほかの動物、なかでも毛が生えておらず、自分たちに餌と愛情を与えてくれる動物ともグループのにおいを作りたいと思っているのかもしれない。

それにソファは感触もよく、頑丈で、爪研ぎに適した素材で覆われているうえに、縄張りの中でも社会的に重要な場所に置かれている。だが、今挙げた要素は爪研ぎ器で代用できるものばかりだ（飼い主の望みどおりの場所で爪研ぎをさせる方法については、第13章を参照）。猫には普通、以下の4つのこだわりがあるので、覚えておこう。

位置　爪研ぎは所有権を主張する行動だとわかったところで、愛猫がどんな場所を好んで引っ掻くか考えてみよう。猫は社会的に重要な意味を持つものにマーキングする。ドア枠だろうとソファだろうとラグだろうとお構いなしだ。この点に関しては、飼い主が妥協するしかない。爪研ぎ器を誰も行かない書斎に隠してしまうと、猫はモジョを発揮できず、かなりの確率でソファの破壊に走るだろう。また、爪研ぎは所有権の主張であることから、家中にいくつも爪研ぎ器を設置する必要がある。

肌触り　猫は爪が食い込むような素材を求めていて、麻縄や麻袋、木、コルク、絨毯、段ボールなどの素材を好む。なかにはこだわりが強い猫もいるので、いろいろな素材のものを与えてみて、どれが一番好きか確認すること。わからなかったら、猫がよく引っ掻く家具などに似たものを試そう。

引っ掻く角度　猫が爪を研いでいるところを観察しよう。ラグのように水平な面が好きだろうか、それともソファの横の完全に垂直な面が好きだろうか。ベッドの枠が好きな猫もいるだろう。この3つの体勢のうち1つのタイプにこだわる猫もいれば、3つとも好きな猫もいる。

爪研ぎ器の大きさ　爪研ぎ器は、必ず丈夫で安定感のあるものを選ぼう。垂直面で爪研ぎをする猫の場合、後ろ足で立ち上がり、手足をいっぱいに伸ばせるようにすること。垂直に立っているタイプの爪研ぎ器には大きな土台が必要だ。グラグラするようだと、「ソファに軍配」が上がってしまう。

住まいのキャットリフォーム
家の中の都市計画は3ステップで整備しよう

　猫のいる家における都市計画とは、住民（人間と動物）全員のニーズに応え、平和に共存できるように環境を整えることを言う。鍵を握っているのは交通の流れ「トラフィックフロー」だ。誰もがぶつかることなく自由に空間を動き回れるようにしなければならない。

　そこで最大の強みとなるのが、高いところでも床の上と同じくらいくつろげるという猫の特性だ。小さい子どもや犬がいる家庭では特に助かる。この発想に沿って、家中どこでも快適に行き来できるように空間をデザインできれば、猫たちが自信を持っていられる場所がわかり、挑戦ラインを広げ、猫たちが世界を好意的に見られるようにしてやれる（「挑戦ライン」について、詳しくは140ページで説明する）。では、実際に家庭で都市計画を取り入れる手順を紹介しよう。

ステップ1　現在の家の「地勢」を検証しよう。

　街ならば、信号や道路標識があるから住民もどういうルールを守ればいいかわかるし、トラフィックフローを最適化することができる。今住んでいる家のものの配置を見直すときには、動線を意識して、次の問題が生じていないか確認しよう。

　猫同士の争いなど、問題行動が頻繁に起こる場所のことを「ホットスポット」と呼んでいる。喧嘩をする、ほかの猫の縄張りを奪う、猫用トイレの外で用を足すなどの行動は、ほとんどの場合、ホットスポットで起こる。問題行動の謎を解くには、問題行動が起こった場所にマスキングテープを貼るといい。テープがたくさん貼られている場所ほど、問題行動が多いことがひと目でわかる（これらのパターンを解釈する方法は213ページのコラム「宝じゃないもの探し」を参照）。そして、ホットスポットが見つかったら、迂回路を用意すること。でないと、そこが行き止まりになってしまうからだ。

　待ち伏せができる場所（待ち伏せ地帯）と行き止まりでは、家具の位置や家の間取り、さらには床に放置されたもののせいでスペースの問題が生じ、争いが絶えない。待ち伏せ地帯は、出入り口が1つしかない場所に猫が必要とするものを置くと生じる。例えば、カバー付きの猫用トイレ、廊下の奥や洗濯機の陰に置かれた猫用トイレなどだ。待ち伏せ地帯では、1匹の猫がほかの猫の出入りを邪魔し、「交通渋滞」が起きてしまう。猫のトラフィックフローを改善するために、待ち伏せ地帯や行き止まりを見つけて解消しよう。

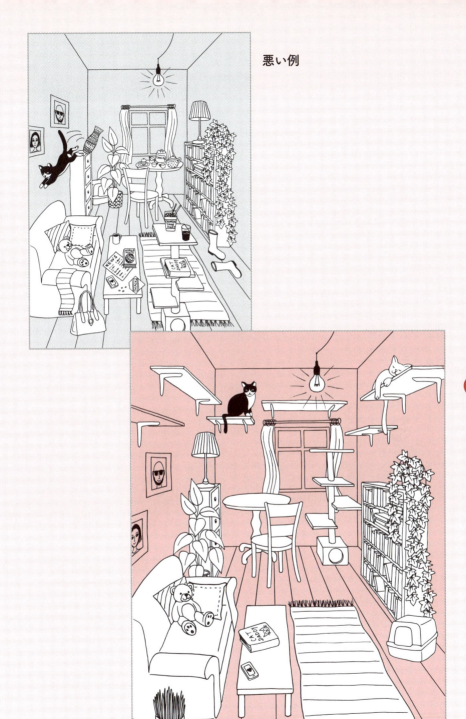

ステップ2　トラフィックフローを最適化する。

　ホットスポットに「ロータリー（環状交差点）」を設ける、つまり迂回路を作ると、争いを防げる。ホットスポットにただキャットタワーや家具を置くだけで、ロータリーは完成だ。猫はその周囲を回って通るようになるので、ほかの猫と鉢合わせしないようにできる。

　待ち伏せ地帯や行き止まりには、「回転ドア」を作って、猫の流れが滞らないようにしよう。キャットタワーや棚など、登れるものを設置して、猫がさっと跳び乗り、問題が起こりそうな場所から離れられるようにするのだ。

　このように逃げ道があれば、猫が追い詰められることはない。猫の入れる収納スペースや棚などには、複数の出入り口を作り、逃げ道を確保しよう。

ステップ3　部屋を最大限に活用する。

　キャットウォークや猫テレビなど、この後に紹介するアイディアを参考に、部屋のスペースを最大限に活用して、猫が自信を持って振る舞えて安心して過ごすことができる「キャットリフォーム」をしよう。

下のスペースを塞ぐ

　猫を飼っているなら、家具の下などのスペースを放置しておくべきではない。例えば、ソファや椅子、ベッド、棚などの下や裏の空間は、怯えた猫を磁石のように引きつける。

　猫がこもってしまわないように、下のスペースは完全に塞ぐこと。ベッドの下に隙間なく収納ケースを置いたり、入られたくない棚の扉には、扉を開けられないようにしたり、いたずら防止用の安全ロックを付けたりしてもいい。下のスペースを塞いでしまえば、猫は四六時中、身を潜めているのではなく、家のほかの場所でモジョを発揮しようとする。さらに重要なのは、飼い主自身が、猫のためにコクーンを用意するようになることだ。コクーンとは、安全だけれど社会的に重要な場所に置かれ、猫がそれぞれ自信に満ちた本来の自分に（それがどのような姿であれ）変化できる場所を言う。もちろん、その過程では、よく考えて、達成可能な挑戦を一つひとつこなしていく必要がある。この方法を僕は「挑戦ライン」と呼んでいる。詳しくは第9章で解説しよう。

垂直方向の世界を最大限活用する

知ってのとおり、猫は生まれつき高いところに登るのが大好きだ。そこで、キャットリフォームを検討する際には、各部屋の垂直方向の空間も考慮する必要がある。猫は床から天井まで、乗っかれるところならどこにでも乗っかる。ツリー猫ならなおさらだ。ツリー猫は椅子、テーブル、本棚、とにかく床よりも高いところが好きだ。垂直方向へ広がる世界を最大限に生かすために、今持っている家具をどう配置したらいいかを考えてみよう。

 COLUMN　障害のある猫のためのキャットリフォーム

まず、猫の「障害」とは何か？　高齢の猫であれ、目や耳が不自由な猫であれ、神経障害を持つ猫、脚を失った猫、先天疾患を持つ猫であれ、共通する問題は、動き回ること自体が困難であることだ。どんな障害を抱えているかにかかわらず、僕の目標はいつも同じ。すべての猫がモジョを見つけ、最大限に発揮できるようにすることだ。高齢の猫や障害を持った猫と暮らしているなら、以下のちょっとしたキャットリフォームで簡単に猫に合った環境を作ってあげられる。

- 猫用トイレの前面部分を大きく切り抜いて、猫がそのまま歩いて入れるようにしよう。
- 夜目が利かなくなった猫の場合、幅木（壁が床と接する部分の壁側に貼る細い板）に沿って常夜灯を付けると、夜でもずっと楽に歩き回れるようになる。
- 傾斜が緩い坂やクッション、滑り止めマット、電気毛布、居心地の良い見晴らし台があれば、猫はモジョを感じられる場所に行き、垂直方向の世界や猫テレビを楽しむことができる。

障害を持っていても、HCKEをさせ、ルーティンを続けさせると、猫は元気でいられる。猫には自意識も憐憫（れんびん）の情もないので、障害があることを気にかけたり、障害のある猫を憐れんだりしないことも覚えておこう。キャットリフォームを行い、飼い主がうまく活用できれば、猫は危険にさらされることなく、挑戦しながら世界を探索し続けることができる。

なにはなくともキャットウォーク

キャットリフォームの中でもとりわけ効果が大きいのは、キャットウォークだ。これは「高速道路」のようなもので、猫は床に1歩も下りることなく部屋を巡ることができるので、猫のトラフィックフローが格段に改善され、垂直の世界を存分に楽しめるようになる。

それでは、まずは良いキャットウォークを作るために必要な3つの要素を紹介しよう。

①複数車線　多頭飼いの場合、「高速道路」に高さの異なる複数の車線、つまり通路を設けて、複数の猫が押しのけ合うことなく、同時に同じ場所を通過できるようにしよう。

②ランプウェイ　キャットウォークには、入り口でも出口でもあるランプウェイを設ける。特に多頭飼いの家庭では、必ずキャットウォークに複数の出入り口を設けること。

③目的地と休憩所　この2つがあるとキャットウォークはさらに魅力的になって、猫がよく使うようになる。目的地とは、例えば、キャットウォークの途中にある本棚の上に置いた猫用ベッドなど、猫が行ってしばらく留まる場所のことだ。休憩所はキャットウォークの途中にある一時的に足を止める場所で、猫は少し休んで景色を眺めたりする。縄張りを監視する見張り台のようなものだ。

次はキャットウォークを作る際に、避けるべき要素と注意点について説明しよう。

①狭い車線　猫同士がすれ違えないほど車線が狭いと「交通渋滞」の原因となり、トラブルを招きかねない。キャットウォークの幅は最低でも20cm以上確保しよう。どうしてもキャットウォークの幅が十分確保できない場合は、近くにランプウェイや迂回路を設けて、すれ違い自体を避けるという手もある。

②飼い主の手が届かない場所　何か問題が起こったときや、病院に連れて行かなければならないときに、猫が手の届かないところに行ってしまった

という事態は避けよう。いつでも猫を捕まえられるようにしておくべきだ。それに手が届くようにしておくと、掃除もずっと楽になる。

③ホットスポット、待ち伏せ地帯、行き止まり　車線は十分に広くても、争いが起こる原因は無数にある。キャットウォーク上に行き止まりになりそうな場所はないか、問題が起こりそうな場所はないか、よく目を光らせよう。車線を増やしたり、ランプウェイを設けたりするだけで、すぐに問題が解決し、猫たちが平穏に行き来できるようになることもある。

キャットリフォームを格上げする2つの要素

ひとまずベースは出来上がった。縄張りを改善し、動線を見直して部屋から部屋への移動も快適にできるようになったし、水平方向の空間も垂直方向の空間も無駄なく使えるようになった。それに空間の要所要所に縄張りマーカーやにおいの染みついた愛用品も配置した。そこで、これからキャットリフォームを大成功に導く、2つの必需品を紹介しよう。

猫の日時計に合わせた居場所

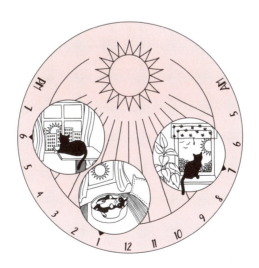

「猫の日時計」とは、日の当たる場所が時間の経過とともに移動するのに従って、猫も家中を移動することを言う。そして、それぞれの場所にベッドやキャットタワー、見晴らし台、ハンモックなど、においの染みついた愛用

品を置いて、猫がくつろげるようにしておくのだ。これをしておくと、猫はより快適に部屋の中で過ごすことができる。何よりも重要なのは、いつ、どの窓に一番たくさん日が当たるかを把握しておくことだ。

多頭飼いの場合、猫がよくいる高い場所に餌や水など、猫が必要とするものを複数置いておくと、猫たちは縄張りをうまく時間をずらして共有してくれる。

猫テレビ

人間の家庭では、リラックスしたくなったらテレビの前に行く。どんなに忙しい1日を過ごしていても、テレビの前に腰を落ち着け、面白い番組が見つかりさえすれば、少なくとも番組が終わるまではすべてを忘れられる。よくテレビを観ながら「のんびりする」と言うが、それだけではない。テレビはのんびりすると同時に、何かに参加する貴重な機会を提供してくれる。僕たちはただテレビを眺めているだけでなく、想像力を働かせ、物語に感情移入し、ほかの人の人生を疑似体験する。しかも、実際にその人生を歩むほどのストレスを感じずに楽しめるのだ。

一方、猫からすると、心地よい暖かさを別にすると、人間が見るテレビなど大した価値はない。猫にとってのテレビ「猫テレビ」は、鳥や虫など動きのあるものが見える窓だ。猫テレビがあれば、猫にとって最も重要な狩りの要素をリラックスしながら、楽しめる。猫テレビの楽しみ方で最も一般的な

のは、窓辺に腰かけて、外にいる獲物の様子を観察することだ。「獲物に忍び寄って、跳びかかり、仕留める」、その成功の鍵を握るのは、獲物をよく観察して、品定めすることにある。実は、仕留めようと跳びかかるのはHCKE（狩りをして、獲物を捕らえ、殺して、食べる）のサイクルのほんの一部に過ぎず、猫は獲物の大きさを目測して、どうすれば仕留められるか、じっくり観察して、あれこれ考えるという作業に丸一日費やすことさえある。誰でも、照明の周りを飛び回る蛾をじっと見つめている猫を目にしたことがあるだろう。猫は蛾がいなくなる、またはうっかり落ちてくるまで、文字どおり何時間でも待っていられるのだ。

テレビを中心にリビングのレイアウトを考えるように、家を見回して猫テレビ向きの窓を探そう。可能ならば、その窓の外に鳥や虫といった自然の獲物を引きつけるものを設置するとなおよい。そして、窓辺が猫の居場所となるように、キャットタワーや見晴らし台、猫用ベッドを置けば、猫はそこに腰を下ろし、心ゆくまで猫テレビを堪能できる。

猫テレビを考えるときも、猫の日時計を頭に入れておこう。そうすれば猫は日なたが移動するのに合わせて、猫テレビ用の見晴らし台も使い分けるようになるだろう。

マンションに住んでいる場合、もっと工夫が必要になる。窓自体が少ないうえに、大掛かりなことはできないケースがほとんどだ。だが、ほかの選択肢もある。例えば、僕はあまり水槽を好んで使うわけではないが、水槽を置けば、窓がなくても質の高い猫テレビになる。魚をよく世話してやるだけでいいという手軽さだ。最近ではプラスチックや樹脂製のリアルな魚やクラゲが入った、良くできた「水槽もどき」も売られている。人間が観て楽しむために作られたものだが、猫テレビとしても活躍する。今ある窓にいつでも近づけ、下の通りを歩く人間が見えるようにするだけでも、夢中になって観察するだろう。

家の中に猫テレビが観られる場所をいくつか設ければ、猫も飼い主もすぐにメリットが得られるはずだ。猫は日中、1匹だけで留守番させられても、退屈したり、不安になったり、ストレスを感じたりすることが少なくなる。同じくらい重要なのは、猫テレビが同時に日々の飼い主との遊びの補足的役割も果たす点だ。もちろん、実際に一緒に遊んで、エネルギーでいっぱいになった猫のガス抜きができれば、それに越したことはないが、留守の間に猫テレビを楽しんでいれば、エネルギーの風船がパンパンに膨れあがり、飼い主がドアを開けた途端に破裂するというようなことは避けられる。猫テレビがあれば、猫のそばにいなくてもエネルギーのガス抜きができるのだ。

キャットリフォームの道標
「モジョマップ」を作ろう

　ここまでは、理想的なキャットリフォームを行うための要素を中心に説明してきた。だが、これらの要素をどう組み合わせれば、縄張り内で最適な流れを生みだせるかを理解する必要がある。それにはモジョマップを作ることが重要となる。

　モジョマップがあれば、猫の社会的に重要なエリア「王座」（一番人気があり、ときには争いの種となる猫用の家具）や、特に交通量の多い場所、そして多頭飼いの家の場合は、争いが起こる場所をあらかじめ特定することができる。また、行動パターンや障害になりそうな場所もわかるため、猫用トイレをどこに置くか、キャットタワーをもう1本どこに設置するかなどを判断する際にも役立つ。

　とにかく一度作ってみよう。まずは、ペンで紙に家の間取りを描いていく。そこに人間が使う大きめの家具や窓、ドアを描き込み、部屋の青写真を完成させよう。そして、これを土台にモジョマップを作る。

　次に、飼い猫の好みや行動パターン、飼い主がそれに合わせる方法を知るために、丸や星形のシールを貼っていく。猫が1日に何時間も寝る場所、遊ぶ場所、爪を研ぐ場所（たとえ、そこが爪を研いでほしくない場所でも）など、猫にとって重要そうな場所にシールを貼る。多頭飼いの場合は、猫ごとに違う色のシールを使うと、それぞれの猫の縄張りの中心や、ほかの猫の縄張りと重なる部分、家の中であまり重要視されていない場所がわかりやすくなる。

　飼い主、つまりあなた自身や家族についても、どの部屋に集まりやすいか、どこを中心に日課が行われるか考えてみよう。家族が一番長い時間を過ごすのはダイニングだろうか？　在宅で仕事をしていて、書斎に終日こもりきりという場合もある。夜はもっぱらリビングでテレビを観ているという人もいるだろう。親はリビングで本を読み、子どもたちはダイニングで宿題をしているかもしれない。これはキャットリフォームの屋台骨の1つである、縄張りの共有について考える良い機会だ。人間にとってだけでなく、猫にとっても重要な部屋が、モジョマップを見ればひと目でわかるようにしておこう。

　モジョマップが出来上がってくると、シールの集中するエリアがわかり、猫の縄張りの中心がどこかを知る手掛かりとなる。それに対して、猫に与えているものを見てみよう。餌や猫用トイレ、爪研ぎ器、キャットタワー、猫用ベッドなどはどこに置かれているだろうか？　キャットウォークはもうできているだろうか？　これらのものをすべて、モジョマップに描き込む。そ

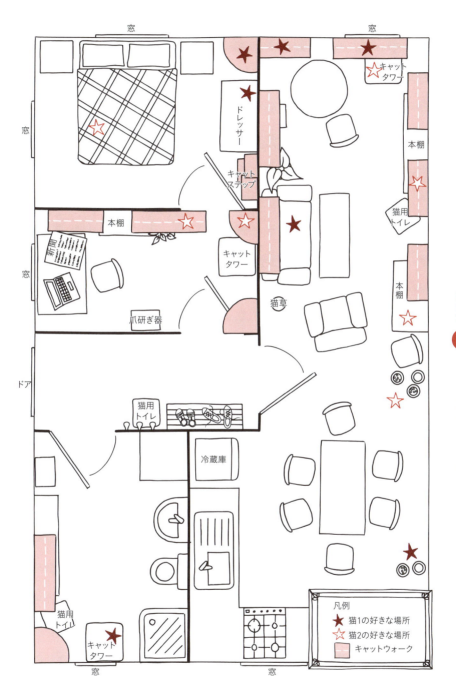

第 8 章 猫のための部屋づくりと縄張り

115

うすれば、猫が縄張りとして重要にしていそうな場所や人間にとって社会的に重要な場所と、猫に与えているものを比較して、家の中でキャットリフォームを必要としている場所やどんな対処をすればよいかがわかるだろう。例えば、猫用のものがまとまって置かれている場合、どの猫が何を好み、それらのものをどこに動かしたら、所有権がはっきりして、猫の流れも良くなるか考えて、置き場所を分散させよう。

キャットリフォームが完成するころには、縄張りマーカーやにおいの染みついた愛用品、猫の日時計に合わせた居場所、猫テレビが縄張り中にまんべんなく分散しているはずだ。

キャットリフォームは、人間にも猫にも、平等に住み心地の良い空間を作るためのものであることを覚えておこう。ここで重要なのは「平等に」という部分だ。猫が縄張りでモジョを発揮できるように、人間が積極的に働きかけなければ、知らないうちにモジョを抑えつけてしまう。縄張りマーカーを置くか、家中にマーキングされるか、選ぶのはあなただ。

モジョマップを使って
家を季節ごとに更新しよう

モジョマップへの描き込みを続け、繰り返し参照していると、モジョマップは生きていることがわかる。そこに記された猫同士や飼い主との関係同様、モジョマップは流動的なのだ。季節の移り変わりに伴って、猫の好みも変わっていく。日時計も変化するに従って、猫のお気に入りの場所も移動するのだ。こうした季節の変化に合わせて、ものの位置にも調整が必要となる。そこで活躍するのが、またモジョマップだ。縄張りにおける季節の変化を先取りできる。家庭内の都市計画を常に最新の状態に保っていられれば、より大きな自信を持ち続け、縄張り争いを回避しやすくなる。

共有されている縄張り内にある猫用ベッドや爪研ぎ器、キャットタワー、餌入れ、給水器、それから飼い主の着古したスウェットシャツなどの配置を見直す。縄張りマーカーの王であり、あらゆる愛用品の母である猫用トイレは最も重要だ。

僕は猫用トイレがもたらす惨状を、実際にこの目で見てきた。しかも、惨状と言っても尿とか糞の話ではない。家庭内で猫用トイレが争いの種になり、猫と人間はもちろん、人間同士の関係までひびが入るのだ。だからこそ、猫用トイレを扱うときには、すべての基本的知識を活用するように細心の注意を払っている。

猫用トイレで用を足すのは当たり前ではない

　多くの猫は、猫用トイレを使う。ただ本能に従って、プラスチックのケースの中で、用を足して、猫砂の中に自分のしたものを埋める。よく考えてみると、この行動には、感心してしまう。というのも、屋外で暮らしている猫は、どこでも好きなところで排泄し、必ずしもいつも同じところでするとは限らないのだ。

　1947年にエド・ロウが猫用トイレを発明すると、すぐさま飼い主と猫の関係が2つの点で革命的に変化した。まず、猫が室内でずっと長い時間、飼い主と一緒に過ごせるようになり、双方の関係が深まった。しかしその一方で、同じく重要なことに、双方の関係は期待にもとづくものに変わってしまったのだ。猫用トイレが導入された瞬間から、飼い主は猫がまるで人間のように箱の中でのみ、用を足すことを期待するようになった。それまでずっと好きなところで排泄してきた猫たちが、突然、最後通告を突きつけられたのだ。決まったところで用を足すようになったのは、人間と猫との長い歴史から見れば、ごく最近の出来事なのだ。

　ところが飼い主は、進化の流れが変わるのを、我慢強く待つことができない。猫の室内飼いが始まり、猫用トイレで用を足すように厳しく命じたのは、ごく最近だということを考えれば、猫があんな箱の中で用を足せるのは、奇跡のようなものなのだ。

部屋の中の邪魔者でも、主役は猫用トイレ

　僕の同業者に聞けばわかるが、猫用トイレ以外の場所で用を足す猫がいなかったら、僕たちの商売は成り立たないだろう。それが大切なソファの上であれ、カーペットの上であれ、「猫用トイレ外での連続粗相犯」以上に、依頼人を駆り立てて、僕に電話をかけさせるものはない。それほど飼い主を困らせる問題なのだ。そこで、まずは猫用トイレの正しい位置を通じて、度重なる粗相をやめさせる方法から見ていこう。

　だが、最初に断っておきたいことがある。英語では誰も話題にしたがらない厄介な問題のことを「部屋の中の象」と言うが、猫用トイレは大きさという意味でも位置という意味で

も、まさに象だ。依頼人の中には、甘んじて粗相を黙認するか、もう1つ猫用トイレを増やすか、延々と悩む人もいる。最終的にそれを判断するのは飼い主だ。僕は飼い主には、猫の幸せ全般において、猫用トイレがどれだけ重要か理解し、正しく妥協できるようになってほしいと思う。ただし、この問題については、これから教えるガイドラインに従えば、今後起こりうる猫用トイレの問題のほぼすべての事例を回避できるのだ。

においの染みついた愛用品が、猫の感覚全般にどれだけ重要かは既に話したとおりだ。こうしたにおいの染みついた愛用品などの縄張りマーカーは、僕たちの家の中にある思い出の品に似ている。例えば、旅先で買ったお土産や壁に貼られた写真、コートや帽子、バッグがたくさん掛かり、今にも倒れそうなコート掛けなど。それらがあることで、心の奥でここは自分の居場所だと実感する。そして、安心するのだ。

この感覚を思い出しながら、ちょっと考えてみてほしい。あなたはこれから長旅に出る。絶対にホームシックになりそうだ。そこで、家を思い出せるようなアイテムを1つ、持っていきたいのだが、あなたなら何を持っていくだろう？　愛妻やペットの写真を持って行き、ホテルのベッドの枕元に置くのもいいかもしれないが、1年の約3分の1を旅先で過ごす僕が勧めるのは、愛用のバスタオルだ。タオルは人間にとって究極の縄張りマーカーで、体を自分自身や自宅のにおいで包むことができる。人によっては、スリッパや枕が縄張りマーカーの役割をすることもあるだろう。そして、これが猫なら、間違いなく猫用トイレが縄張りマーカーだ。

猫にとってあなたの家は、旅先のホテルのようによそよそしい雰囲気のする場所にするか、毎日眠りにつく自宅の寝室のように落ち着ける場所にするかは、猫用トイレ次第なのだ。猫のモジョを最高に高めたいならば、猫用トイレは家の中で社会的に重要な位置に置こう。人間と猫が同じくらいよく使う場所がよい。僕は帰宅するとソファに腰かけ、ベッドに行くので、この2つの場所には僕のにおいが染みついている。そのため、猫は人間のにおいを自分のにおいで補完せずにはいられなくなり、ソファやベッドで何時間も過ごし、結果的にそこが社会的に重要な場所になる。猫用トイレを置くべきなのは、まさにこういう部屋や場

所だ。そしてこういう場所がいくつもあるのならば、いくつも猫用トイレを置くのだ。

　読者の中には今、いくつも猫用トイレを置くと聞いて、爆弾を落とされたくらいショックを受けている人もいるかもしれない。だがこの爆弾は猫と飼い主双方にとって、家の景色を一変させるだろう。猫の幸せと健康のために部屋の景色を変える気持ち。それがキャットリフォームの神髄だ。見た目など一切気にせずに、生活圏の中心に猫用トイレを置くことができれば、縄張りを侵される不安からくる粗相を減らす、または完全に無くすのに大いに役立つ。粗相の大半は、縄張りに対する不安が原因なのだ。

　それでも家中に猫用トイレを置くのに抵抗があるなら、ひとまず実験してみよう。複数トイレを置いておくと、猫は一部のトイレだけ使い、そのほかのトイレには目もくれないので、猫にとって社会的に重要な場所がどこかはっきりわかる。そうしたら、猫用トイレの数を減らせばいい。

猫用トイレの恨み
――猫も家族も満足して、幸せに――

　たった今、家中に猫用トイレを置くようにアドバイスしたばかりだが、「本当はここに置きたくない」と思っているような場所に妥協して猫用トイレを置いたがばかりに、猫と飼い主の関係にひびが入るような事態は、ぜひとも避けたい。家の中を歩いていて、ふと猫用トイレが目に入るたびに、猫に対する恨みを感じるなんてことが起こるかもしれない。このような状態を、僕は「猫用トイレの恨み」と呼んでいる。これは特に虫の居所が悪いときに、たまたま床中にちらばっていた子どものおもちゃにつまずき、子どもに腹を立てるようなもので、明らかに何か手を打つ必要がある。

　あなたはたった今、家に住んでいて、縄張り意識を持つ動物は猫だけではないという事実に直面した。猫を含めて、家族みんなが幸せに暮らしてほしいが、かといってリビングに粗相をされるのは耐えられないだろう。だが、子どもの成長におもちゃが欠かせないように、猫のモジョにとって猫用トイレは非常に重要な要素なのだ。

　僕はどんな場合も必ず解決策があることを忘れないでほしいと思っている。本書を参考にしながら、何かあったらいつも解決策を考えるようにしていれば、猫用トイレの恨みを回避できるはずだ。

ジャクソン流・猫用トイレの十戒

　次に紹介するのは猫用トイレの十戒というよりも、コツと言ったほうがいいかもしれないが、過去20年間に僕が直面した猫用トイレを巡るほとんどの問題を解決するのに役立ったものだ。猫用トイレを維持するためのルールは、ソファやカーペットを汚される日々から飼い主を解放し、猫との天国のような幸せな暮らしへと誘うことを覚えておこう。

 ## 1 猫の数＋1個の猫用トイレを用意せよ

　「猫用トイレの数＝猫の数+1」これは最も重要な公式だ。僕はこのプラス1個の公式を強くお勧めしたい。飼っている猫が1匹なら2個、2匹なら3個用意する。

 ## 2 猫用トイレを複数の適切な場所に設置すべし

　依頼人に上の公式を実行するように宿題を出しておいたのに、再び訪れたときも、不思議なことに、家の中に正しい数の猫用トイレが見当たらないことがある。そして、依頼人に案内されてガレージへ行くと、猫用トイレが4つ並んでいるのだ。これではもはや4つの猫用トイレではなく、大きなトイレが1つあるだけに過ぎない！　猫用トイレが嫌いな飼い主なりに考えた結果なのだろう。だが猫用トイレは縄張りを表すものであり、一つひとつ、家の中の異なる場所に置いて、縄張りマーカーの役割を果たせるようにしなければ意味がない。

　つまり、置く位置が重要なのだ。においを嗅ぎたくないからといって、猫用トイレをガレージや納戸に置く飼い主もいる。猫用トイレを置いて、美しくデザインされた部屋を台無しにしたくない人もいるだろう。だが、そのせいで猫は階段を降りて、猫用ドアを通り、冷たいガレージの床の上を歩いて、縄張りの端にあるカバーで覆われた小さい箱まで行かなければならないかもしれない。こんなトイレは便利ではないし、ありがたくもない。できれば行かないですむ方法を探したくなるだろう。そして、猫はリビングのソファや寝室のベッドで用を足すようになる。猫はガレージのドアを開く音に驚き、猫用トイレに近づくと恐ろしいことが起こると思い込んで、猫用トイレを使わなくなってしまうこともあるのだ。

僕の経験では、この位置の問題を妥協する方法はない。猫用トイレは飼い主ではなく猫にとって最も使い勝手の良い場所に置くべきだ。好ましくない場所に猫用トイレを置くか、好ましくない場所に粗相をされるか。どちらかマシなほうを選ぶしかない。

 ## においのするものを使うべからず

　人間には嗅覚受容体がおよそ5600万個しかないが、猫には2億個もあると言われている。このことからも猫の嗅覚がどれだけ敏感で、重要な感覚かわかるだろう。だからこそ、猫がにおいに引きつけられるものを与えることが重要であり、同じように猫が嫌うものは与えないようにする必要がある。

　僕が無臭の猫砂だけを使い、消臭剤は使わず、猫用トイレのそばに芳香剤を置かないように勧めるのはそのためだ。僕の経験では、香り付きの猫砂のように強い人工的な香りの付いたものは、猫を遠ざける。逆に、猫に近づいてほしくないものがあったら、僕は猫の嫌いなにおいを使うように勧めている。

　大半の猫はシトラス系のにおいが苦手なので、ビニール袋に穴をたくさん開け、中にレモンの皮を入れ、近づいてほしくないものの近くに置くとよい。ということは、レモンの皮と同じような作用のある芳香剤を猫用トイレのすぐ脇に置いたら、どうなるか。そのトイレに寄りつかなくなって当然ということだ。

　飼い主と猫がうまく妥協しながらトイレを置いていたとしても、香り付きの猫砂や芳香剤を置いたら台無しだ。猫用トイレは、猫のにおいが染みついてこそ、縄張りマーカーとなり、重要な要素になる。それに、きちんと速やかに糞を片づけてさえいれば、気になるほどのにおいが残ることはないはずだ。

 ## 砂はワイルド・キャットの好みをもとに選ぶべし

　猫砂の感触も当然ながら、好みが分かれるところだが、ワイルド・キャットの観点で見ると、正しい選別ができるようになる。野外で暮らす猫の大多数は、岩の上よりも土の上で排泄するほうを選ぶ。

　室内飼いの猫は、猫砂の感触が気に入らない場合、バスマットやベッド、人間の衣類などの柔らかいものの上で用を足す傾向がある。また、高齢の猫をはじめ多くの猫は、砂状タイプのザラザラした感覚や、円筒形のペレットタイプのゴツゴツした感覚にとても敏感だ。

ワイルド・キャットの生活を考慮すれば、数ある猫砂の中からシンプルな選択肢が浮かび上がるだろう。生息環境が複雑になるほど、うまくいかないことが増えるものだ。

5 考え無しに猫砂を注ぐべからず

ドボドボと猫用トイレが満杯になるほど猫砂を入れてしまうなど、猫砂の入れ過ぎは、よく起こる問題だ。原因は、多ければ多いほど良いと考えてしまうことにある。もちろん猫砂の好みは猫それぞれなので、1匹1匹どれくらいの量が好きかを試さなければわからない。それにはいくつか試してみて、観察あるのみだ。

1つ考慮すべき点は、関節炎を患っている猫や高齢の猫にとって、猫砂がたっぷり入った猫用トイレは使いにくい場合もあることだ。特に糞をするとき、猫はバランスを取るために、猫砂の上で踏ん張る必要があるが、猫砂が多く、深くなっていると、力が入りにくい。同じように、太りすぎの猫の場合、猫砂が多すぎると足が埋もれてしまうこともあるのだ。

また、毛足の長い猫の中には、上腕やもも、お尻、お腹の毛に猫砂が触れる感覚を嫌うものもいる。猫には毛包にも敏感な受容体があるため、しゃがみ込んだとき、脚の裏側の毛が猫砂に触れると、くすぐったく感じるのだ。長毛種の中には、この感覚を嫌い、表面が滑らかなところを見つけて用を足そうとする猫もいるほどだ。

ほとんどの場合、まずは2.5～5cmの深さまで猫砂を入れてみて、そこから調節していこう。

6 適正サイズのトイレを用いるべし

あなたの猫は猫用トイレの中で、延々と猫砂を掘ってはいないだろうか？ または、何か危険なものでもあるかのように、なかなか中に入ろうとしないということはないだろうか？ 高齢あるいは体が不自由な猫に、上から入るタイプの猫用トイレを使わせてはいないだろうか？ 太りすぎの猫に子猫にちょうどいいようなサイズの猫用トイレを使うよう強いていないだろうか？ 猫用トイレは便利であるべきだ。つまり、入るのをためらうことのない居心地の良い場所でなくてはいけない。

理想としては、奥行きは猫の体長の1.5倍あるといい。また、中で向きを変えられ、たくさん猫砂を掘ることができ、猫用トイレの壁とにらめっこを

しなくても、未使用の場所を見つけられるようにしよう。

　それから無理なく出入りできるのも重要なポイントだ。上から入る猫用トイレは、機敏な猫なら難なく入れるし、一見良いアイディアのように思える。しかし、どんなに運動神経の良い猫でも、ほかにもっと楽に用が足せる場所があれば、びっくり箱のように飛び出さなければならない猫用トイレを一生使い続けることはない。

　子猫や高齢の猫、太りすぎの猫、体が不自由な猫にとって、入り口が高いまたは上から入るタイプの猫用トイレは使いづらいだろう。その点、子犬用のトイレは、高齢の猫や動くと痛みや不快感を覚える猫にうってつけだ。また、普通の猫用トイレの入り口を切って大きくしたり、側面に穴を開けたりして、歩いて入りやすくすることもできる。

7　猫用トイレを覆うべからず

　僕は猫用トイレにカバーをするのは好きではない。猫が用を足すとき、プライバシーが必要だという考えは、擬人化の典型的な例と言える。人間がトイレに行くときには必要だが、猫が同じことを望んでいるとは限らない。屋外で暮らす猫は、茂みの前や私道、庭、家の脇など、開けたところで用を足すことも多い。

　猫用トイレがカバーで覆われていても平気な猫もいるが、特に犬や小さい子ども、ほかの猫のいる家庭では、カバー付きのトイレは待ち伏せ地帯になったり、行き止まりになったりしやすい。そのため、逆に落ちついて用が足せないということになりかねないのだ。

　また、カバーは繰り返し使ううちに汚れて、なかなかきれいにできなくなる。それに長毛種や大型の猫が出入りするとき、カバーの側面に触れると静電気が生じることもある。つまり、メリットもあるものの、デメリットのほうが猫にとっては多いのだ。それならば、わざわざカバーを使う必要もないだろう。

8　浸透しないシートを使うべからず

　猫砂の下に尿が浸透しない防水性のシート（ライナー）を敷けば、猫用トイレが清潔に保てるなど、少し便利になると思いがちだが、実際にはライナーの感触が嫌いな猫も多く、爪が引っかかってしまうこともある。それにシートは引っ掻かれて裂けたり、尿が上に溜まったりして、汚らしくなる。これ

では便利とは言えないだろう。使わないに越したことはない。

9 猫用トイレは清潔に保つべし

　猫砂の中の排泄物は、その都度捨てているだろうか。汚い塊が埋まった猫砂を直視したくないのはよくわかるが、それは猫も同じだ。最近の研究から、猫は尿や糞の残ったトイレか清潔なトイレを選べる場合、清潔なほうを選ぶことが証明されている（人間は既に承知していることでも、科学的証明が必要なときがあることは確かだ）。

　ということで、猫用トイレの排泄物は毎日、あるいは猫が用を足す都度、取り除こう。

10 猫に好みのトイレを選ばせるべし

　猫がどのようなトイレを好むか知るには、さまざまな大きさ、形、位置、猫砂のタイプを試し、猫がどれを使うか観察して、調節していくことだ。ただそれだけでいい。

毎日のトイレ掃除で猫の健康管理を

　犬を散歩させている飼い主は、できたてほやほやの糞をビニール袋1枚隔て、手で拾う。こうして、自分の手で直接扱うことで、愛犬の排泄物に慣れ、何か問題があればすぐに察知できるようになる。

　ところが猫の場合、「臭いものには蓋をする」傾向が強いようだ。ついには全自動トイレまで作り出し、「ロボット」に排泄物の処分をさせようとまでしている始末だ。だが、たとえロボットが代わりに排泄物を処分してくれて、飼い主が楽になったとしても、その結果、飼い主は猫の「体内機能」の変化に気づくことができなくなる。

　尿や糞の状態を見て猫が元気か確認することは、飼い主の務めであり、猫用トイレの掃除は、猫の健康状態を表す情報を得る機会でもある。飼い主は正常な尿や糞の外見、におい、回数、量を把握し、血が混じっていないか確認するべきだ。それから、猫が家中で糞をしてしまう場合、獣医師に診せたほうがいいだろう。

COLUMN　猫はなぜ猫砂を掘るのか？

　猫用トイレ内で砂を掘る猫の行動について、よく質問を受ける。知りたがるのは、猫が延々と猫砂を掘り続ける理由だ。この行動の面白い点は、猫によって掘り方が違うことで、ひと掘りして終わりの猫もいれば、地球の裏側まで掘り進む勢いで掘ろうとする猫もいる。

　一方、糞を埋める方法を猫に教えられないかと聞かれることもある。しかし、これは訓練できるものではなく、糞を埋める猫もいれば埋めない猫もいる。猫用トイレに不満があって、糞を埋めないこともあるが、その場合は、トイレをきれいにしてやれば埋めるようになる。猫砂を掘ったら手が汚れたり、ほかの猫の糞が出てきたりするようでは、どんな猫だって掘りたくなくなるだろう。子猫のときに、何か問題を経験したせいで、掘らなくなった猫もいる。つまり、たとえ猫用トイレが清潔で、猫砂も適切なものだったとしても、必ずしも猫の習慣を変えることはできないので、飼い主が慣れるしかないということだ。

　排泄物を覆うのは、捕食者から自分のにおいを隠そうとしているからだとよく言われている。この古代から続く儀式は骨の髄まで染みついているので、家に捕食者がいなくても、構わず続けているというのだ。だが実のところ、この行動は、ただ身を守るためだけにしているわけではなさそうだ。野外で暮らす猫は、縄張りの端よりも縄張りの中心に近いところほど、しっかり排泄物を隠す。また、猫同士は尿や糞でメッセージを送り合う。排泄物を隠す行為は実に複雑ということだ。

トイレ内の行動を監視せよ！

　私たち「猫用トイレ探偵」の仕事は、猫が中で何をしているか把握することだ。猫がトイレを気に入らなかったときどんな行動をとるか知っているだろうか？　下に挙げた行動が見られたら、猫はその猫用トイレ自体またはトイレに関わる何かが好きではないことを示す紛れもない証拠だ。どれか1つでも心当たりがあったら、深刻な問題がないか確認するために、ひとまず動物病院で診てもらおう。もし問題がなかったら、十戒を見直しながら、猫用トイレについて、改善点がないか考えよう。

- 中に足を踏み入れようとしない。
- 用が済んだ後、猫砂をまったくかかない。
- 誰かに追われているかのように、用を足すと大急ぎで出てくる。

猫用トイレは掃除するべきなのか

　僕は猫用トイレを消毒するのは、猫のためにならないと思う。毎日2、3回排泄物を取り除き、毎週猫用トイレを水で流してゴシゴシ洗い、消毒しているとしたら、それは飼い主自身のためであって、猫のためではない。
　こう考えてみてほしい。猫が粗相をした場合、同じところでまた粗相しないようにするには、その場所から完全に尿のにおいを消し去るようにアドバイスされる。これは的確なアドバイスだ。では、どうして猫用トイレのにおいまで、完全に消し去ろうとするのだろう？
　猫には自分のにおいが必要だ。尿も糞も「ここは自分の場所だ」と伝える縄張りマーカーであり、どちらも縄張りが守られていることの象徴である。縄張りを所有することは、猫にとって何よりも重要だ。家の中に自分のにおいが一切なかったら、においを付ける方法を探す。そして、いろいろな場所で用を足そうとするかもしれない。

　トイレは1日1回、あるいはその都度排泄物を取り除くだけでいい。1カ月に1回程度、猫用トイレを空にして、お湯で洗い流す。ほとんどの猫、それに飼い主にとっては、これで十分なはずだ。

猫に強いてはいけないトイレトレーニング

　人間のトイレを使えるようになった猫の動画を観たことがある。こうした動画を観た多くの人は、その様子を可愛いと思い、猫にこんな芸当が教え込めることに驚き、感心したようだ。猫用トイレの掃除が必要なくなり、もう気にかけなくてよくなったら、どんなに楽だろうと妄想を抱く人もいた。そのとき僕は、どうして自分が動画を観て不快に感じたのかわからなかったが、後になってから、猫が身体的にも精神的にもストレスを感じているように見えたからだと気づいた。
　猫の目が「こんなの私の自然な姿じゃない。怖いし、居心地が悪くていや」と訴えていたのだ。
　確かに自分から人間用のトイレを使うようになる猫もいる。そのため楽観的な飼い主は「あの猫にできるのなら、うちの子にもできるはず！」と言って、トイレトレーニングに飛びつく。今では、猫用トイレではなく人間のト

イレが使えるようにするトレーニング用品が売られているほどなのだ。さらに、用が済んだら水を流す猫まで見たことがある。だが、あなたの猫が人間のトイレで用を足したいと思っていたら、既にそういう素振りを見せているはずだ。猫を訓練することもできるかもしれないが、それは習性に反する。猫たちは縄張りを主張するためにあらゆる場所で用を足すようにできているので、ワイルド・キャットは人間のトイレを使うことなど頭にない。人間が自分の都合で押しつけているだけなのだ。

　これまで猫と人間の絆について、十戒やツール、観察する方法に至るまで、さまざまな角度から説明してきた。これで愛猫が猫らしく、幸せに生きられる場所を築き、育み、一生維持できるような知識を得たと言えるだろう。猫の保護者としての役割を受け入れ、「猫は所有物ではなく、養育すべき子どもである」ということを忘れない限り、ここへ到達することは誰でもきるはずだ。

第9章
猫を育てる技術

　第6章以降、みなさんには自分たちを猫の「所有者」や「トレーナー」ではなく、「親」として見るよう促してきたつもりだ。そこで、こうした知識を土台に今度は猫のモジョを高める方法を見ていこう。

　犬は訓練によってリラックスし、安心感を得られるようになるという人もいるだろうが、猫は違う。大違いだ。そもそも犬を訓練する人は「ドッグトレーナー」と呼ばれているのに、猫について同じような仕事をする人々はなぜ「行動専門家(ビヘイビアリスト)」と呼ばれているのか、考えてみたことがあるだろうか？

　犬の場合、トレーニングすると犬の心を安定させられ、うまくいけば飼い主との関係を強化できる。ところが、猫の場合、猫に対する飼い主の影響力を最大限に高めたいと思っても、飼い主自身に妥協の精神を学んでもらえるようにすることしかできないで終わる。

　さらに、多くの犬は健康を保つために、猫よりもトレーニングを必要としている。この習性は人間と犬との長年の関係から、犬のDNAに組み込まれただけではない。トレーニングは飼い主が犬に期待する行動や犬が置かれるさまざまな環境に対処する技術を身につけるためのものでもあるのだ。

　一方、猫についての妥協とは、飼い主が、人間と猫とを隔てる柵まで行って、猫と向き合うことのようなものだ。僕がやるのは、飼い主の能力を最大限に高めて、猫にもこの柵の間際まで来てもらえるようにすることだ。猫が自然に、自らこの柵に歩み寄ることはない。トレーニングで犬が変わるように、猫も変わると期待してはいけない。猫におけるトレーニングの成功は、結果的に飼い主も猫も対等にものを言えるようになることを意味するのだ。

お仕置きか、ご褒美か、それが問題だ

オペラント条件付け（ある行動をしたあとで報酬や罰を与えることで、その行動を自発的に行う頻度が増す、あるいは減ること）による行動修正の法則は、ニワトリやリス、イルカ、シャチ、そしてもちろん猫や人間まで、あらゆる動物に応用できる。

心理学者のB・F・スキナーは、「強化理論」という理論を展開し、何が行動の動機となるかを説明した。

この理論はある行動と同時に特定の結果が起こると、将来再びその行動をとる確率が高くなるという法則にもとづいている。行動の確率を高める要因となる強化因子は、通常その動物が好んでいるものだ。反対に、罰は将来的にその行動を行う確率を下げる。

現在、科学者も動物トレーナーも動物の行動を変えさせるには、好ましい行動に報酬を与える、正の強化が最も効果的だと認識している。罰も一時的には効果を発揮するかもしれないが、猫の動機を変えることはなく、猫に正しい行動を教えることもできない。それにお仕置きは恐怖心を抱かせたり、猫を凶暴にしたりといった大きな副作用を伴う。

それでも、この現実に直面した人々はたいてい「お仕置きをしないで、どうやって猫をしつけられるだろう？」と頭を悩ませる。だが、僕に言わせれば、そもそも猫をしつけることなどできない。飼い主が叱っても、追い払っても、水を掛けても、猫は相手がどうしてそんなことをしているのか理解できないのだ。それに猫に自分の行動が間違っていたことを教えるには、してはいけない行動をするたび、間髪入れずにお仕置きする必要があるが、四六時中猫の行動を見張ることはできないし、そもそも飼い主だって監視などしたくないだろう。

僕たちの目標は、モジョを高めることにある。つまり、猫に自信を持たせることだ。だが、屈辱やお仕置きが自信を与えることはない。どんなに上手に言い訳しても、すべてのお仕置きは猫のモジョに反する。人間が猫に対して自分の力を見せつける行為は、それがどんなものであってもモジョを奪ってしまうのだ。

これも人間同士の関係に当てはめて考えてみよう。一方が相手を支配しようとしたら、決して良好な関係は築けない。この本の目的は、飼い主が猫を助け、自信を高めることであって、不安を抱かせることではない。

過敏になった猫を落ち着かせる「タイムアウト」法

　猫が過剰な刺激を受けて攻撃的になったら、猫は好き好んで攻撃しているわけではないことを思い出してほしい。ワイルド・キャットが闘争・逃走反応をしているだけなのだ。これから紹介する「タイムアウト」は、子どもが悪いことをしたときに、一定の時間、椅子などに座らせて反省させる、しつけを応用したもので、一見お仕置きのようで実はお仕置きではない。攻撃的になった猫を落ち着かせる方法の1つなのだ。

　猫が何か、または誰かに対して、闘争・逃走反応をしたり、誰彼構わず身近な対象を攻撃する転嫁攻撃をしたり、震え上がったりしたら、どこか狭くて閉じこもれる場所に猫を連れて行こう。照明も暗くし、静かにして、刺激になるものを一切無くしてあげる。このガス抜きゾーンは、猫の心を元に戻し、最高潮に達していたエネルギーを徐々に落ち着かせ、平静を取り戻してくれる。これが「タイムアウト」だ。タイムアウトはせいぜい5分か10分で終わる。猫は戦闘準備を解除し、闘争か逃走かの反応を止め、現実世界に戻って来られるはずだ。ただし、猫が手に負えないほどの状態で、タイムアウトの場所へ連れて行けなかったら、無理に抱き上げようとしないことだ。猫が動かないのなら、タイムアウト・ゾーンを動かそう。つまり、今猫がいる部屋をタイムアウト・ゾーンにするのだ。照明を暗くして、飼い主が部屋を出る。これでもタイムアウトの目的を達成できるはずだ。

　そのほかに「猫用刑務所」という方法もある。猫用刑務所はタイムアウトと間違われがちだが、まったくの別物だ。タイムアウトは思いやりからくる行為で、ワイルド・キャットが羽目を外した後、猫が落ち着きを取り戻し、いつもの猫に戻れるようにする。一方、猫用刑務所はお仕置きなので、爆発寸前の猫の導火線に火をつけてしまう。

　「猫用刑務所」は、猫同士の喧嘩や粗相、安眠妨害など、何らかの問題行動で手に負えなくなった猫をトイレなどに閉じ込め、家の中の社会的に重要な場所に一切立ち入れなくすることだ。これはお仕置き以外の何物でもない。既にわかっているとおり、猫にお仕置きをしても何の効果もない。飼い主は一時的に憂さを晴らせるかもしれないが、決して問題の解決にはつながらない。そもそも猫は「10分前に悪いことをしたから、トイレに1時間半閉じ込められたのだ」などと過去の出来事

を結びつけて考えたりしない。粗相した場所に猫の鼻を押しつけるのも同じことで、猫はなぜそんな目に遭わされるのか理解できない。

例えば、猫が何度もベッドでおしっこをしてしまうので、寝室に猫を入れたくないと言うならわかる。応急処置として、閉め出したくもなるだろう。だが、猫用刑務所は応急処置にすらならない。問題がブーメランのように必ず飼い主の元へ帰ってくるからだ。

タイムアウトは飼い主ではなく、猫のためにするのだということを忘れないようにしよう。これがタイムアウトと猫用刑務所の違いである。タイムアウトは猫がバランスを取り戻すのを手伝うものだ。

スプレーボトルは使うべからず

最近は猫のしつけ用のスプレーボトルを持っている人が多く、すべての部屋に置いている依頼人もいる。いつの間にかスプレーボトルは、大声で「ダメ！」と言うのと同じくらい世の中に広まり、受け入れられるようになった。

読者の中には、「それでもスプレーボトルは役に立つと思う。一吹きすれば、猫はすぐにキッチンの上から飛び下りるし、今ではスプレーを見せるだけで逃げていくようになったもの」と思う人もいるだろう。だが、猫は何を学んだのだろう？　キッチンに乗ってはいけないこと？　猫が学んだのは、もし飼い主がそばにいてスプレーを持っていたら、キッチンに乗ってはいけないということだ。しかも困ったことに、猫は飼い主を怖がるようになってしまう。猫は飼い主がスプレーを持っているときだけ反応する。つまり飼い主自身が猫に不快な感情を与える存在になってしまうのだ。

どんな形であれ、スプレーボトルを使って何かを伝えることはできない。スプレーボトルは「自分たち以外の動物を服従させられる」という人間の古い思い込みを象徴している。猫が縮み上がるのは、飼い主が自分に何かひどいことをしようとしていると思うからであって、猫が教訓を得たからでもなければ、飼い主の考える善悪を理解したからでもない。

どんな状況でも、スプレーボトルを使うよりも良い方法があるはずだ。スプレーボトルを使うと猫は飼い主を怖がるようになる。猫が飼い主を怖がるようになったら、何も良いことはない（これは猫だけでなく、犬や人間の子どもにも言えることだ）。スプレーボトルにメリットなどないのだ。

COLUMN 動物は本当に悪いことをしたと思っているのか

　飼い主はよく、犬や猫は「自分が悪いことをしたことをわかっている」と言う。そこで、アレクサンドラ・ホロウィッツ博士は、犬の「後ろめたそうな顔」が、本当に罪の意識と関係しているのか、ただ叱られたことに反応しているのか調べた。

　この研究では、飼い主は犬にご褒美の餌を見せ、厳しい表情で「ダメ」と言って、食べないように命令してから、餌を犬には届かない場所に置いて部屋を出るよう指示された。

　その後、実験者が餌を片づけるか、犬に餌を食べさせたうえで、数分後部屋に戻って来た飼い主に、餌は犬が食べたか、実験者が片づけたか、真実または嘘の説明をする。そして、犬が命令に従って餌を食べなかったのだと思った飼い主は、優しく犬を褒め、犬が食べてしまったと思った飼い主は、犬を叱る。

　飼い主は、目をそらす、寝転がって腹を見せる、しっぽを丸める、飼い主から離れるといった犬の行動を、罪の意識の表れと考えた。だが、こうした行動が見られたのは、飼い主が犬を叱ったときだけで、実際に犬が言いつけを破って餌を食べたかどうかには関係していなかった。

　この実験から、犬は餌を食べたことについて後ろめたい気持ちを抱いているのではなく、飼い主に怒られて、恐怖と不安を感じていたらしいことがわかった。なので、猫が「後ろめたそうな顔」をしたとしても、この実験の犬たちと同様、罪の意識を抱いているとは考えにくそうだ。

ジャクソン流トレーニング
―はじめに知っておいてほしいこと―

　学校に通っていたころのことをちょっと思い出してみてほしい。一番好きだった先生は誰だろう？　今でも記憶に残っているのは、その先生のどんなところだろう？　授業が楽しかったから覚えているのかもしれないし、その先生は熱心に教えてくれて、あなたも先生の熱心さから情熱を感じたのかもしれない。答えは何であれ、おそらくその先生は、ただ事実を羅列して、生徒が進級できるようにひたすら暗記させ、復唱させたりはしなかっただろう。あなたのお気に入りの先生は、その教科に思い入れがあって、どうしてそれ

が重要なのか教えてくれたのではないだろうか。

　親子の関係と同じように、飼い主と猫の関係でも、常に教育の機会がある。だが、生徒の学習能力を高めるには、一瞬一瞬、教師側が心を込めて教えることだ。そして、先に進むときには、一度立ち止まって、教育やトレーニングは一方通行ではないことを思い出そう。

　僕は猫の行動専門家になったばかりのころ、勤めていた動物保護施設の所長で友人でもあるドッグトレーナー、ナナ・ウィルに教えを請うことにした。ナナは犬だけに限らず、いろいろな動物と通じ合うことができ、動物の複雑な行動やオペラント条件付けに関しては歩く辞書のような人だったのだ。ナナが施設で動物の世話をするときも、依頼人の家で相談に乗るときも、僕はくっついていって、ナナの知識すべてを吸収するように努めた。猫に犬のような行動をさせるつもりはなかったが、自分にも使えそうなものはすべて取り入れていった。だが、ナナから学んだ最も価値のあることは、まったく予想外の方法で教わることとなった。

　あるときナナとともに、銀行で長蛇の列に並んでいたときのことだ。並びながら、ナナは犬のトレーニングについて説明してくれていた。すると、僕らのすぐ前にいた、母親に連れられて並んでいた5歳くらいの女の子が、突然怒りを爆発させて、大声で「アイスクリーム買って」と叫び始めた。それから、女の子は声の高さや大きさ、テンポを変えながら、ひたすら「アイスクリーム買って」と繰り返した。それでも聞き入れてもらえなかったので、かんしゃくを起こした。大声で叫んだり、床に這いつくばったりしたかと思えば、今度は両手で床を叩き、頭を床に叩きつけ始めたのだ。

　しかし、母親は完全に娘を無視している。僕はなにもしない母親にあまりにも頭に来たので、一言文句を言ってやろうとした。そのとき、ナナが僕の腕をつかんで「ダメ。いいから見てて」と言った。少女はついに声も体力も使い果たし、母親を見上げると黙って立ち上がった。そして5秒ほどたってから、母親が娘を振り返り、「で、お昼ご飯は何を食べたい？」と聞いたのだ。

　僕の体から力が抜けたのを感じたナナは、つかんでいた腕を放した。ナナは笑みを浮かべて、「わかったでしょ。どうすればうまくいくか。騒いだこ

とに対して罰を与えるか、静かにできたらご褒美をあげるかのどちらかなのよ。みんなそうやって学ぶの」

ナナが教えてくれたこの教訓は、20年後の今も、僕のトレーニングの根底にある。犬や猫、ニワトリ、ネズミ、カメ、そして人間に至るまで、誰を教えるときも、騒いだことに対して罰を与えるか、静かにできたらご褒美をあげるかのどちらかであり、みんなそうして学ぶのだ。

ジャクソン流トレーニング・3つのテクニック編

僕のトレーニング法の基本は、猫と人間との信頼関係を確立することと、「クリッカートレーニング」「ダメ！・いいよ法」「挑戦ライン」というわずかなテクニックを中心にしている。ここでは、それぞれのテクニックを紹介していこう。

クリッカートレーニング

クリッカートレーニングはもともと犬のトレーニングとして知られたものだ。そのため、僕が初めてチャレンジしたときは、猫に犬のような行動をさせる気など毛頭なく、ただ手に入るツールはすべて試してみようと思っただけだった。ところが、その後僕たちは、クリッカートレーニングを使って、猫のモジョを引き出す方法を編み出すことになる。

クリッカートレーニングはB・F・スキナーがオペラント条件付けにもとづいて発案した方法だ。カチカチという音「クリッカー音」のする小さな装置を使う。この方法が広く認められるようになったのは、1990年代にカレン・プライアがクリッカーを使って犬をトレーニングする方法を教え始めたのがきっかけだった。現在では、最も人道的で効果のある調教法とされている。では、クリッカートレーニングのやり方を見ていこう。

① クリッカーの音がすると、すぐに美味しいものがもらえることを猫に教え込む。音とご褒美の関係を猫が覚えられるように「カチカチ→ご褒美、カチカチ→ご褒美」を何度か繰り返そう。

② 今度は行動を教える番だ。させたい行動を猫がするたびに、クリッカーを鳴らそう。飼い主が特定の行動を「捕らえる」(たまたま猫がその行動をしたら、すかさずクリッカーを鳴らす)こともできるし、「誘導」した

り「引き出し」たりすることもできるだろう。そして、猫がその行動をしたら、すかさず「カチカチ→ご褒美」だ。

「行動→カチカチ→ご褒美」と単純な繰り返しのクリッカーは、命令でもなければ、遠隔操作でもない。飼い主が望む行動とご褒美の橋渡しをする。これらの行動が強化されるので、猫はもっと同じ行動をするようになる。

僕自身は、クリッカーは1つのツールであると捉えていて、役に立ちそうな場面があればいつでも使う。例えば、動物保護施設の猫たちにクリッカートレーニングをして、お座りとか待て、ハイタッチなど、ごく簡単な芸を教えている。クリッカートレーニングをすると、猫は保護施設という不慣れな環境でも、多少、自信を持てるようになるし、檻の前のほうに出てくるようになるので、見学に来た里親候補に挨拶できる。それに猫はいつも頭と体を使えるし、施設の職員やボランティアと一緒に活動ができるので、徐々に人間との絆を深め、ずっと引き取ってもらいやすい猫になるのだ。

動物保護施設以外では、あまりクリッカートレーニングに時間を割いてはいない。誤解しないでほしいのだが、楽しむために猫に芸を覚えさせるのは、人間だけでなく、猫のためにもなる。例えば、僕はどんな猫でも持っているモヒート猫（64ページ参照）の部分を引き出すのに役立つ「アジリティコース」を作るのが好きだ。アジリティコースとは猫用の障害物競走のようなもので、コースの通り方を覚えさせるのにクリッカートレーニングがとても役に立つのだ。人間が食事をしている際に、テーブルではなく、キャットタワーに座るように教えるにも、クリッカートレーニングが非常に役立つ。

それにクリッカートレーニングは猫に大きな自信を与え、ペットキャリーに入ったり・出たり、安心できる場所として受け入れたり、嫌がらずに爪を切らせたり、暴れずに薬を飲んだり、さらには新しい家族に会ったりといった出来事を受け入れられるようにしてくれる。

念のため断っておくと、猫に屈辱を与えるような芸を仕込むためにクリッカートレーニングを行うのは好きではない。クリッカートレーニングを行ううえで、人間が担う役割と猫に与えられる役割は、猫が人間を大いに信頼し、人間も共感しながら大いに努力しなければ成り立たない。

それから、飼い主は力を手にすると、その力は簡単に悪用できてしまうことを意識しなければいけない。例えば、外に出たがっている猫にハーネスを

付ければ外出できることを教えたかったら、当然ながらクリッカートレーニングは理想的な方法であり、恐怖を与えることもない。では、SNSに載せる目的で猫がスーパーマンの衣装を着るのを嫌がらないようにトレーニングするのはどうだろう？　モジョを発揮し、育てることを考えれば、その是非の答えは明らかだろう。

COLUMN 「大当たり！」効果

　ここでもう一度言わせてほしい。猫は犬と違って、飼い主を喜ばせるために行動することはない。猫の動機は、ほぼ確実に餌だ。好きな餌であればあるほど、飼い主からの影響や説得を受け入れる。そのため、餌で釣っていると言われても構わないが、猫に何かさせたければ、餌は単なるツールではなく、最大の味方になる。

　そして、少なくとも僕の経験によれば、猫をトレーニングする際に、何よりも重要な要素は、猫が「これ大好き！」と叫ぶような、夢中になる「大当たり」の食べ物を見つけることだ。

　例えば「お座り」や「ハイタッチ」などの行動なら、普通の餌を与えるだけでできるようになる。だが、猫が苦手なものを良いものと結びつけさせる場合には、大当たりの餌を使ったほうがいいだろう。

　大当たりの餌を見つけるのがどれだけ重要かわかったところで、最初の潜在的な障害に直面する。その障害とは、猫が一見気難しく、何が好きか分からないことだ。しかし、大好物は必ずあるものだ。見つけ出すコツをいくつか紹介しよう。

食べ放題の状態は避ける　猫が満腹のときに大好物探しをしても無駄だ。まず、お腹が空いているか確認しよう。これは四六時中餌を出しっぱなしにするのではなく、1食1食出してあげてほしいという僕の希望も代弁してくれている。食べ放題を続ける限り、大好物は見つからない。

未加工の肉や魚　加工していない肉や魚を、猫用おやつやキャットフードのような形状ではなく、最も自然に近い形で与えれば、猫はおのずと少なくとも1つの餌に引かれるはずだ。なので、この方法から試してみるといいだろう。猫が目を大きく見開き、鼻をクンクン動かしながら「わ

ぁ、これは何！」と言うまで、いろいろな食べ物を試してみよう。

舌触りと食感　多くの猫にとっては、食べ物の舌触りも重要だ。例えば、香りを試した時点でサーモンが大当たりのように思えたら、次はどんな食感が好みかを探ってみよう。一口にサーモンと言っても、食感はさまざまだ。キャットフードにもさまざまな種類がある。例えば「カリカリ」の食感が好きな猫は多いが、僕は少なくとも食事としてドライフードを与えるのは好きではない。だが、飼い猫の大好物がカリカリの餌なら、食事用ではなく、大好物のご褒美として使うとよいだろう。

人間の食べ物に関する俗説　「猫に人間の食べ物を与えてはいけない」という俗説がある。誰がこんな説を唱え始めたのか知らないが、おそらく人間の食べ物にふんだんに使われている塩やタマネギ、ニンニクなどが猫に有害だから、こう言われるようになったのだろう。しかし、もし猫が人間用に売られている肉や魚を食べたがったら、それが大当たりの大好物か遠慮無く試すべきだ。ただし、猫に食べさせると危険な食べ物が含まれていないことをしっかりと確認すること。覚えておいてほしいのは、この大好物は食事ではないことだ。食べ放題の状態ではなく、限られたときにだけ、慎重に与えるようにしよう。

ワイルド・キャットに語りかける　猫に穀物を与えないほうがいい理由はいくつもあるが、ご褒美用の餌も穀物の入っていないものを選ぼう。というのも、穀物が入っていると猫はすぐにお腹がいっぱいになって、モチベーションを失ってしまうのだ。だから僕はご褒美にフリーズドライの肉を愛用している。フリーズドライの肉には猫が必要とするものがすべて入っているうえに、不必要なものは何も入っていない。カリカリした食感で、ドライフードが好きな猫でも満足できるはずだ。それに割って小さくすることができるので、ご褒美として猫を長い時間引きつけることができる。

　猫の大好物を探り当てたら、その大好物がいつまでも大好物であるようにしよう。与えるご褒美の量と頻度に関しては、慎重に判断しなければならない。ご褒美は限られたときにだけもらえる貴重なごちそうで、特別なものだということを猫に覚えさせよう。猫が可愛いから、1日中留守にして後ろめたいから、またはただあげたいからという理由で、僕は飼い主が衝動的にご褒美を大盤振る舞いするのを何度も何度も目にしてきた。しかし、この行動は問題だ。ご褒美をもらえる時間の魅力がなくなり、飼い主は猫に影響を与えられる唯一の機会を失うことになる。

ダメ！・いいよ法

依頼人と最初に話すとき、断トツで一番多い話題は、飼い猫に「ダメ！」と伝える方法についてだ。「ジャクソン、どうやったら猫に○○をやめさせられるだろう？」「○○はいけないって、どうしたらわかってもらえる？」とよく聞かれる。こう聞かれただけで、相手がどれだけ困っているかがわかる。それに破滅への道を進んでいることも。

猫の問題行動をやめさせることは、サメに噛まれたところに絆創膏を貼るのではなく、その行動の動機となっているものをなくすことを意味する。だが、動機をなくしただけでは効果はない。あらゆる行動の裏には、見返りへの期待がある。つまり、「ダメ！」と言うときには、必ず何か「いいよ」と言ってあげられるものを用意する必要があるということだ。

例えば、3歳の子どもがいて、何度言っても壁に落書きしてしまうため、年中壁を拭かなければならないとしよう。この場合、子どもにお仕置きをすることも、叱りつけることも、自分の部屋に閉じ込めることも、クレヨンを取り上げることもできるが、スケッチブックを立てて固定できるイーゼルを買ってあげるという選択肢もある。そうすれば子どもの才能を引き出せるし、自然な衝動が妨害されることもない。あなただって、絵を描きたいという子どもの衝動に対して、頭ごなしに「ダメ！」と言いたいわけではないだろう。そこで、子どもの抗いがたい衝動を表現する別の方法を提供する。これは「いいよ」を伴う「ダメ！」であり、この公式においては、禁止と許可両方の強さが重要となる。

ではここで、「どうしたら猫はキッチンに乗らなくなりますか？」というよく聞かれる質問の1つを考えよう。もちろんこの場合、直接「ダメ！」と言う方法はいくつもある。鍵となるのは、常に猫に嫌悪感を抱かせることだ。例えば、動きに反応するセンサー付きのエアスプレーがその役目を果たしてくれる。キッチンの上に置いておけば、猫が跳び乗るたびにセンサーが作動して無害な空気を一吹きし、猫を驚かせる。あるいはキッチンに両面テープを貼っておけば、これも猫が跳び乗るたびに不快な感触のテープの上に着地することになる。これで猫に「ダメ！」と伝えることはできる。

だが、先ほどの子どもの例のように、「ダメ！」と言うだけでは不十分だ。子どもにイーゼルを与えなければ、ドアやテーブルなど、ほかのものに絵を描くだろう。絵を描きたいという衝動は抑えがたく、別の場所へ向けられるだけだ。キッチンに跳び乗る猫の場合、難しいのは「ダメ！」と伝える方法ではなく、「いいよ！」と言ってあげる方法を見つけ出すことだ。それには、

　そもそも猫はどうしてキッチンの上に乗りたいのか知る必要がある。
　第1の動機はキッチンの上に乗る、つまり垂直の世界へ行くことだ。床より高いところにいると猫としての自信が得られるのだろう。ならば、どこか乗っても「いいよ」と言える高い場所を探そう。
　第2の動機はキッチンに乗ると、手に入るものがあることだ。キッチンなので、食べ物と関係がある。「ダメ！」と伝えるには食べ物を片づけてしまうこと。そうすれば猫が誘惑に負けてキッチンに跳び乗ることはなくなる。
　第3の動機は飼い主だ。猫と飼い主の体内時計が同期していると、エネルギーも同じタイミングで高まる。朝でも晩でも、家族のエネルギーが高まっているときに、キッチンで何かが起こっていれば、その様子を特等席で観覧しようというわけだ。
　この場合の「いいよ」は、猫が問題行動をする場所、あるいはほしがっているものがある場所の近くに、行けるようにしてやることだ。僕ならキャットタワーを使う。猫の欲求を満たせる程度に、キッチンに近く、キッチンの上へ飛び乗るには遠い場所に置く。猫をキャットタワーへ上るように促し、キャットタワーに上ったときにだけ、大好物のご褒美を与えるのも1つだ。
　こうして「ダメ！」と言われたダメージを大いに和らげる「いいよ」の要素も用意できた。「ダメ！」と「いいよ」が揃うことで、飼い主も猫も満足できるのだ。

COLUMN　消去バーストには無言で耐え続けろ！

　最近、猫が夜中に枕元を歩き回って、鳴くのが習慣化してしまったので、あなたは猫が来ても絶対に反応しないと心に誓った。あなたはベッドに入るが、午前4時になると、今夜もまた猫が鳴き始める。あなたは歯を食いしばり、横になったまま、猫の声が聞こえなくなるのを待つ。猫はまだ鳴いている。しかも、今日はいつもよりひどそうだ。猫は枕元を通り過ぎ、棚の上のものをはたき落とし始めた。もう5時だ。あなたは動揺して「もう耐えられない。起きていって餌をやれば、また眠れるだろう」と考える。降伏するつもりだ。

　でも待ってほしい。猫はそれまである行動をすると飼い主の注意を引いて餌をもらえていたのに、あるとき突然、同じ行動をしても無視されて餌がもらえなくなると、しばらくのあいだは飼い主の注意を引くためにその行動を何度も繰り返すようになるものなのだ。このようにある行動が強化（行動と反応が結びつくこと）されなくなると、一時的にその行動をより頻繁に行うようになることを「消去バースト」と言う。迷惑な行動をうまく「消去」するためには、夜中に鳴いても何の効果もなく、決して餌はもらえないことをはっきり伝えなければいけない。つまり、消去バーストが終わるまでは、我慢せざるを得ないということだ。だが、驚くことに、この期間さえ過ぎてしまえば、毎晩静かに心ゆくまでぐっすり眠れるようになる（安眠妨害については、第16章で詳しく解説しよう）。

挑戦ライン

　僕が仕事として猫と関わるようになったのは、ある動物保護施設だった。そこでの僕の仕事の大半は、完全に引きこもった猫の相手だ。こういう猫は、施設に来る前に飼われていた家でも既に内弁慶だったか、そもそも人間に飼われたことのない猫だ。なかには、体や心に深い傷を負っている猫もいた。何とか心の問題を解決して譲渡エリアに移れても、次なる試練が待ち受けている。里親が見つかるまで、60×90cmの狭い金属製の檻に閉じ込められたまま何カ月も待ち続けるのだ。そんな猫たちの頭がおかしくならないように、元気づけて最高の姿を里

親候補に見せるにはどうしたらいいか。考えた末、解決するには猫に「挑戦ライン」を越えさせるしかないことに気づいたのだった。

あまりにも多くの猫たちが、あまりにも多くの問題を抱えている事実に直面した僕は、猫に変化の第一歩である挑戦ラインを越えさせることに、自分がとても苦労していることに気づいた。挑戦ラインは、それぞれの猫が快適だと思える場所の境界線を表す。その先に1歩踏み出すのは挑戦だが、後ろに下がれば快適でいられる。もっとも、快適という言葉には語弊がある。僕のいた保護施設の猫たちにとって（その後出会った数多くの猫同様）、快適であるとは、誰にも見られないことを意味していたからだ。猫たちはドアに背を向けて檻の奥に縮こまっていた。狭いところにじっとしているのは、そのほうが楽だからだということは誰でも知っている。楽さを求めると前に進むのが億劫になる。

猫たちに挑戦ラインを越えさせるのは、難題だった。まずは、それぞれの猫の挑戦ラインはどこか調べることだ。そして、挑戦ラインに慣れさせ、子どもが初めてプールの深いところに飛び込むときのような感覚にならずに、1歩ずつ線を越えさせるにはどうしたらいいかを知ろうとした。人間の子どもなら、両親が「絶対に溺れないから」と言って説得することもできる。だが猫が相手ではそうはいかない。それどころか、過去の経験から、いちかばちか勇気を出して1歩踏み出したら、悪いことが起こると思い込んでいる猫もいる。そこで僕は猫たちが苦手な場所を減らし、快適だと感じられる場所を少しずつ広げていった。境界線を広げることで、どこが限界か確認した。挑戦ラインは物理的な境界線なので、床にテープを貼って印を付けることができる。挑戦ラインがどう機能しているかは、この後詳しく見ていこう。

挑戦ラインを越えさせるには

最近僕がカウンセリングした猫（仮にモモと呼ぼう）は人見知りで、人間もほかの動物も避けて暮らしていた。唯一の例外は、親友のレオという年上のオス猫だった。レオはモモの指導者的な存在で、初めて会ったときからモモと社会をつなぐ架け橋となり、モモはレオの後について回り、レオの真似をして、いくらか自信を付けたようだったという。しかし、レオが死んでしまうと、モモは元の引きこもり生活に戻ってしまった。そこで飼い主はモモに友達を作ってあげれば、レオがいたころのようにまた自信を取り戻すと考えた。だがこの作戦は失敗に終わった。

飼い主は仲良しの兄弟猫ミロとオレオを迎え入れたのだが、2匹はあっと

いう間にモモの縄張りを奪い、モモを脅かし、追いかけ回したので、モモはさらに引きこもるようになった。心を痛めた飼い主は、結果としてモモを不安でいっぱいの引きこもりにしてしまう。安全な場所で餌をやり、トイレまでベッドの下に置いてあげたため、文字どおりモモは光の下に出てくる必要もなくなり、たとえ兄弟猫がちょっかいを出してこなくても、ずっと隠れたままになってしまったのだ。

　最初の課題はモモを隠れ家から出すことだった。それができたら、安全な部屋から出て、人間やほかの猫たちと共有しているスペースに入ってこられるようにする。そのうえで今度は、壁に張り付き、匍匐前進して行くのではなく、堂々と部屋の中央を歩けるようにするのだ。そのためには、モモはたくさんの挑戦ラインを越えなければならなかった。

　大当たりのご褒美を使い、家具などの下のスペースを塞ぎ、1日数㎝ずつ、じりじりとモモ用のトイレの位置を動かしながら、並行して兄弟猫の指導や問題への対応もしたところ、モモはすべての挑戦ラインを越えることができた。どの段階も簡単には越えられないようなものだったが、多少怖くても頑張ればできることを理解したモモは、自信を取り戻し、リビングの中央に来られるようになった。自由に行動できるようになったおかげで、兄弟猫との力関係も一変し、モモの世界は広がっていった。

　挑戦ラインを広げる作業は、怖がっている子どもを無理やりプールの深いところに連れて行くのとは違う。強引に猫を挑戦ラインの向こうへと押し出すのではなく、勇気づけて、挑戦ラインを越えさせ、安全だと思える個人的空間を広げられるようにするのだ。挑戦ラインを広げるプロセスは、小さな成功を繰り返しながら、いつも良い結果が得られることを証明していく。

　挑戦ラインを動かすのは難しそうに思えるが、親の目線になるとわかりやすいかもしれない。子育てでは、どうしても子どもに挑戦させざるを得ないときがある。例えば、初めて小学校に登校する日には、心を鬼にして、子どもを玄関で送りださなければならない。子どもは不安そうに振り返るかもしれない。それでもあなたは子どもが学校に行かなければならないことを知っている。では、無事に学校に着いた子どもはどんな経験をするだろう？　学校に着き、友達ができ、学び、力強く成長するはずだ。親はこうして子どもの能力を最大限に引き出す手伝いができる。

　猫の挑戦ラインを広げるのも同じことだ。猫にはカウンセリングをしてあげられないので、飼い主はほんの5分前まで恐れていた挑戦ラインを越えるとどれだけ気持ちがいいか、繰り返し猫に体験させる必要がある。そうするうちに猫は正真正銘の自信を手に入れるのだ。

COLUMN 下のスペースを塞ぐ ―再び―

108ページでも触れたとおり、怯えた猫は家の中でも手の届きにくいベッドやソファ、テーブルなどの「下のスペース」に逃げ込む。猫が入り込めないように、このスペースを塞ごう。

下のスペースを塞ぐという方法は、「ダメ！・いいよ」法と挑戦ラインが融合したユニークなツールと言える。いつでもどこかに隠れられるという選択肢をなくせば、内弁慶猫は恐怖心と戦い、さまざまな挑戦ラインを克服せざるを得なくなる。同時に「引きこもり」（家具の下に隠れること）に対しては「ダメ！」と言いつつ、コクーンに入ることは「いいよ」と言う。コクーンなら猫が求める隠れ家を提供しつつ、置く場所は飼い主が決められる。どちらの場合も人目を避けたり、自分を小さく感じたりするのではなく、感情を解放し、縄張りを自由に動き回れるように導いている。

ただし、張り切って1日で隠れ場所を全部塞ぎ、一気にこの問題を解決しようとすると、必ずと言っていいほど裏目に出る。猫がますます人見知りするようになるだけでなく、パニックに陥りかねない。下のスペースは少しずつ塞ぎ、「隠れる場所のない」新しい環境に猫が順応できるようにしてあげよう。

猫の挑戦ラインは飼い主の挑戦ライン

猫の挑戦ラインは取りも直さず飼い主の挑戦ラインでもある。その線を越えれば必ず幸せになれるからと約束して、居心地の悪いと感じる場所へ行くように愛猫を説得するのは、確かに大変だ。僕はすべての飼い主にそのことを理解してもらうようにしている。というのも、これまで数え切れないほど猫の挑戦ラインを広げる手伝いをしてきたが、一度も悪い結果に終わったことがないからだ。

この挑戦ラインを実践するときは、簡単そうに振る舞うことが不可欠だ。僕の経験では、飼い主が不安そうにしていると、猫の不安は10倍になる。猫はエネルギーを吸い込むスポンジだということを覚えておこう。危険が迫っている、あるいは失敗しそうだと思っている素振りを飼い主が見せると、猫

はそのエネルギーを吸い込み、そのエネルギーにふさわしい反応をする。

　猫に自信を持って行動してもらいたいと思ったら、猫たちが真似できるように飼い主自身が堂々と行動しなければならない。猫に越えさせる挑戦ラインを設定するのは、僕たち飼い主であることを覚えておこう。挑戦ラインは崖ではない。僕たちは何も崖から猫を放り投げようとしているわけではないのだ。猫に求めるのは、挑戦ラインの向こう側に、たった1歩踏み出すことだけ。そして、踏み出せたらたくさん褒めてやり、1段階進むごとにご褒美をあげよう。

　そのうち猫が変わってきたことに気づく。ためらいが信頼に変わるのだが、この変化は突然起こることが多い。挑戦ラインを数cm動かすのに1カ月かかることもある。そして、あるとき突然、勢いに乗ってどんどん進んでいけるようになる。これは、一瞬一瞬、毎日毎日、飼い主が忍耐強く自信を持って親のように猫を導き、猫も挑戦ラインを越えるたびに良い結果が得られるという経験を積み重ねた成果だ。

　誰の人生においても挑戦は永遠に続く。それは足が2本の動物でも4本の動物でも同じだ。そして、日々の家庭生活における最大の挑戦の1つは、新しい関係を築くことである。人間同士なら相手に合わせてお互いに調整するが、相手が猫となると、そう簡単にはいかない。猫は縄張りを所有する必要があり、縄張りを誰かと共有することを学ぶのは、猫にとっても飼い主にとっても気が遠くなるくらい困難だからだ。次の章で見ていくとおり、ほかの動物も同居する「大家族」の場合は、ゆっくり安定したペースを保つのが成功の、あるいは少なくとも大惨事を回避する鍵となる。

第10章
猫とほかの動物との関係

新たにやってきた猫が家庭に溶け込む際には、必ずほかの同居者とのさまざまな関係の渦中に放り込まれる。猫と猫、猫と犬、猫と子どもなど、現代の人間と動物の家族は、さまざまな組み合わせで、それぞれの個性が混ざり合っている。では、多種がいる環境の動物たちは、お互い仲良くやっていけるのだろうか？　人間の家族同様、家庭に溶け込めるようにする鍵は、それぞれの好き嫌いや習慣、性格を尊重することだ。この手ごわい環境をコントロールするには、型にはまったやり方では通用しない。

猫同士の関係と問題を考えよう

ここでは、家族として同居する猫同士の関係によく見られる数々の課題を取り上げる。まずは基礎から始め、先住猫と新入り猫とを引き合わせるときの問題を見ていこう。

2匹目を飼うべきか？

猫を1匹だけ飼っている人から、よく「今は1匹だけなのですが、仕事で1日12時間も留守にするので、きっと退屈していると思うんです。私も後ろめたくて……。お友達が必要だと思いますか？」と聞かれる。

この質問には検証すべき要素がいくつか含まれている。まず、猫はほかの猫と一緒に暮らすべきだと僕は確信している。猫は孤独を愛するというイメージを植えつけられているが、一般的に共同生活をする動物だ。野生の猫はコロニーを作って集団生活している。個々に行動するのは、狩りをするときだけだ。とはいえ、1匹でいても平気な猫もいる。猫それぞれなのだ。

さっきの質問の答えとして、12時間も留守番させられている猫には、確か

にもっと刺激が必要だ。まずは猫が退屈していないか、よく観察しよう。そして、猫が退屈しないように適度な刺激を与える。家の中を探検できるようにしてあげるといい。それから、いつでも猫テレビが観られるようにしておくことだ。それができたら、今度はあなたが、帰宅時に家の隅々まで探偵のように確認する番だ。壊れているところはないか？　おもちゃにしてほしくないもので遊んだ形跡はないか？　何か飲み込んでしまってはいないだろうか？　もし当てはまるものがあれば、退屈している証拠だ。

　次に飼い主の後ろめたさについて、いくつか大切なポイントがある。第一に、僕はこれまで環境を変えて問題を解決する方法をあれこれ試してきたが、どの方法も飼い主と過ごす楽しいひとときにはかなわない。朝の出勤前に少し遊んだり、夜ちょっと撫でてやったりするだけでも、猫の1日が一変し、飼い主も以前ほど後ろめたさを感じずにすむだろう。第二に、そもそも飼い主が罪の意識から逃れるために新しい猫を飼うという発想は、完全に間違っている。心からもう1匹迎え入れたいと思っているか、今いる猫のためになると思うか、よく考えてみよう。もし答えが「イエス」なら、ためらうことはない、猫の保護施設に愛猫にぴったりの友達を迎えに行こう。

猫の相性に関するQ&A

　既に猫を飼っている家庭が、新たに猫の家族を増やす計画を立てるときには、数々の思い違いが生じる。ここでは僕が依頼人からよく聞かれる質問をもとに、いくつか見ていこう。

Q 12歳のメス猫がいるのですが、母親役を経験させてあげるために子猫を飼ってやったほうがよいでしょうか？

　一般的に、10歳以上の猫がいる家庭に子猫を迎え入れてはいけない。子猫はエネルギーにあふれ、興奮しやすいので、エネルギーのレベルが高齢の猫と合わないのだ。子猫が生後6カ月ごろになると、それまで学んだことを試して、相手の反応を見るようになる。だが、こうした行動を高齢の猫は不快に感じることが多い。

　それに若い猫は遊びのつもりで高齢の猫を追いかけるが、高齢の猫はそれを遊びとは思わない。ほとんどの人間と同様に、動物もある程度の年齢になると最も障害物の少ない道を選ぶようになる。高齢の猫にとって子猫は、子

犬、あるいは人間の赤ちゃんの次に大きな障害物だ。

　母親役を経験させてやりたいという発想自体も現実的ではない。つまり、猫は子どもを育ててみたいなどと思ってはいないということだ。こうした要素を考え合わせると、とても無難な結論に落ち着く。子猫を飼っても高齢の愛猫から母性本能を引き出すことにはならず、むしろイライラさせてしまうだろう。

　既に高齢の猫と新しい子猫とを引き合わせたけれど、うまくいっていない場合や、近々そういう状況に陥りそうな場合などは、第14章を参考にしてほしい。

子猫2匹と年上の猫1匹の組み合わせはうまくいきますか?

　子猫が2匹いれば一緒に遊び、社会性の発達も促すので、子猫を1匹だけ新たに迎え入れるよりはいいだろう。年上の猫にとっても、子猫同士で遊ぶので、子猫1匹だけよりは頭痛の種にならないが、かといって最高の状況とは言えないだろう。

引き取るなら、オスとメス、成猫と子猫のどちらがよいですか?

　例えば6歳のオス猫に限定して探しても、必ず相性がいいとは思えない。僕の経験から言うと、年齢や性別で絞り込むやり方は大雑把すぎるし、言うまでもないが、指定した条件に当てはまらない猫たちとの出会いの機会を失うことにもなる。

　少なくとも性別については、繁殖させない場合、ほとんどの猫は幼いころに避妊・去勢手術を受けるため、性別が猫の関係に極端な影響を与えることはない。性別や成猫・子猫といったことよりも、僕はむしろ猫同士の相性を全体像で捉えるべきだと考えている。

猫エイズに感染している猫を飼っているのですが、感染していない猫を迎え入れることはできますか?

　ありがたいことに猫エイズ（猫免疫不全ウイルス感染症）については、かなりその全貌が明らかになってきている。また、幸い動物保護の業界では、猫エイズにかかっている猫は、施設でも家庭でもほかの猫から隔離しなければならないという考えは、廃れつつある。

感染している猫としていない猫は仲良く共存できるし、同居させても問題はない。ただし、感染している猫が攻撃的なタイプの場合は話が別だ。感染している猫に深く嚙まれると、猫から猫へウイルスが感染しやすくなるのだ。そのため、感染していない猫と一緒にしておくわけにはいかない。だがそうでなければ、軽く触れたり、餌を分け合ったり、同じトイレを使ったりして構わない。

抜爪（ばっそう）手術を受けた猫を飼っているのですが、抜爪手術を受けていない猫を一緒に飼っても大丈夫ですか？

最初に断っておくと、猫に絶対に抜爪手術を受けさせてはいけない。

しかし、例えば保護施設から譲渡してもらった猫が抜爪手術を受けていたということもあるかもしれない。そういった場合、まず、抜爪手術を受けた猫の自己防衛能力について、心配し過ぎる必要はない。第1の防衛手段である爪はもうないが、その分、爪のある猫よりも2倍早く嚙みつける。なので、争いが起きて、爪のある猫が引っ掻こうとしたら、爪のない猫は歯で応戦できるはずだ。

それに抜爪手術を受けた猫のほとんどは、4つ足全部の爪を抜いたわけではない。しかも、喧嘩で怪我を負うのは、ほとんどの場合、前足ではなく、後ろ足で引っ掻かれた結果だ。後ろ足でウサギのようにキックするのが一番力が強く、ただの引っ掻き傷で収まらず、肉までえぐり出すこともあるほどなのだ。とはいえ、相性のいい相手を慎重に選べば、喧嘩の心配はほとんどなくなる。それに重要なのは、爪の有無を考えるのではなく、猫の爪を常に短く切っておくことだ。

新しい猫を迎え入れる場合、ボス猫かどうか考慮すべきですか？

猫同士の複雑な関係はまだ完全に解明されたわけではないが、ボス猫とか支配者、上下関係といった概念は、かえって猫の関係をわかりにくくしているように思う。

第5章の「支配的なボス猫なんていない」（73ページ）でも述べたが、多くの人は、猫にも動物の群の概念を当てはめて考えてしまっている。だが、今わかっている猫同士の関係についての知識にもとづき、猫の気持ちになって想像したうえで、主張を展開すべきだ。新しい猫を迎え入れる際も、「ボス猫」かどうかを考慮する必要はないと僕は考えている。

新しい猫はどんなタイプがいいか

　では、今飼っている猫に加えて、もう1匹新しい猫を飼うことになったとしよう。いくつかのよく知られた俗説には、間違いのものもある。そこで、新しい猫をどんな風に選んだらいいかを紹介しよう。

　猫の相性を考える際に一番考慮すべきなのは、エネルギーのレベルだ。これは、猫の来歴よりもさらに優先すべき判断材料である。まず、今いる猫にはどんな性格の猫が合うかよく考えてみよう。例えば、遊び好きで、5歳のわんぱくな猫を飼っている場合、こだわりが強く、あまり動き回らないタイプの猫は避けたほうがよい。それに内弁慶猫タイプも相性がいいとは言えない。同じくらい遊び好きで、エネルギーのある猫がよいだろう。もし保護施設に行って、猫を放し飼いにしている部屋に通されたら、どの猫が最初にドアに寄ってくるか観察するといい。性格を知る、手掛かりになるはずだ。

　今飼っているのが内気な猫の場合、わんぱくな猫を迎え入れると神経がすり減ってしまう。一方、わんぱくではないけれど、社交的で思いやりのある猫なら、「社会的架け橋」の役割を果たして、今いる猫の背中を押してくれるかもしれない。一般論で言うと、飼い猫とうりふたつの猫よりも、飼い猫の欠点を補う猫を試してみるべきだろう。最終的にすべてのプロセスにおいて重要なのは、性格の合う猫を選んで引き合わせる技術だ。この技術については後ほど説明しよう。

新しい猫は自分の好みで決めるべからず

　僕の経験では、相性のいい猫を選ぶ際、何の影響も受けずに判断できることはほとんどなく、たいてい「飼い主の期待という要素」が入り込む。新しい猫を選択する過程でありがちなのは、家族全員にとって最高の選択は何か考えず、「長毛種の黒猫がいい」と言って決めてしまうことだ。または愛猫を1匹亡くしたばかりで、まだ悲しみから立ち直っておらず、その猫と似た容姿、または同じような行動をする猫を探すこともあるだろう。運良くそういった猫が見つかっても、今いるほかの猫たちとうまが合うかはわからない。新しい猫を探すうえで、注目すべきなのは「今いる猫たち」だ。

　それから、期待はほどほどにしよう。過去の依頼人の多くは、猫同士が互いにすり寄って、親友のように振る舞わないと、失敗したと思っていた。だが、実際のところ、少なくとも初対面の段階では、相手の存在を受け入れてくれれば上出来だ。

猫があなたを選んだら……運命的な出会い

ときには猫を増やすつもりなどないのに、相性抜群の猫と出会うこともある。例えば、ある日、玄関を開けたら、外で猫が待っているかもしれない。あなたはこの猫と暮らすことが運命のように感じて、世話する手間やイライラが増えることや、今いる猫たちの生活にも大混乱をもたらすことなど、気にならなくなってしまう。それならそれでいい。こんな偶然も受け入れられるようにしておく価値はある。必ずしもすんなり溶け込むかはわからないが、偶然出会った猫を受け入れるのは素晴らしいことに違いない。

猫を迎え入れるなら できれば2匹にしよう

　子猫を1匹飼うか2匹飼うか迷ったら、子猫のために2匹飼おう。猫たちにとっても、あなたにとっても、猫の友達がいるほうがいい。一見、1匹より2匹のほうが、世話が大変に思えるかもしれないが、あなたの負担は減るはずだ。

　猫の社会は家族を中心に出来上がっている。野良猫のコロニーを調査したシャロン・クローウェル＝デイヴィス博士の研究から、野良猫の社会生活はそれまで考えられていたよりもずっと複雑であることがわかった。猫は社交的ではないという思い込みのせいで、猫同士がどうやってコミュニケーションを取っているか、長いあいだ科学的研究が行われず、猫を迎え入れる際も、ほかの猫と引き離すのが普通とされていた。

　さらにデイヴィス博士は、子猫を一緒に生まれた兄弟から引き離すと、大人の猫としての社会性を身につける機会を奪ってしまうとも言っている。猫は社会から学習する生き物なのだ。子猫は仲間の猫から狩りの仕方や遊び方、ほかの猫との付き合い方を学ぶ。

　だからといって、たまたま猫を1匹だけ飼うことになった場合、その猫は適した行動を身につけられない運命にあると言っているわけではない。僕自身もひとりっ子でも、問題なく大人に成長した猫を何匹も見てきた。だが、もし一緒に生まれた兄弟の中から子猫を選ぶのなら、少なくとも2匹一緒に飼うべきだ。

成功する猫の引き合わせプロセス
―焦らず、ゆっくりと、着実に―

猫同士を引き合わせるときは、猫に任せるべきという昔ながらの知恵は、大惨事を招きかねない。もちろん、猫に任せてうまくいく場合もあるが、あみだくじのようなもので、うまくいかなかった場合、先住猫が縄張りを奪われると思ってパニックを起こす。ワイルド・キャットが、侵略を受けたと勘違いしてしまうのだ。これは戦争を意味する。

引き合わせプロセスは、ゆっくり着実に進めると成功する。時間をかけて引き合わせるのは、リスクを最小限に抑え、猫同士がなるべく短時間で信頼関係を築けるようにするだけでなく、より良い友達になれるようにするためでもあるのだ。ここでは、これまで何百回も成功するのを目にしてきた、実績のある方法を紹介しよう。この段階的プロセスをきっちり実行すれば、新しい猫をほかの猫たちに首尾良く溶け込ませることができるはずだ。

ステップ1：先を見越して準備する

新しい猫を連れて帰る前にいくつか基本的な準備をしておくと、ずっと楽にこのプロセスを実行できるようになる。

餌の出しっぱなしはやめる

第3章でも伝えたように、四六時中餌が食べられる状態ではなく、食事のたびに餌を出してやる方法にしよう。もうおわかりのとおり、この考え方は僕の勧めている方法の基本であり、新しい猫と先住猫とを引き合わせるプロセスでは、ほかのどんなときよりも特に重要になってくる。

先手を打ってキャットリフォームをする

第8章で説明した主なキャットリフォームのアイディアのどこに手を加え、どう組み込むべきか、そのポイントを紹介しよう。

● 下のスペースを塞ぐ：生まれたばかりの赤ちゃんを初めて家に連れて帰るときには、少し先の段階まで見越して、その子が動き回れるようになったとき、危険な場所に行ってしまわないように対処するだろう。赤ちゃんと同様に新しい猫のためにも、安全な環境を作る必要がある。猫が1匹だけなら、棚にいたずら防止用の安全ロックを付けたり、コードを

噛まないようにカバーを付けたりといったことが考えられる。もちろんこれらはどんな場合も行うべきだが、先住猫がいる場合には、下のスペースを塞ぐことを優先しよう。

● 多様な環境を作る：猫は縄張りを床から天井まで、360度視野に入れて捉えている。新しい猫を連れてくるときには、なるべく多様な環境を作り、猫たちが接触する際も安全な距離を保ち、それぞれが自信を持てる場所を見つけられるようにする。

● 都市計画を実行する：新しい猫を先住猫と引き合わせるときこそ、トラフィックフローが最適化されているか確認すべきだ。そうすれば、交通渋滞による争いを減らすことができる。リビングやベッドルームといった社会的に最も重要な場所を通るキャットウォークは特に重要な要素だ。複数の車線を作り、いくつもランプウェイを設置して、垂直方向に休憩所をたくさん作る。それから窓際に、さまざまな高さのステップのあるキャットタワーを戦略的に配置するとよい。うまく都市計画を実行できれば、猫同士が共存するのに欠かせないタイムシェアやスペースシェアの機会を最大限に増やし、なるべく争わずに、新しい猫がほかの猫に溶け込めるようにできるはずだ。

ステップ2：新しい猫を迎え入れる

さあ、ついに待ちに待ったわくわくする瞬間が訪れる。新しい猫を家に連れて帰るのだ。新しい猫と先住猫が初めて出会う瞬間は一度きり、つまり第一印象の機会は1回しかないことを忘れないでほしい。そこで、次のことに注意しよう。

いきなり対面させない

新入り猫を溶け込ませるこの方法の特徴の1つは、新入り猫と先住猫をいきなり対面させないことにある。これを無視するなら、失敗を覚悟したほうがいいだろう。

ベースキャンプを作る

新しい猫のためのベースキャンプが必要だ。場所は、客間や書斎でもいいし、ほかに場所がなければトイレでも構わない。人間のにおいが強く染みついていれば、猫は自分のにおいと混ぜることで、そこが棲家だと感じられるようになる。

家に連れてくる際は、先住猫は奥の部屋かどこかへ一時的に閉じこもってもらって、あなたが新入り猫と一緒に帰宅したところを絶対に見られないようにしよう。そして、直接新しいベースキャンプに向かい、新入り猫が家に早く慣れるよう手を尽くす。保護施設や里親のところから、ベッドや毛布、おもちゃなど、新入り猫のにおいが染みついたものをもらうとよい。猫をリラックスさせ、家に溶け込むうえでとても役に立つ。

猫たちの陣取りゲーム 猫チェス

猫が戦略的に環境に関わること、つまり部屋の中のある場所でくつろいだり、自分の居場所にしたりすることを僕は「猫チェス」と呼んでいる。猫は周囲の情報を集めるために、見晴らしの利く場所を探す。例えば、角や行き止まりは猫にとって特に重要で、獲物を追い詰めるためにも自分が追い詰められないためにも、頭に入れておく必要がある。

猫は「相手が何をするか、自分はどう対応すべきか」、常に3手先まで考えている。この発想は、どうしたら敵に襲われずに獲物を捕らえられるかという永遠の課題にもとづいている。これは磨きのかかった技術であると同時に、闘争か逃走か本能に根づいたもので、一か八かの場合によっては生死を賭けた勝負なのである。

家庭内で猫たちが猫チェスを行うことがある。2匹がナポレオン猫と内弁慶猫のように敵対的な関係にある場合、猫とネズミ、捕食者と被食者の戦いの様相を呈する。攻撃者の猫は隙あらばいつでも獲物を捕らえられるように、縄張りの特定の場所でチェスボードを見るようにほかの猫の動きに目を光らせる。敏腕ハンターは、前もって計画を立て、相手の動きを予想し、隅に追い込んだり、逃げ道を塞いだりする方法を考える。場所の取り合いがひと段落すると、最終的には2匹とも怪我をすることなくその場を離れ、別の獲物を探しに行くものだ。

飼い主の仕事は、その試合に参加して、ほかのプレイヤーの上に立ってゲームの展開を操ることである。それには、モジョマップを使って、猫たちの動きのパターンとルートを突き止めるのが一番だ。突き止められたら、次にキャットリフォームを活用して、障害物をどかし、複数の車線を設置し、余分なスペースを十分作って、最終的にはチェックメイトすることを不可能にして、猫チェスが成立しないようにするのだ。

ステップ3:「ドアをはさんで」食事する

　猫に脅威を与えずに何かを初体験させようと思ったら、鋭い嗅覚から慣れさせるのが一番だ。ドアをはさんで食事させる方法は、嗅覚をうまく使って、新入り猫と先住猫がお互いに良い印象を持てるようにするものだ。僕は何年もかけてこの形に落ち着いたのだが、ほぼ毎回うまくいっている。必要なのは、閉めたドアの両側に1つずつ置く餌入れだけというとてもシンプルな方法だ。

　ドアをはさんだ隣合う部屋に、それぞれの猫を自由に過ごさせておくところから始まる。最初は猫が無理をせずそこまで歩いてきて、餌を食べ、また歩き去れるように、ドアの向こう側に何か気配を感じられる程度の距離に餌入れを置く。そこから少しずつ餌入れを近づけていくのだ。実際の手順を説明しよう。

①離ればなれの食事

　最初は新入り猫と先住猫に1つずつ餌を用意したら、2匹を隔てるドアから十分な距離を開け、等距離にそれぞれ置く。

　猫たちに餌を与えるのに使うドアを選ぶときには、どちら側にも十分なスペースがあるものにしよう。ドアから2m近く離れていないと落ち着かないという猫もいるかもしれない。例えば、階段近くのドアなど、片方の猫が階段の途中で餌を食べなければならないようだと、理想的な場所とは言えない。新入り猫のベースキャンプのドアにすると一番うまくいく。

　十分な距離とは、少なくとも最初の段階において、猫同士がお互いをドアの向こう側に何かがいる程度に認識しつつも脅威を感じたり、気になったりせずにいられる、ちょうどいい距離のことだ。こうして「離れて握手をする」ように、猫同士を引き合わせて、これを何度も繰り返す。相手の猫に会うときには、いつも餌のにおいがするのだ。そして、餌のにおいがするときにだけ、握手をすることになる。こうして、「ほかの猫＝食べ物」という良い印象を植えつけるのだ。

②挑戦ラインを広げる

　こうして十分な距離、つまり安全な距離がわかったら、基本的にそれが猫たちの挑戦ラインとなる。この線を食事のたびに1歩1歩越えさせよう。両方の餌入れを少しずつドアに近づけていき、餌を食べる猫同士の距離も縮めると、猫たちは食事を楽しみながら、お互いの存在を受け入れられるようになるのだ。

　餌入れを近づけた後、1匹または2匹ともドアを見つめたり、しっぽをピシッと叩きつけたり、振ったり、イライラした様子を見せたりするようになったら、挑戦ラインを越えすぎてしまった証拠だ。猫は食事のメリットよりも、危険のほうが大きいと判断するだろう。そうなったら、餌入れを離して、また適切な距離を見つける。ドアの両側のこの地点にマスキングテープを貼るといいだろう。挑戦ラインが目で見てわかるようにするのは、猫そして飼い主がどれくらい前進できたか知ることができ、励みになるだろう。

　目標は、毎回予想どおりの成果を上げながら、餌入れをできるだけドアに近づけることだ。完全な同意が得られない限り、挑戦ラインを動かしてはならない。猫がまったく反応を見せずに2、3回食事できたら、距離を縮める。張り切り過ぎて距離を一気に縮め、振り出しに戻されないようにすること。ゆっくり着実に進むのが成功の鍵だ。2匹ともドアから30cm程度の距離で毎回食事し、問題を起こさずに歩き去ることができるようになったら、相手の姿を見せる段階へ向けて、次のステップに進もう。

ステップ4：においの交換

　「ドアをはさんで」食事をさせるのと同時に、においを活用した次の手順も実行する。これもできる限り怯えさせずに、1匹の猫のにおいを別の猫に嗅がせる方法で、やり方はとてもシンプルだ。

①先住猫への「プレゼント」

　新入り猫のベースキャンプにある毛布やおもちゃ、クッションなど、においの染みついた愛用品を一時的に先住猫のそばに置いて、よく調べられるようにしてやる。これはよく洗った靴下やフェイスタオルで新入り猫の顔の周りをそっと撫でても、においを吸収するので愛用品の代わりにできる。

②新入り猫への「プレゼント」

先住猫のにおいが染みついた愛用品を新入り猫のそばに置く。いずれの場合も重要なのは、猫に無理やりにおいを嗅がせず、自分のペースで調べさせることだ。必ずにおいを嗅ぎに行き、引き合わせのプロセスを加速させるので、心配はいらない。においの交換も、離れた握手の一種だと考えよう。

縄張りマーカーを先住猫への「プレゼント」とするのも有効だ。この場合、キャットタワーなど新入り猫のベースキャンプにある最も重要な縄張りマーカーをリビングにある窓のそばに動かす。こうすると先住猫は、新入り猫のベースキャンプにあったものに自分のにおいをマーキングでき、家庭内に共通の平和的な縄張りマーカーを作り上げることができるのだ。

ステップ5：場所の交換

新入り猫がベースキャンプを支配し、縄張りに自信が持てたら、次のステップ「場所の交換」に進む。では、ベースキャンプを支配したかどうか判断するポイントは何か。猫が100％リラックスした様子で窓辺に座って外を眺めるようになり、下のスペースに隠れなくなり、ドアが開くたびに飛び上がらなくなったことなどだ。そして、最も明らかなサインは、ドア付近に座っているときに、飼い主がドアを開けると、猛スピードで飛び出そうとする、またはドアの反対側で爪を研いだり、鳴き声を上げたりすることだ。

場所の交換をすると、お互い顔を合わせずに相手の縄張りを探索できる。また、重要な縄張りマーカーに2匹のにおいを染み込ませる機会にもなる。

それでは、場所の交換の方法を説明しよう。

①新入り猫をベースキャンプから連れ出し、トイレに入れてドアを閉める。
②先住猫を新入り猫のベースキャンプに入れて、ドアを閉める。
③新入り猫に家のほかの場所を散策させる。
④同じ手順を繰り返す。

交換後は2匹にお互いの環境で充実した時間を過ごさせるだけだ。再び元の場所に戻すときは、必ず日中の決まった時間にしよう。そうすれば、片方の猫を長い時間1つの部屋に閉じ込めておかずにすむ。

場所の交換はいつ、何回するべきか？

　場所の交換に関しては、一貫性を保っている限り、いつ、どのくらいの頻度で行わなければならないといった厳格な決まりはない。だが、あまりにも不規則なタイミングで交換したり、1匹だけ1つのスペースでリラックスしたりしないようにしよう。交換する頻度は、1日に1回でも2日に1回でも、猫が嬉しそうなら1日に2、3回でも構わない。

ステップ6：相手を見せる

　2匹とも相手のにおいを認識するようになったら、お互いの姿を見せる番だ。においだけの付き合いがうまくいったとしても、視覚的要素が加わってからも、うまく付き合うことができると考えるのは間違いだ。
　だがまずは、ひと思いにベースキャンプのドアを開け放つか、ペットゲートまたは網戸を取り付けるか、選択しなければならない。

選択肢①

　ドアを開けておくだけでいい場合が多い。ドアストッパーを置いて、ドアを少しだけ開けたままにするとよい。万が一、猫同士がいざこざを起こしても、怪我をしないですむように、開ける幅は最小限にとどめるべきだ。

選択肢②

　僕の経験から言うと、ペットゲートや網戸を使って猫を引き合わせるほうが良い選択肢だと思う。ペットゲートとは、ベビーゲートと同じようなもので、格子の柵が開閉できるようになっていて、簡単に取り付けることができる。

　網戸は、ベースキャンプのドアの代わりに網戸を設ける、あるいはドアのさらに内側に網戸を設けるものだ。大掛かりなことのように思えるかもしれないが、実際にはそれほどでもないことが多い。現在のドアの蝶番を外せば取り付けられるものもある。ペットゲートでは簡単に飛び越えられてしまうし、ドアストッパーはずれてしまうことがあるが、網戸ならその心配もない。

ペットゲートあるいは網戸を使うことに決めたら、毛布などの布を用意してゲートに掛けるか、洗濯ばさみで留めよう。そうすれば、相手の姿をどの程度見せるか加減し、時間をかけて少しずつ「幕を上げる」ことができるからだ。幕を使えば、最初は必要最小限だけ相手の姿を見せられる。この幕は、多くの猫に一層安心感を与え、挑戦ラインをもう1歩越えるための自信を付けるうえで役に立つ。

 ## ステップ6を成功に導くコツ

　猫同士に相手の姿を見せるとき、どの方法を使うにしても役に立つコツがあるので、紹介しよう。幕を完全に上げ、猫同士がかなり近くで食事しながら相手の全身を見られるようにしたら、次のステップへ進む準備はできたことになる。

- 猫の中には、最初はまったくお互いの姿を見せずに始め、その後、相手の視線の先に入るように、ゆっくり見せていかなければならない猫もいる。そして、「相手の気配はするが姿は見えない」状態から、相手の視線の先で餌を食べるようにするのが、最初に越える挑戦ラインとなる。
- 1匹が掃除機のような勢いで食べるタイプで、もう1匹が1、2口ついばむように食べてすぐに立ち去るタイプだと計画どおりいかないことが多い。その場合は、掃除機タイプの猫には早食い防止ボウルなどで食べる時間を稼ぎつつ、好みがうるさいほうの猫にはなるべく間食を与えず、引き合せのときに好物を与えよう。
- ベースキャンプのドアを少しだけ開く方法を使うと、たとえ相手の姿が目に入るくらい隙間が開いていても、まだ狩りの緊張感が残ってしまう。というのも、猫は相手の姿をチラリとしか見ないからだ。開きすぎないようにしつつも、すべてのボディランゲージがはっきり見えるようにする幅を探ろう。
- このプロセスに何週間もかかる例もあるが、数日で終わる例もある。飼い主は、猫たちがリラックスできた瞬間がわかるはずだ。猫が快適な部屋にいるときと、挑戦ラインを越えたところにいるときの振る舞い方を知っていれば、前進すべきか判断するために必要なすべての情報が得られる。

ステップ7：合流セッション

　猫を引き合わせるプロセスの次のステップを「合流セッション」と呼んでいる。考え方としては、「ドアの反対側」で餌を食べさせるエクササイズの延長である。これまでは餌と結びつけて良い印象を作り上げてきただけだが、今度は全身を見せ合う。

　合流セッションの要点はとても簡単だ。飼い主は1匹をある部屋に連れて行く。この部屋には反対側に別の猫がいて、既に何かの活動に夢中になっている。飼い主の課題は、おやつをあげたり、遊んだり、撫でるなどして可愛がったりしながら、2匹が一触即発の状態にならず、できるだけ長くこの活動を夢中で続けるようにすることだ。

　合流セッションを行う前は、猫が一番楽しみにしている、この「おやつを与える・遊ぶ・可愛がる」という3つの行動を控えた方が、効果が高まる。それでは、合流セッションを行ううえで、事前に準備しておくことを見ていこう。

下のスペースと外のスペースを塞ぐ

　合流セッションのようなエクササイズの最中に飼い主が主導権を失うのは、多くの場合、環境に原因がある。経験から1つ言えるのは、喧嘩は追いかけっこから始まるということだ。追いかけっこは最終的には、たいていほかの部屋かクローゼット、ベッドの下、または家具の下に行き着く。2匹はこれまで1匹すら入れないと思っていた狭い空間に潜り込むこともある。この混乱を避けるには、空間をコントロールすること。つまり、下のスペースと出口を塞ぐことだ。

　合流セッションをリビングで行うなら、ドアを閉め、出口を塞ぐのは飼い主の役目である。こうすれば飼い主だけがコントロールできる運動場でエクササイズができる。この運動場をさらに整備して、下のスペースを塞ごう。腕を突っ込んで噛まれたり、引っかかれたりしたくなければ、ベッドやソファの下で喧嘩できないようにすることだ！

目隠しを用意する

　目隠しは、猫から反対側が見えず、2匹のあいだに置いても壊されないくらい丈夫で、置くときにかがみ込まなくてすみ、喧嘩が始まっても飼い主の

手が、その喧嘩エリアに入らなくてすむ程度に背の高いものがよい。僕が一番使いやすいと思っているのは、段ボールを適当な高さにしてテープで留めたものだ。毛布などの薄っぺらいものは使わないこと。猫たちは走って通り抜けてしまう。

険悪な空気を感じたら（たいていは動きが止まり、にらみ合う）、目隠しを置こう。おもちゃやご褒美で猫たちをコントロールできなかったら、2匹を目隠しで引き離す。落ち着かなければ目隠しを使って、どちらか1匹を部屋の外へ出すのだ。

最後の手段を用意する

目隠しを使っても猫の態度を変えられないときや、どんなに努力しても喧嘩が始まってしまう場合は、毛布が役に立つかもしれない。どちらか1匹に覆い被さるように毛布を投げて、そのまま毛布の上から猫を抱き上げ、部屋から出て行く。

もう1つ持っていると便利なのは、空き缶に小銭を入れて、飲み口をテープでしっかり塞いだものだ。飼い主が声を上げると、ただでさえ険悪な状況のところへ、さらに悪い印象を与えてしまう。声の代わりに缶を振れば、猫をびっくりさせて、2匹を膠着状態から解放できる。これらの道具の共通点は、飼い主がパニックになって大声を出したり、凶暴になっている猫にうっかり手を出したりするのを防げることだ。

2匹が自然に交流できるようにすると同時に、目隠し、小銭の入った缶、毛布を部屋のどこにいてもすぐ手に取れる場所に用意しておこう。言い換えると、ストレスの多い状況になったとき、なす術もなくハラハラしながら見守ることしかできないと困るので、飼い主は自信を持ち、1歩離れて冷静に状況を把握して、パニックが起こっても対処できるようにしよう。だからこそあらゆる事態を想定して、前もってツールを用意しておくのだ。2匹が喧嘩をするとしたら、どこで始まり、どこで終わるだろう？　その場所に目隠しと缶、毛布を置いておこう。同時に状況が悪化したら、すぐ行動を起こせるようにしておく必要がある。

最終段階では、この章でずっと取り組んできた好意的な印象をさらに深める。この場合、2匹のあいだに障害物はない。飼い主は2匹が同じ部屋で食事できるようにする。これに成功すれば、完全に2匹を一緒にできる。

事前の備えと事前のシミュレーション

　僕の人生初の「避難訓練」は、6歳のときのことだ。弟は2歳か3歳だったはずだ。僕たちはニューヨークのマンションに住んでいて、父は何か非常事態が起こるのをひどく恐れていた。建物に閉じ込められる恐れがあったからだ。父はどこを通れば外に出られるか、そこを通らなかったらどうなるか、正確かつ視覚的にわかるように僕たちに教え込んだ。

　父はそれだけでは飽き足らず、避難訓練をすることになった。夜中に父がフライパンを木の棒で叩きながら、突然寝室に入ってきて、明りをつけ、「火事だ！　火事だ！　火事だ！」と叫んだ。僕も弟も最初の避難訓練はお漏らしをしてしまった。だが、2回目以降はすっかり避難訓練モードになった。1、2回目は興奮してまごついてしまったが、3、4回目には、フライパンを叩く音がして、電気がついて、父の叫び声がしたら、床に下りるという流れができあがった。

　僕は背中に弟を乗せて、カメのように這って進み、寝室のドアまで来たら、ノブが熱くないか確かめる。熱くなければ体を低くしたまま這っていく。マンション内で閉じたドアがあるたびに同じことを繰り返し、外に出る。もちろん使っていいのは階段だけ。それから建物のロビーを通り、外へ出る。これで避難訓練は終了だ。

　かれこれ45年ほど前のことだが、今でもよく覚えている。体に記憶されているのだ。今でも誰かが夜中に木の棒で鍋を叩きながら寝室に入ってきて、「火事だ」と叫んだら、あのマンションから安全に逃げられるだろう。つまり、大事なのは準備がしっかりできていれば、心配は後まわしにして、やるべきことをやれるということだ。それが避難訓練の目的でもある。

　避難訓練のコンセプトは、猫に薬を飲ませる、あるいはペットキャリーに入れるといった、「猫育て」に付きものの数々の作業に応用できる。多頭飼いの家庭における避難訓練は、僕の家の避難訓練のように、あらゆる不測の事態を予想して完璧に順路をたどっておくことだ。

　ステップ7の3つの事前準備は、猫の安全を確保するのに役立つが、それ以上に重要なのは、飼い主が主導権を握っているという感覚を持ち続けることだ。猫はエネルギーに敏感で、部屋の温度が上がっていることにもう気づいている。飼い主の不安は伝わってしまうのだ。だからこそ飼い主は争いの可能性を分析し、予想しておく必要がある。そうすれば、2匹を同じ部屋に入れたとき、争いが起こりそうになって警報が鳴ったらどうすればいいかわかる。

それでは次に、合流セッションを成功させるための具体的なプロセスを説明しよう。

①猫のタイプを知ろう

まずは、先住猫と新入り猫はどんなタイプかを知る必要がある。クラシックカー・タイプなのか、スポーツカー・タイプなのかどちらだろうか（ハンターのタイプについては、88ページを参照）。餌がモチベーションにつながるタイプだろうか、それとも愛情や注目を求めるタイプだろうか。

それから、猫が「大当たり！」と思うものは何か。確実に夢中になるものは何か考えてみよう。好物の餌や特別なおもちゃ、またはブラッシングや撫でてもらうことかもしれない。こうしたご褒美は、ほかの猫が近くにいても、猫のモチベーションを高く保てるものでなければならない。

②「大当たり！」の価値を高める

あなたは飼い猫のお気に入りのご褒美やおもちゃが何か、よく理解しているかもしれないが、それが「大当たり！」になるのは、しばらく与えていなかったときだけだ。なので、合流セッションの前には、お気に入りのものを控えなければならない。愛猫に恨みのこもった冷たい目を向けられたり、悲しげな声で鳴かれたりしたら、ついお気に入りのご褒美や餌を与えたくなってしまうのはわかるが、ここはぐっと我慢しよう。待たせてからお気に入りのものを与えれば、合流セッション自体が「大当たり！」になるだろう。

③1匹ずつ最高の遊びの時間を持つ習慣を付ける

猫たちの好みがわかったら、ほかの猫がいないところで、1匹の猫と充実した時間を過ごし、それぞれの猫が、何かに夢中になっているときと気が散っているときにどう行動するのかを知ろう。そうすると、2匹とも同じ部屋で合流セッションを行っている中でも、猫の様子を正しく判断できるようになる。また、セッションが最高潮に達したところで終わりにするのにも役立つ。

猫のエンジンをかけるには、餌と同じように「大当たり！」のおもちゃが必要だ。1つ見つかったら、ほかにはないか探してみよう。獲物にもさまざまなタイプがあるので、おもちゃを代わる代わる使うのはワイルド・キャットのリズムに合っている。それにもちろん、猫が獲物に飽きてしまわないようにできる。1匹ずつとの遊びを習慣化すると、そろそろ興味がなくなるタイミングがわかるようになる。もう1匹の猫に襲いかかる機会を与えないように、2匹とも遊びに気を取られているうちにセッションを終わりにする。

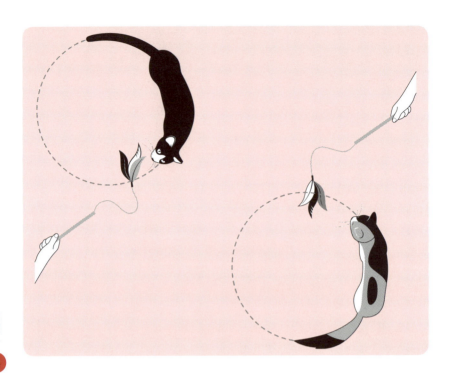

④セッション

　ここからが本番だが、その前に2匹一緒にセッションを行う部屋が必要だ。どちらのベースキャンプでもない部屋で、なるべく空いているスペースが多くて広い部屋にするべきだ。ごみごみしている小さい部屋だと、猫たちの気が散るものが多すぎる。次に家族や友人などに協力を求めよう。この引き合わせのプロセスでは、人間のパートナーに手伝ってもらうことをいつも勧めているが、このエクササイズは特に単独で行うことができない。

　僕が勧めているセッションの1つは、2匹に反対回りで円を描かせることだ。猫はこのエクササイズに没頭していればいるほど、元気に歩く。極力猫が止まってしまわないようにするとよい。それでは、最後にセッションの具体的な進め方を説明していこう。

④-1：1匹から始める

　まずは部屋で1匹だけと遊び始める。その猫が遊びに夢中になっていることを確認して、やり続けよう。ご褒美の餌を与えるのなら、パンくずを道沿いに並べるように、餌を並べる。1つめの餌をもぐもぐ噛んでいるあいだに、

その猫の視界に入るように次の餌を置けば、1つめを食べ終わった猫は次の餌のところまで動く。おもちゃも同じで、猫の頭の向く方向をコントロールすれば、体は付いてくる。あなたが猫に見てもらいたいと思う場所に、猫の目を向けられるようにしよう。

④-2：もう1匹を部屋に入れる

既に遊びに夢中になっているもう1匹の猫を、ほかの人（協力者）にさりげなく連れてきてもらおう。その猫の「大当たり！」の餌やおもちゃで釣って、部屋まで来させるのが理想だ。そうすれば、抱きかかえて連れてこられることによるストレスを生じさせないですむ。すべて自分で決めて行動していると思い込ませて、さらに自信を高めよう。

④-3：リズムを維持しよう

2匹を一緒にする際に一番大切な要素は、部屋に入ってきたら、それぞれの遊びのリズムを確立し、維持することだ。あなたが1匹の注意を遊びに向けさせて、協力者はもう1匹の猫に同じことをしてもらおう。

④-4：セッションを終わらせる

セッションの終わらせ方は2つある。猫が終わりにするか、人間が終わりにするかだ。当然ながら、飼い主側としては、毎回自分たちが終わりを決めるほうを望むだろう。猫のボディランゲージを理解できれば、飽きてきたのがわかるので、簡単に注意をそらすことができる。とはいえ、常に主導権を握り続けることはできない。ここで、乱闘を防ぐコツを紹介しよう。

- 1匹が立ち止まり、相手を見て、目を離さなくなったら、遊びは切り上げる。
- 理想的な終わらせ方は、おもちゃを使って猫たちを部屋の外に誘い出す方法だ。僕はどんなときでも、猫が自分の意思でその行動をとることを決断したと思えるようにしてやるべきだと考えている。とはいえ、その決断のせいで、一悶着起きそうだったら、猫たちが行動を起こす前にどちらか1匹を捕まえて、ほかの部屋に連れて行かなければならない。
- いつも遊びが盛り上がっているときに終わりにしよう。このセッションは猫に好意的な印象を与えるためのものだ。そのためにはいつも良い終わり方をさせる必要がある。それぞれの猫をよく観察して、もう1回挑戦すべきか、これ以上はやりすぎかを判断しよう。

●セッションがうまくいってもいかなくても、食事で締めくくろう。おやつを使いながらのセッションがうまくいった日は、おそらく満腹気味なので、食事は少し遅めにする必要があるかもしれないが、一貫性を維持しよう。この時点で猫たちは、ドアまたはゲートの片側で夕食を取るものと思っているはずだ。そのため、食事を取るかどうかが1日を良い印象で締めくくるかを左右する。

⑤合流セッションの最終目標

　セッションを途中で中止することなく完了できるようになり、それが日課となったら、食事のときに2匹を隔てていたドアまたはゲートを取り除いて構わない。セッションが終わったら、その部屋の中の、それぞれの猫が支配する側で食事を与えよう。この部屋にある、2匹のあいだに引かれた想像上のラインを思い浮かべてほしい。そして、閉じたドアの両側で食事を与える習慣を始めたときのように、最初はこのラインの両側に十分な距離を置こう。僕が知る限り、結局のところ、緊張を和らげるには一緒に食事をするのが一番だ。

合流セッションについてのアドバイス

交代しよう

　セッションを始めるとき、毎日同じ猫が別の猫の縄張りに入ってくるように固定化していると、一方の猫の所有意識が強くなりすぎ、もう一方の猫が所有意識を持てなくなってしまう。そこで、1日先住猫が遊んでいる部屋に新入り猫が入ってくるようにしたら、次の日は新入り猫が遊んでいる部屋に先住猫を連れてくるようにしよう。

にらみ合いをなくす

　このセッションを何度か行ううちに、猫同士がにらみ合ったら、どうやって別のものに注意を向けさせるのが一番良いか、わかってくる。猫が遊びに集中できなくなっているのに放置していると、にらみ合いに発展することもある。どんなときに猫の注意がそれるか理解していると、主導権を取り戻したり、猫の注意を別のものに向けさせたり、その日のセッションを終わらせたりする機会が得られる。

　基本的に猫のボディランゲージを理解しておくと、猫たちの行動の先を読むことができる。喧嘩が始まらないようにこのセッションの指揮を執るのは、

飼い主なのだということを覚えておこう。

小さな1歩の積み重ねが成功につながる

このプロセスのはじめには、どんなささいなことでも、うまくいったら成功と認めよう。例えば、2匹が同じ縄張りを1分間だけでも共有できたら、それは成功だ。最初はばかばかしく感じるかもしれないが、この短いセッションの継続時間を書き留めるといい。翌日、5秒、10秒、または15秒長くできたら、その日も成功だ。わずか数秒でも大成功と見なせることもあるのだ。

COLUMN 失敗を恐れないこと 1歩下がればいい

どんなによく計画されていても、喧嘩が始まる可能性は常にある。喧嘩が始まったからといって、エクササイズ自体を諦めるのではなく、とりあえずその日のセッションを終了しよう。

これはあなたのやり方が間違いだらけだという意味ではない。猫たちは相手に対してどんな態度を取るか決めていて、あなたがそうした態度に反する行動をしていることもあるのだ。その日、猫たちは何か嫌な経験をしたのかもしれない。ほかにストレスを感じることがあった場合もある。ここで覚えておくべきなのは、どんな関係においても、ときには喧嘩することがあるということだ。しかし、1回の喧嘩で関係が決まってしまうのではなく、喧嘩の後で何をしたかが大事だということも忘れてはならない。

では、もし喧嘩が起こったらどうしたらよいのだろうか。まず1歩下がろう。例えば、初めて合流セッションを試そうとしたら、セッションを始めた途端に喧嘩が勃発して、その日は終わらせざるを得なくなった場合、予想どおり繰り返し成功できていた段階まで戻ろう。この場合、例えば、最後にどちらの猫も横目で相手をチラリと見ることもなく、3回続けて食事ができたとき、2匹は柵をはさんで相手の全身が見え、90cm離れていたとしたら、その状態に戻るのだ。もしそれが猫にとって負担だったら（1匹もしくは2匹とも餌を食べなくなり、うなってばかりいるようになったなど）、そこからさらに1歩下がってみる。そうすれば、すぐに受け入れられる挑戦ラインが見つかり、プロセスを再開できるだろう。

15秒の平和から始めよう

たとえ最も難しいケースでも、15秒間平和が保たれ、その時間を長くしていけたら、成功する。挑戦ラインのように、猫を引き合わせるのも同じで、信じて続けていれば、ジェットコースターのように突然自由落下を始め、勢いに乗って走り出す瞬間が来る。そして、家庭内にグループのリズムができ、すべてがうまくいくのだ。

多頭飼いでよくある質問

猫を新たに迎え入れるということは、多頭飼いになることを意味する。ここでは、僕が依頼人から多頭飼いについてよく聞かれる質問をもとに、いくつか見ていこう。

Q 既に多頭飼いの場合、どのように猫を引き合わせたらいいでしょうか?

もう2匹以上の猫を飼っているとしたら、いっぺんにではなく1匹ずつ関係を築いていく方法がお勧めだ。可能であれば、おおらかな猫から始めよう。そうすれば、ほかの猫とのあいだの社会的な架け橋になってくれるかもしれない。いっぺんに1匹1匹の先住猫とすべてのセッションを行い、たくさんの先住猫と会わせて、新入り猫が気圧されてしまわないように気をつけよう。

Q 猫はそれぞれ自分のトイレが必要ですか?

1匹の猫が別の猫のトイレを使って用を足していたら、縄張り争いが起きている証拠なのだろうか? 特定の猫専用の猫用トイレなどない。猫用トイレは「猫の数+1」個用意すべきだが、個々の猫用トイレは共同の縄張りマーカーであり、すべての猫のにおいがするはずだ。猫の社会に物を独占所有するという概念はない。1匹の猫が特定のものを独り占めして、ほかの猫に使わせないようにすることはないのだ。もし猫たちが望むなら、すべての猫がそれぞれ好きなときにこれらの縄張りマーカーを使うこともある。

さまざまな理由で、「猫は1匹ずつ専用のトイレを持つべきであり、ほかの

猫のトイレを使う行為は社会的に認められていない」という考えに執着している依頼人が、これまで何人もいた。

これは人間の考えの押しつけだが、それが猫社会の秩序なのだと信じ続けていると思わぬ問題に見舞われる。猫に「このトイレではなく、向こうのトイレを使いなさい」と伝える方法はない。ある猫用トイレに入っていくのを止めようとすると、猫に正しくメッセージが伝わらず、多くの場合、すべての猫用トイレを使わなくなってしまうのだ。どのトイレを使うかは、猫自身に任せよう。

Q 「引き合わせ」のアドバイスをすべて実行し、努力したにもかかわらず、どうしても仲良くなれない猫が2匹いたらどうしたらいいですか？

これは複雑な問題だ。猫たちが仲良くなる気はないと飼い主に伝えているのに、いつまで努力し続けるべきだろう？　2匹の相性が悪いだけだと思うのは飼い主の個人的判断であって、一般化して論じるのは難しい。

このプロセスについて1つ言えるのは、飼い主の期待は現実的でなければならないということだ。どうあがいても飼い主が猫同士を仲良くさせることはできない。それに、猫同士の関係について人間が間違った解釈をしてしまう可能性もある。猫たちは仲良くしているのに、飼い主が期待するような関係に見えない例を、僕は無数に目にしてきた。飼い主は猫同士がベッドで毛づくろいし合ったり、兄弟のように振る舞ったりするのを見たいのだろうが、猫にとって仲が良いとは、単にお互いの存在を受け入れることを意味する。僕は停戦が守られ、猫たちが「僕たちは空間を共有できるよ」と宣言している限り、すべて順調と考えている。つまり、猫のあいだでは、これから一生かけて築いていく関係のための土台はできているということだ。

猫同士の関係を維持するには

引き合わせの時期が過ぎて、うまくいけば、今度はその関係性を維持していくことが必要だ。ここでは、これから何年間も猫たちの調和を保ち続けるためのコツを紹介しよう。

猫の資源がいつでもたくさん手に入るようにしておこう

猫同士が長年良い関係を続けている家庭に共通する特徴は、いつでもすべての猫たちがたくさんの資源を活用できることだ。立ち寄る場所は十分ある

だろうか？　日時計に合った居場所はあるだろうか？　全猫分の垂直方向の空間があるだろうか？　それぞれの餌入れと「猫の数＋1」個の猫用トイレも揃っているだろうか？

すべての猫を疲れさせ、幸せにしよう

　一緒に遊ぶ猫同士は、比較的調和の取れた状態で一緒に過ごす。とはいえ、一緒に遊ぶと言っても、子猫のように毎日一緒に遊ぶとは限らない。そこで飼い主がHCKEに参加しよう。第7章の「遊びには獲物が登場しなければならない」(82ページ)で紹介したように、狩りを再現するような遊びをさせて、余分なエネルギーを消耗させよう。そうすれば、猫同士がいざこざを起こさないですむ。

新しい犬が家族に加わる場合

　新しく犬を飼ったけれど、先住猫とうまくいかないという人もいるが、猫と犬は問題なく仲良くできる。猫同士を引き合わせるのに最も適した手順があるように、猫と犬を引き合わせるのにも最適な方法があるのだ。

　新しい犬を迎え入れる場合、新しい生き物と接触するストレスに耐えるなど、猫に多くを強いることになる。ワイルド・キャットの思考においては、どのような生き物も潜在的な捕食者だ。したがって、用心深くなるのは、生まれ持った性質の一部と言える。ここでは、犬と猫の引き合わせの方法を見ていく。だが、「新しい生き物は敵ではなく、友達である」と猫にどうやって伝えるかだけでなく、犬にも飼い主にもすべきことがある。そこで、まずは犬という動物を理解していこう

犬について詳しく知ろう

　それでは、猫のいる家庭に犬を迎え入れる場合、いくつか考えるべきこと・やるべきことを説明しよう。

犬について調べよう

　猫を飼っている家庭に犬を迎え入れる際には、情報収集が必要なのは言うまでもないだろう。猫にとっても犬にとっても幼いころにほかの動物と接す

るのは良いことなので、過去に猫と仲良く一緒に暮らした経験のある犬が最もよい。

また、犬を動物保護施設から引き取るのであれば、以前飼われていた家で、寝床やおもちゃなど、自分のものを取られないように守ろうとする傾向があったことがわかったら、要注意だ。パニックを起こすと転嫁攻撃をするかもしれない。

品種ではなく、個々の犬を見る

動物の譲渡に関わる人たちのあいだでは、猫のいる家庭に譲渡すべきではない犬種について議論が続いている。確かにほかの品種よりも獲物を捕らえようとする傾向が強い品種はある。しかし、それだけを頼りに見かけや品種で犬を判断してしまうと、相性がいいかもしれない犬との出会いのチャンスを逸してしまう。結局は、個々の犬次第なのだ。

相性を考える

新入り猫を飼うときと同じように、犬も相性の良いタイプを迎え入れたいと思うだろう。少なくとも年齢、品種、エネルギーレベルを基準として選ぶべきだ。とはいえ、結局のところ最も重要な情報は、犬を家に連れてくればすぐに得られる。そして、今後どうなるか、犬との関係についてどう対処すべきかわかるはずだ。

犬に訓練をしておく

理想としては、犬が先住者か新入りかにかかわらず、よく訓練し、声で命令すれば従うようにしておくべきだ。これから説明するエクササイズを行う際には、その訓練が最高の安全措置となり、猫と犬との引き合わせを安心して進められるようになる。

当然ながら、理想どおりになるとは限らない。あなたの家の敷居をまたぐときには、まだまだその犬についてわからないことだらけだ。同じように、何年も一緒に暮らしてきた犬でさえ、いまだに多少問題を起こすこともあり得るのだ。猫と一緒に暮らすようになったら、多少ではすまなくなる可能性もある。

訓練をしなければならないというだけの理由で、気に入った犬を迎え入れることを諦めないでほしい。あなたが本腰を入れて訓練すればいいだけなのだから。

COLUMN ドッグトレーナーに頼るのもよしとしよう

　猫と犬とを引き合わせると、その犬にどんな訓練が欠けているか間違いなくわかる。猫が歩いてきたとき、犬がお座りなどの穏やかな行動ができない場合は、ドッグトレーナーに頼るのもひとつだ。新しい家族を迎え入れ、ゼロから関係を築く作業はあらゆるストレスの原因となるので、ぜひ助けを求めよう。

　可能であれば、ドッグトレーナーにあなたの家で数回、トレーニングしてもらうことをお勧めする。そうすればトレーナーは家を訪れなければ得られない犬の行動に関する視点を得ることができ、飼い主も愛犬に合わせた方法を学ぶことができるはずだ。ドッグトレーナーに犬を訓練してもらうと、引き合わせのための最初の数週間に飼い主が感じるフラストレーションが大幅に減るだろう。トレーニングと徹底したキャットリフォーム、正しい管理と監督、それから周りからのちょっとしたサポートがあれば、たいていの猫と犬は仲良く暮らしていけるはずだ。

成功する猫と犬との引き合わせプロセス

　猫と犬を引き合わせる場合、2つのパターンがある。猫のいる家に犬を迎え入れるか、犬のいる家に猫を迎え入れるかだ。どちらの場合も猫同士の引き合わせと似た展開をするため、前で紹介した7つのステップを活用する。

　猫同士を引き合わせる場合は、説明やアドバイスを文字どおり実行してほしい。一方、猫と犬の場合は、どちらかというと心構えの問題なので、必ずしも一つひとつ正確に再現する必要はない。また、すべてを通じて覚えておくべきことは、猫に犬は良い生き物だと納得させるだけでなく、犬にも猫に対して良い印象を持たせるのを忘れないことだ。

ステップ1：先を見越して準備する

　それでは、最初のステップから見ていこう。まずは猫と犬を引き合わせる前に必要な準備について説明していこう。

餌の出しっぱなしはやめる

もし飼っている犬または猫が四六時中、餌を食べられるようにしているとしたら、規則正しい食事に変えて、食べ放題はやめよう。

リビングのキャットリフォームをする

猫に必要なのは、縄張りを所有しているという自信だ。そのため、新しい犬を連れて帰る前に、家の中が犬との生活に合わせてキャットリフォームできているか確認しよう。最も考慮すべき重要な点は、垂直方向の空間が適切に使われているかだ。今いる猫が脅威を感じた場合、床より高い居場所が必要になる。この場所は犬に届かない高さであるべきだ。キャットタワーやキャットウォークを設置して、猫が安全だと感じられる場所を作ろう。

猫に新しい家族を紹介する一番良い方法は、相手が人間であれ、猫・犬であれ、いくらか距離をとって、猫を安心させ、まったく未知の生き物を理解できるようにしてやることだ。これは相手が犬の場合、特に重要になってくる。犬はどう動くのか？　犬が立てるあの音は何か？　このにおいは何か？　どうして犬は○○に興味を持つのか？　猫は周りの状況を観察したがるものだが、空間をキャットリフォームしておけば、猫は安全に観察できる。

キャットタワーがとても便利なのは、猫の見張り台になるだけでなく、キャットウォークに続くランプウェイにもなるからだ。もし、犬が猫を追いかけても、垂直の世界に逃げ込める。それから、窓の外を見られるキャットタワーに代わるものはない。猫は家の中の新しい動物を観察しながら、猫テレビを観ることもできる。

COLUMN　猫と犬を引き合わせるときの呪文

　このように、猫と犬が共生する世界では、空は猫のものだ。これは猫たちが床の支配を犬と共同で行う、またはある程度放棄することを意味するが、この取引は悪くない。猫の視点から見ると世界は床から天井まで広がっている。猫は届く場所である限り、垂直方向の空間すべてを縄張りと捉えているのだ。空間全体を利用できるという意味で、これが猫の強みとなる。

猫用トイレの周りをキャットリフォームする

　猫用トイレ周辺のキャットリフォームが重要なのは、ほとんどの犬が猫用トイレに引きつけられるからだ。猫の糞はタンパク質が豊富で、場合によって犬には素晴らしいおやつになる。人間にとっても気持ちのいい話ではないが、猫にとってはさらに問題だ。だからこそ、猫用トイレは安全なところに置かなければならない。猫がトイレに入っているときに犬が周りをうろついて、猫が排泄するのを今か今かと待ち構えていたら、猫は落ち着いて用が足せない。そして、猫はもっと安全に用を足せる場所を探し始めるだろう。
　それではどうしたらよいだろうか。次の3つに注意してトイレを整備しよう。

①猫用トイレはカバーをしない
　カバーを付けなければ、猫の逃げ道を確保できる。猫は360度見回せる状態でトイレに入り、立ち去ることができるのだ。

②行き止まりをなくす

猫用トイレのカバーを取るのがどうしても嫌な人は、カバーを取った猫用トイレを人の目に触れない場所に置いてお茶を濁そうとするが、これも新しい問題を生みだしかねない。例えば、猫用トイレを人間用トイレの隅、便器の陰になるように置いたとしよう。キャットリフォームの観点から言うと、これでは行き止まり、つまり待ち伏せ地帯ができてしまう。犬が猫の後を追ってトイレに入ってきたら、猫の出口を塞いでしまい、猫はそのトイレを使うのをやめ、安全で360度周りを見渡せる場所を探すだろう。

覚えておいてほしいのは、美的センスよりもワイルド・キャットの持って生まれたニーズを優先することだ。猫は複数の逃げ道がない限り、そのトイレは使わない。

③犬が入れない部屋に猫用トイレを置く

通常、僕は猫用トイレを社会的に重要な場所に置くよう勧めている。だが、犬と同居している場合は妥協が必要だ。確実な方法の1つとして、猫用トイレのある部屋の入り口にペットゲートあるいはベビーゲートを床から20cmくらい離して設置するという手もある。小型犬の場合は少し下げたほうがいいだろう。そうすれば猫はペットゲートの上からでも下からでも部屋に入れるが、犬は入れないので、犬にクンクン嗅ぎまわられる心配はない。

タンパク質の豊富なおやつを探そうとするからといって、犬を責めることはできない。僕たちにできるのは、前もって手を打つことだ。文字どおり、誰も猫用トイレから出てきた犬に顔を舐められたりしたくないだろう。

ステップ2：初めて犬・猫を迎え入れる

新しい家族を連れて家に入るとき、それが犬であれ猫であれ、最初にどんなことが起こるか知っておくことはとても重要だ。明確な戦略があれば、心の平穏はもちろん、状況を直接コントロールする手段を得られる。このステップには2つの大切な要素がある。

ベースキャンプの整備

犬を猫の縄張りに連れてくる場合は、猫は自分のベースキャンプを既に確立しているため、猫を連れてくる場合ほど重要ではないが、それでもこのプロセスを飛ばすことはできない。ベースキャンプは「安全地帯」あるいは一

種の避難場所となり、新しいルームメイトが来たことで猫が落ち着かなくなったとき、いつでもそこに引きこもれるからだ。それにベースキャンプは最も重要な縄張りでもあり、安心感を得ることもできる。当然ながら、ベースキャンプは犬が入ってこられない場所に設置しよう。

とはいえ、猫をベースキャンプに追いやるのではなく、特にこの段階では、猫が自身のペースで新しい犬が占領している世界を探検できるようにするべきだ。犬がリードにつながれている限り、猫が自由に探検できるようにしよう。

犬のいる家に猫を迎え入れる場合は、猫同士を引き合わせるところで説明したように、まずはベースキャンプの中だけから始める。

初めて敷居をまたぐときの対応－新入りが犬の場合－

猫のいる家に犬を連れてくる場合、何よりも重要なのはリードである。リードは絶対に離してはならない。飼い主もまだ新しい犬のことをよく知らないので、犬が初めて猫を見たとき、または猫が初めて犬のおもちゃや餌のにおいを嗅いだとき、どんな反応をするか見当もつかないだろう。そのため、飼い主が大丈夫だと感じ、信頼関係が出来上がるまで、猫と犬が同じ空間にいるときには、犬にリードを付けたままにする。

リードを付けておけば、飼い主は新しい犬をかなり確実にコントロールできる。少なくとも僕の家では、犬を完全に信用できるようになるまでリードを離さない。とはいえ、何日かたち、引き合わせプロセスが順調に進んでいるのなら、必ずしもずっとリードを握っている必要はない。リードさえ付いていれば、犬が急に動いても、飼い主はリードを踏みつけて、動きを止めることができる。言葉で命令して犬を完全にコントロールできるようになったら、自由に家を歩き回らせることができる。

初めて敷居をまたぐときの対応－新入りが猫の場合－

犬のいる家に猫を連れてくる場合は、まず連れてきたらベースキャンプに直行しよう。これは犬に限らず、猫やカメ、イグアナなど、どんな動物のいる家に迎え入れるときも、ベースキャンプを設置し、新入り猫がそこに直行できるようにすることだ。どんなに誘惑にかられても、ペットキャリーをリ

ビングの真ん中で開いたりしてはいけない。猫が心から自分のものだと思える縄張りを徐々に作り上げるという自信を確立するための大原則は、この場合にも当てはまるのだ。

　ここまできたら、猫同士を引き合わせるステップ3〜7（155ページ〜）を復習しよう。犬を引き合わせるのは、猫同士の場合とテクニックと目的は同じだ。だが、1つ大きな違いがある。猫同士を引き合わせるときは、縄張りにこだわる2匹の動物に、縄張りにやって来た見知らぬ猫は無害で、実は良い生き物だと双方に納得させることが何より重要で、実は計算どおりのペースで進める。だが、犬と猫を引き合わせるときは、2匹がそれぞれまったく違ったニーズを持っているため、犬が好奇心で夢中になりすぎない、あるいは怖がりすぎないようにしつつ、猫がもっと相手の犬を信頼できる、あるいは怖がりすぎないようにすることが一番重要だ。そして、このことは引き合わせのステップはより流動的であり、それぞれの状況に応じて飼い主が必要だと思うペースで進められることを意味する。この後は猫と犬の場合に特有の注意点をステップごとに解説していこう。

ステップ3：「ドアをはさんで」食事する

　猫同士を引き合わせるところで説明したように、閉じたドアをはさんで犬と猫に食事をさせ、餌入れを徐々に近づけていこう。ゆっくり、少しずつ慣れさせるのが目的だ。餌が与えられるたびに、猫は犬のにおいを嗅ぐ。実際、餌があるときにだけ犬のにおいを嗅がせることで、猫は犬が何か良いものをもたらしてくれると思うようになるだろう。

　当然ながら、猫と犬の場合と猫と猫の場合で異なる点をいくつか頭に入れておく必要がある。興奮したり、怯えたり、怒ったりすると、犬は吠える。犬が突然吠えると、ほとんどの猫は縮み上がり、好意的な印象を持たせるプロセスに支障をきたす。このステップのはじめの手探りの段階では、慎重すぎるくらい慎重に、挑戦ラインを戻して、犬の興奮状態をやり過ごそう。

　それに、犬は何かに興味を持つと、たいてい猫のようにためらうことなく、近くに行って、親しくなろうとする。ところが猫は一般的にもっと恐る恐る近づく。犬にリードを付けておく理由の1つは、このステップを行っている最中に、もし犬が2匹を隔てるドアに向かって突進したら、猫はドアが安全ではないと思うようになってしまうからだ。

ステップ4：においの交換

　この方法は犬にも猫にも便利に使える。猫と犬をつなぐ要素の1つは、どちらも嗅覚が非常に優れている点だ。犬も猫も新しい状況を調べる際には、嗅覚から大量の情報を集める。

　新入り猫を紹介するときのように、先住者である猫に新入りである犬のベッドやおもちゃを使わせ、犬にも猫のベッドやおもちゃを使わせてから、直接対面させるとよい。

ステップ5：場所の交換

　猫と猫の場合、場所を交換するのは、あらゆる段階において、縄張りを侵される心配はないと猫たちに納得させるためだ。一方、猫と犬の場合、犬にとっては危険がないか確認するというよりも、むしろ好奇心を満たし、自由に探検できる機会と言える。

　ちなみに、猫に犬の場所を探検させる場合、犬を散歩に連れて行っているときが絶好のチャンスだ。

ステップ6：相手を見せる

　このステップは、食事の儀式の際に、ペットゲートあるいはベビーゲートや網戸を使うことで、既に慣れ始めた嗅覚刺激にさらなる刺激を追加する。猫同士を引き合わせるところで話した、ドアを少しだけ開ける、ペットゲート、網戸、毛布を使って姿を徐々に見せるなど、視覚的な刺激の多くはここでも役に立つ。

　このステップを試すのに適したタイミングは、飼い主にしかわからない。少しだけ相手の姿を見せようとしたら、犬がしつこくにおいを嗅ぎたがったせいで、猫を興奮させたり、不安にさせたり、怯えさせたりしてしまったら、ワンステップ戻り、それから何回か各ステップを行ってまた試そう。

　予想どおりの結果が繰り返し得られるようになったら、この「新入り」は信用できると判断された証拠だ。そして、犬が吠えても、猫が1本も毛を逆立てなかったり、猫が犬のにおいを嗅いだり、姿を見たりしても、脅されたと思って耳を倒して威嚇したりしなければ、進歩している証だ。最後のステップに進もう。

ステップ7：合流セッション─猫と犬編─

さまざまな理由から、猫と犬とを引き合わせるときも猫同士を引き合わせるときと同じくらい合流セッションが重要だと僕は考えている。猫だけを相手にしている場合、このステップの主な目標は、縄張りをうまく共有し、別の猫がいるときだけ「大当たり！」のものを経験できるようにして、これを何度も繰り返し、相手に対して好意的な印象を持たせることだ。

一方、猫と犬を引き合わせる場合、異なる動物であるため、最終段階は多少違ったものになる。ここでの目標は、猫に関してはだいたい同じだが、犬にはプラスでおまけが付いてくる。犬が遊んだり、愛情を求めたり、その愛に応えたり、はしゃいだり、餌を食べたり、おねだりしたりする様子を観察するうちに、猫は体に危害が及ばない安全な距離を保ちつつ、犬の言葉を学ぶことができるのだ。

この段階でなくても、犬をリードにつないで安全に家族と遊ばせているときに、猫が自由に観察できれば、猫は自分のペースで犬の言語を身につけられる。ただし、内弁慶猫にこの恐ろしげな生き物を自分のペースで自由に調査させるとしたら、まず1年以内に実現するのは無理だと思ったほうがいい。そこで、合流セッションを行って、犬と猫を触れ合わせれば、猫のペースに任せているよりも早く最初の挑戦ラインを越えられるようになる。

このステップの最中は、どの動物のエネルギーレベルも自然に高まるため、今後のための貴重な情報を得ることもできる。例えば、猫の遊ぶ様子を見ている最中に突然、犬の捕食者としての本能が目覚めたとしたら、これは知っておくべき情報であり、危険な問題が発生しないように対処しなければならないことがわかる。

それに、猫が犬にとって危険な存在であることも忘れてはいけない。合流セッションでは犬と猫の距離や興奮レベル、テンポを飼い主がコントロールできる点がよい。例えば、遊んでいる犬の興奮が最高潮に達して、猫の闘争・逃走反応を引き起こしたり、転嫁攻撃をしたり、過剰刺激による問題が起きたりするかもしれない。喧嘩に発展したら、体に傷を負うだけでなく、築き上げてきた信頼関係にもひびが入る。そして、犬は猫の近くは危険だと感じるようになるだろう。猫は生まれつき攻撃より防御を選ぶ動物だが、脅威を感じた場合、生き残る方法を熟知した腕のいいファイターとなることを覚えておいてほしい。そのためにも、このステップを実践して、犬と猫がうまくやっていけるようにしてほしいのだ。

犬も猫も良い生き物だ

　ただ飼い主が太鼓判を押すだけでは、新しく出会った猫や犬に対して好意的な印象を持たせることはできない。人間だって同じだ。例えば、ベッドの下にお化けがいると信じきっていて、電気をつけたままにしないと眠れない子どもがいたとしよう。その子が電気を消して眠れるようになるには、毎晩、親がその子の見ている前でベッドの下を確認し、危険なものは何もないと請け合うだけでは不十分だ。その子自身が挑戦ラインを越え、毎晩ベッドの下をのぞき込んで、お化けなどいないと確信を持てるようになる必要がある。ここで重要なのは、本当にお化けはいないということだ。

　では、飼い猫の話に戻ろう。見知らぬ犬が生活に加わった日、飼い主は猫に「犬は良い生き物だよ」と太鼓判を押す。この瞬間から、引き合わせプロセスを進めるあいだずっと、「犬は良い生き物」であり続けなければならない。万が一、犬が猫を追いかけ、猫をベッドの下や冷蔵庫の上に追い込んだら、好意的な印象を植え付けようという努力は水の泡となる。もちろん取り返しのつかない失敗というわけではないが、信頼を築くためのプロセスは大幅に後戻りすることになるだろう。

　自称「猫好き」の人々に話しかけられるとき、「キャット・ガイ」の異名を取る僕がSNSにたくさん犬の写真を載せているので驚いた、あるいは幻滅したとよく言われる。そのたびに僕は、まだ「猫派」対「犬派」の考え方が生き残っているのに驚く。僕はいつも「犬も猫も好きな人(バイペチュアル)」という言葉を使って、どちらの動物も大好きだと宣言している。すべての人に犬も猫も好きになってもらいたいからだ。

　確かに犬と猫は正反対だ。それでも犬と猫は、私たちの生活にまったく異なるが相互に補い合うエネルギーをもたらしている。この章が、猫を飼ううえでのツールを得るだけではなく、バイペチュアルの生活について理解を深めるきっかけになるよう願っている。

第**11**章
猫と人間との関係
―絆を築く―

これまでのところで、一番心に留めておいてほしいのは、特に第6章以降の「ジャクソン流・猫を幸せにする飼い方」で見てきたように、猫とともに過ごす生活は、猫と機械的に取り決めを交わすことではなく、猫と家族のような親しい関係を築いていくということだ。この大原則は、猫が自信を持って暮らしてくという点においても、最も大事な指針となる。

ここからは、人間同士の場合とは違う猫の関係作りがどういうものか、そして、そうした関係を作ることによって、お互いにとって最高の暮らしを築きたいという気持ちがどれほど高まるかについて、詳しく見ていこう。

次の世代の猫好きを育てる

僕は動物保護施設で働いた10年あまりのあいだに、思いつく限りほぼすべての仕事を経験した。ペットの数が増えすぎている問題に関しては、重い責務を負ってきたと思う。だがそれと同時に、そういった状況を取り巻く環境をじっくり観察することもできるようになった。また、地域支援ディレクターという立場にもついて、動物のことを子どもたちに教える機会も得た。子どものことは何も知らなかったけれど、大事な成長の時期にある子どもたちに、動物に対する愛情や共感を学んでもらう手伝いをできたことはとても嬉しかった。

近頃では、イベントや依頼人宅で、動物と一緒に成長している子どもたちを見ると、感動してしまう。子どもたちは、どんどん動物たちを理解していく。動物に心から愛情を注ぎ、それと同時に、周りの人たちにも同じことをするよう求めるのだ。子どもたちは間違いなく、これから先、思いやりを持

った優しい人に育っていくだろう。

　僕にとってこの章が大事な理由はそれだ。すべての子どもは動物と一緒に暮らしながら成長し、共感と思いやり、そして動物との暮らしは驚きと幸せに満ちた最高なものだということを学ぶべきだ。子どもたちは、保護者として、猫の飼育に参加する。そうした子どもたちが次の世代の猫好きとなって、保護施設で猫を殺さなくて良い未来の礎となる。あなたが自分の子どもに、世界は助け合いの心に満ちていると気づいてほしいなら、子どもの人生に動物を加えよう。

　この章が僕にとって重要なものであるもう1つの理由は、残念なことに、アメリカでは出産を間近に控えた夫婦が、特に初めての子どもを持つとき、猫を保護施設に預けてしまうケースが多いことだ。しかも悲しいことに、その決断の背景にあるのは、古くさい迷信であることがほとんどだ。

　そこで、猫のいる家に赤ちゃんを迎えたり、子どもがいる家に猫を迎えたりする場合の実際の準備の仕方や、子どもや猫がより良い暮らしを送るためにキャットリフォームでできること、そして、子どもが猫と触れ合い、共感と思いやりの心を持ち、将来にわたってその気持ちを持ち続けるためのお膳立てをする方法について説明していこう。

猫の迷信を打破しよう

　アメリカでは猫を飼っている出産間近の夫婦が、友人や家族、さらには産科医からも、猫と「お別れする」場合に備えて、心の準備をしたほうがよいとアドバイスされることがある。猫と子どもに関するこうした意見は、たいがい、健康や安全にとらわれすぎた迷信にもとづいている。そんな迷信はなぜ生まれたのか、そしてその真実について見ていこう。

迷信1●猫は赤ちゃんを窒息させる

　アメリカには猫が「赤ちゃんの息を盗む」という迷信があり、いまだに信じている人がいる。猫が赤ちゃんに嫉妬する、あるいは、赤ちゃんのミルクのにおいがする息に引き寄せられるというのがその理由だ。

　背景　この迷信のもとになったのは、猫のせいで子どもが死亡したとされた1790年代の出来事だ。そのときの記事には、「検視官への審問で、その子どもは猫に息を吸い取られて窒息を起こし、死亡したことが明らかにな

った」と記されていた。

真実　不幸にもその子は、乳幼児突然死症候群か、喘息の発作のような、もっと一般的な病に襲われたのだろう。

知ってた？　迷信が生まれた時代には、こうした不合理な考えはめずらしくなかった。当時、猫は魔女と結びつけられ、悪いことが起こるといわれもなく責められたのだ。

迷信2●猫で赤ちゃんがアレルギーになる

出産を控えた夫婦はこう考える。赤ちゃんのころから猫と接していたら、うちの子は猫アレルギーになってしまうのではないか。

真実　なかには、いずれアレルギーだと判明する赤ちゃんもいるだろうが、調査によると、ペットと一緒に育つと、実際には子どものアレルギーの予防になる可能性があるという。子どもが本当に猫アレルギーだとわかった場合には、空気清浄からアレルギー注射まで、さまざまな対策がある。状況はどんどん改善しているので、情報によく注意を払って、その時々でふさわしい対応をしていくのが一番だ。

知ってた？　ある研究によると、1歳までに複数の猫か複数の犬に接すると、6〜7歳になったとき、複数のアレルギー物質に反応するリスクが減るという。また、都市圏（呼吸器疾患のリスクがより高い）に住む子どもを対象にした調査によると、1歳までに猫のフケに接していると、3歳になって再調査したとき、かかっているアレルギーの数がより少なかったという。

迷信3●猫から妊婦や赤ちゃんにトキソプラズマ症がうつる

猫とトキソプラズマ症との関連と、さらに感染経路についての間違った情報のせいで、多くの夫婦が不安になり、妊婦や赤ちゃんがいる家で猫を飼うのは危険すぎると判断する。

背景　出産を控えた夫婦はトキソプラズマ症と、それが胎児に与える危険に対して、常に恐怖を募らせてきた。数年前、ある科学者が、トキソプラ

ズマ症はさまざまな精神疾患に関連することがわかったと主張し、その恐怖は一気に高まった。その後、2つの大規模な調査で、人間が生まれてから大人になるまでを追跡した結果、トキソプラズマ症そのものも、猫と一緒に育つことも、精神疾患には影響しないことが明らかになった。

真実 トキソプラズマ症と猫とのつながりは何だろうか。一般的には、感染したネズミを食べることで、猫の消化管に原虫の卵が産みつけられ、その猫の糞に接触した動物へと移っていく。アメリカだけで6000万人を超える人が感染しているとされるが、正常な免疫力を持つ人なら自覚することはない。だが、妊娠中あるいは免疫不全の人にとっては、深刻な健康上の脅威となる恐れがある。トキソプラズマは胎盤を通って子宮内の胎児に感染する危険もあるため、予防は極めて重要だ。

知ってた？ トキソプラズマ症の予防はとても簡単で、疾病予防に関する機関は、猫を飼うことが感染リスクになるとすら考えていない。最大のリスクは、肉を十分に加熱しないで食べたり、野菜を洗わないで食べたりすることだ。

対応策 このように、リスクはわずかではあるけれど、気をつけておくことに越したことはない。トキソプラズマ症の予防策を見ていこう。

- 卵が感染力を持つのは、猫の糞に排出されてから1〜5日後だ。猫のトイレ掃除を毎日すれば、感染の心配はない。
- 猫がトキソプラズマの卵を排出するのは、生涯のうち数日だけ。一生に一度なので、その後はリスクが減る。
- 慎重を期すため、妊娠中は猫のトイレ掃除を控えるか、使い捨ての手袋を使って毎日掃除する。
- 完全室内飼いの猫は、感染したネズミを食べることはほとんどないので、トキソプラズマ症にはまずかからない。

迷信4●猫が赤ちゃんに嫉妬して、赤ちゃん用品におしっこをかける

猫が子ども部屋や赤ちゃん用品におしっこをすると、僕たち人間は、猫が嫉妬しているのだと思ってしまう。新たにやってきた家族の一員が、みんなの興味をさらってしまったからだと考える。さらにひどいことに、猫の嫉妬

深い性格がそうした行動の原因だと考え、行動をやめさせるため不幸な決断をしてしまうことも多い。

背景　これは猫に人間を投影している典型的な例だ。生まれたばかりの赤ちゃんを家に連れてきたときに、人間の兄弟が示す反応を当てはめているのである。だから、猫がこうした行動をすると、「猫は赤ちゃんに嫉妬しているに違いない」と考えてしまう。

真実　僕が対応したケースでは、猫が赤ちゃん用品に粗相をするのは、ほとんどが縄張りの問題だった。一般的には、出産を控えた夫婦が赤ちゃんを迎える準備をするとき、特別な子ども用スペースを用意して、そこに新しい家具や日用品を運び込む。こうした模様替えは、猫からすると「立ち入り禁止」にされたも同然だ。まず、猫の縄張りが二重の意味で狭くなる。縄張りの空間自体が狭くなるとともに、猫が入れなくなった部屋から猫のにおいが消えてしまうのだ。さらに悪いことに、赤ちゃんが家にやってくると、猫の日課がすべて変えられ、猫が入れなくなった部屋を中心に家族の生活が行われてしまう。そうなると、猫は所有意識が過剰になる。そして、子ども部屋の要所要所にマーキングをするという実に心もとない方法によって、自分から取り上げられた場所の所有権を主張しようとするのだ。

対応策　こうしたことが起こらないよう、あるいは最小限に抑えられるよう、赤ちゃんが家に来る前にしておけることはたくさんある。中心となる考え方は、子ども用のスペースは、もっと猫にも配慮して扱うこと、そして、猫の縄張りに出現する新たな眺めや音、においに、あらかじめ猫を慣れさせておくことだ。

迷信5●猫が赤ちゃんに怪我をさせる

新しく親になった人たちの多くは、猫が赤ちゃんや小さな子どもに突然襲いかかるのではないかと心配する。

真実　猫は理由もなく、突然攻撃しないし、そもそも全般的に、積極的な攻撃はしない。思い出してほしい。猫が何万年も種を存続できた理由の1つは、捕食者であると同時に被食者でもあり、戦いを避ける方法を熟知していたからだ。とはいえ、次のようなことは起こる。

- 猫は、身を守るために攻撃することはある。追い詰められたり、身の安全が脅かされたり、しっぽを引っ張るなど、乱暴に扱われて反射的に反応したりしたときだ。
- 遊びの時間がたっぷり取れず、エネルギーを消費したいという欲求が満たされない場合には、捕食者や遊びの行動に近い反応をすることがある。この場合、例えば、毛布の下でつま先がぴくぴく動いていたら、猫は遊びの標的だと考えて、大喜びで飛びつきかねない。部屋を歩いているときに、足首が標的にされるのと同じことだ。

対応策　猫と子どものあいだにこうした不幸な事故が起こらないよう、できることはいくつかある。この章で後ほど詳しく扱うが、ここでは大事なところだけおさえておこう。

- 猫という家族の一員に対して、子どもが最初に学ぶべきなのは、共感、尊敬、そして、適切な接し方だ。これについては、この章の「子どもに猫との触れ合い方を教える」(197ページ) で見ていこう。こうしたことを学べる年齢になるまでは、猫が赤ちゃんの近くにいるときは、適切に見守ることが絶対に必要だ。
- 猫がきちんとエネルギーを発散できるようにしてあげよう。最も避けたいことは、ワイルド・キャットの興奮が最高潮に達して、エネルギーの風船が今にも弾けそうなとき、赤ちゃんが獲物のような動きをすることだ。そんなときは、もっとふさわしい獲物「一緒に遊べる双方向的おもちゃ」を使って、猫のエネルギーを発散させてあげよう。
- 猫と赤ちゃんの両方が、うとうととしていたり、のんびりしていたりするときに、触れ合いの時間を設けよう。つまり、あなたの家庭における3つのRが重要で、エネルギーの状態が触れ合いの時間に最もふさわしくなるのはいつかがわかるようにしよう。

親友への道のり

　子どもと猫に良い関係を築いてもらうための準備は、お互いが出会う前、つまり赤ちゃんが生まれる前から始められる。人間と動物がともに育ち、交流を図っていく過程には、心が豊かになる素晴らしい機会ばかりではなく、うまく切り抜けなければならない難局も潜んでいる。

　ここからは、猫と子どもが歩んでいく道のりをたどりながら、どうやって

対応していったらよいかを見ていこう。はじめにどこまでが安全かを見極め、次に、愛と思いやりと共感の種をまいて大切な関係の礎を築き、そして最後には、子どもにとっても猫にとっても幸せで、素晴らしい日々を迎えられるようにしよう。

猫のいる家に赤ちゃんを迎える

猫と赤ちゃんを引き合わせるのは、既に家族の一員となっている動物と猫を引き合わせるのに似ている。人間の兄弟が増えるという現実に猫が慣れていくにあたっては、実際に赤ちゃんを迎える前に、猫が経験しておけることがある。あなたはそのころ、手一杯かもしれないが、1つでも前もってできることがあれば、それはある時期に実を結ぶことを覚えておいてほしい。

ステップ1：子ども部屋をジュニア・ベースキャンプにする

生まれるまでの月をカウントダウンしながら子ども用のスペース（子ども部屋）を準備しているときに、猫のニーズも考えて対処しておけば、ずいぶん多くの問題が予防できる。

においの染みついた愛用品

においの染みついた愛用品を集めて、子ども部屋に置いておけば、猫と子ども（そしてあなた）のにおいを混ぜることができる。ベビーベッドの中に猫のベッドを入れろということではない。けれど、ベビーベッドと同じ側に、猫のベッドやキャットタワーを設置すれば、最高にモジョを高められる。

子ども部屋での食事

餌の食べ放題をまだやめていないのならば、すぐにやめ

て、猫の食事は子ども部屋、居心地の良い新しい「ジュニア・ベースキャンプ」であげるようにしよう。

キャットウォーク

子ども部屋にキャットウォークを設置できないか検討してみよう。ひとたび赤ちゃんがやってきても、猫は垂直の世界に行けるし、そこからベビーベッドやオムツ替えの台を見下ろして、「ふむふむ……みんな、あれに大騒ぎしているのか？ あの変な音はあれのせい？ あのにおいはあそこからしているのか。面白いな……」とつぶやける。安全な距離を保ちながら、観察したり、初めて聞く言葉を学んだりできるのだ。

COLUMN 猫をベビーベッドに入れてはダメ？

猫をベビーベッドに入れないようにする人は多いかもしれない。触れさせないようにしたほうがよいと考えているのだろう。そんなことは決してない。僕は猫と赤ちゃんとの触れ合いを、ベビーベッドに入れることも含めて勧めている。触れ合うのは良いことだ。関係作りの基礎となるかけがえのない時間を与えてくれる。大きな視野で考えれば、こうした触れ合いは、見守っている中で行われる限り、良いことばかりで、悪いことは1つもない。

そうはいっても、キャットウォークなどの高所をいくつか作って、猫が行き来できるようにしておけば、ベビーベッドは猫にとって一番の興味の対象ではなくなる。もちろん、ベビーベッドが猫の目的地にならないとは言い切れない。だが、キャットリフォームをしていれば、目的地が1つではなくなる。裏を返せば、猫が子ども部屋の所有権を主張できるような家具や高所が何もない状態だと、猫は当然のごとく、ベビーベッドは自分に与えられた新しいベッドだと考える。

けれど、最終的には、あなたがどこまでを許容できるかという問題になる。猫をベビーベッドに入れるのは「ダメ！」と決めたなら、猫にとって子ども部屋における縄張りの大切さをしっかり心に留めておいてほしい。そして、どこか別のところで、必ず猫に「いいよ」と言ってあげる場所を作ろう。

ステップ2：赤ちゃんの音やにおいに対する猫の感度を下げる

　猫を子ども部屋に迎え入れたところで、今度は、赤ちゃんと切っても切り離せない音やにおいを猫に紹介していこう。ここでは「脱感作」という有名なプロセスを使っていく。これは、不安や恐怖を抱いている人へのセラピーでよく使われる手法だ。ペットにも同じく効果を発揮する。

　脱感作は、赤ちゃんの泣き声など、動物が不快に感じる恐れのあるものに対して、動物の感度を下げるのに役立つ。「気にならないレベル」を何度も経験させながら、徐々に強さを増していくのだ。脱感作とよく併用される便利なテクニックは「反対条件付け」と呼ばれるもので、猫が好きなもの、例えば、おやつやおもちゃなどと不快なものをセットにすることで、猫の感情的な反応を否定的なものから肯定的なものに変えるのだ。詳しいやり方を見ていこう。

音に慣れさせる

　赤ちゃんの叫び声や泣き声、笑い声を録音したものは、インターネットでたくさん見つかる。猫にそうした音を聞かせて、赤ちゃんが来る前に慣れさせておくとよい。興味深い話がある。ほとんどの哺乳動物は、種に関係なく、危険を知らせる声の高さがほぼ一定のため、赤ちゃんの泣き声を聞いた猫は、危険を察知して、警戒した反応を見せる場合があるというのだ。こうした音への感度を下げておくことが、なおさら重要なことがわかるだろう。

①まずは、猫の挑戦ラインを見つける。音声を小さな音量でかけておいて、食事を与えるか、ご褒美をあげる。猫が遊びたい様子であれば、お気に入りのおもちゃを使って遊びに集中させる。このとき重要なのは、音声が気にならないくらい、猫が行動に夢中になっていることだ。

②このエクササイズを繰り返し、少しずつボリュームを上げていって、猫が注意をそらしたり、不安や恐れを感じたりして、行動がおろそかになり始めるときを見極める。耳が動きだすのはいつだろう？　背中の毛は逆立っていないか、部屋を見回すなどの緊張したそぶりを見せていないか？　完全に行動をやめてしまっていないだろうか？

③快適と挑戦の微妙な境目を探る。この場合なら、猫が不快に感じ始める音の大きさが、その猫の挑戦ラインだ。挑戦ラインが特定できたら、ボリュームを下げてから、ゆっくりと少しずつ、その音に対する猫の感度が下がるところまでボリュームを上げていけば、脱感作ができる。次に

行うときは、少し大きな音から始めよう。

においに慣れさせる

　妊娠中の女性にはたいてい、赤ちゃんを持つ友人がいる。赤ちゃんのにおいのする毛布や洋服を持ち帰ってくれば、たとえそれがあなたの赤ちゃんとまったく同じにおいではないとしても、早い段階から、赤ちゃん特有のにおいを猫に紹介できる。ただし、毛布を探検するのは、猫のペースにまかせよう。おやつを置くのは構わないが、無理に毛布に近づけないことだ。

　赤ちゃんと猫を一緒にしたとき、猫が確実に大喜びすることは期待できない。だが、赤ちゃんと対面する前にあらかじめ、この見慣れない存在を調査させてあげれば、さほど不可解には感じないはずだ。

ステップ3：赤ちゃんが来る前と後の「3つのR」

　赤ちゃんがやって来る前に、赤ちゃんと猫に関連する3つのR（ルーティン、儀式、リズム）を組み立てる作業を始めておきたい。その場合、猫とのHCKE（狩りをして、獲物を捕らえ、殺して、食べる）を通常どおり行い、最後に一工夫する。HCKEの終わりに猫を子ども部屋に連れて行って、食事をさせるのだ。これにより、猫の「新しい」場所に対する好ましい印象が強まり、家の中の馴染みある縄張りから、子ども部屋という新たな縄張りまでのあいだに、スムーズな流れができる。また、赤ちゃんが来てからは、食事時間の新たなルーティン、儀式、リズムを作るのにも役立つ。

　こうしたことは赤ちゃんが来て、忙しくなる前に実行しておくことが大切だ。3つのRをあらかじめ決めていないと、赤ちゃんのことで手一杯になってしまい、気づいたら猫とのあいだに距離ができてしまうということになりかねない。もちろん猫は、蚊帳の外にされたことに反抗する。子ども部屋という縄張りに入れてもらえなくなれば、猫は不安を感じるはずだ。きちんと準備ができていないまま猫を入れれば、猫はあらゆる場所におしっこをしたり、赤ちゃんを威嚇したりする。でも、これは避けられる。

　新しい動物を家に迎えたときと同様に、食事の時間を活用しよう。赤ちゃんの食事のときに、猫にも子ども部屋で食事をさせることがお勧めだ。そうすることで、みんなの関係が結ばれる貴重な機会が得られる。赤ちゃんのルーティンに、猫も参加させるのだ。ソファに座りながら、赤ちゃんにミルクをあげる時間が、猫に食事をあげるのにも、最もふさわしい時間だ。

COLUMN　子どもがいる家に猫を迎える

既に子どもがいて、猫を飼いたいと考えているならば、子どもと猫の良い関係作りに向けて、あなたにできることはある。猫がいる家に赤ちゃんを迎えるよりは、やり方はシンプルだ。

猫を選ぶ

エネルギーの相性　保護施設や譲渡会（あるいはペットショップ）へ行ったら、エネルギーの相性がいいかを確認しよう。子どもが小さい場合や活動的な場合は、モヒート猫を探そう。ノンストップで遊ぶ子どもたちについていけるような、同じく活発な猫がよいだろう。

子どもと接した経験　保護施設や譲渡会で猫を譲り受けるならば、子どもと楽しい時間を過ごした経験がある猫が理想的だ。そうした猫なら、子どもが家の中をにぎやかに走り回る姿にも圧倒されないだろう。

成猫か子猫か　年をとった猫はのんびりした家庭や、ある程度落ち着いた年齢の子どもがいる家庭に向いている。子猫の可愛さには引かれてしまうが、子猫はか弱いので、子猫のためにも小さな子どものためにも、監視の目を大いに光らせなくてはならないことは覚えておこう。

新しい猫を迎えるための準備

新しい猫のためのベースキャンプを作ろう　新たな家族の一員のために、ベースキャンプとなる部屋を用意し、どんな猫用品を置きたいか考えて、計画を立てておこう。

基礎的キャットリフォーム　既に説明したとおり、新しくやってきた猫は、まず家の中を垂直方向に見定める。猫が上へ行ける場所を確保しよう。特に、元気いっぱいに大騒ぎする子どもがいるなら、猫には一休みできる場所が必要になるだろう。

最初の引き合わせ　新しい猫を家に連れてきて、ベースキャンプに落ち着かせたら、少しゆっくりさせてあげよう。そのあと、家族に引き合わせるときには、1人ずつ会わせていく。猫に興奮する子どもが何人もいれば、猫は恐怖におののく。あなたが采配を振って、猫と触れ合ううえでの声の調子や行動のテンポを子どもに教えてあげよう。

幼児、別名子ジラは予測不能！
猫が怖がらないために必要なこと

猫が行うコミュニケーションで興味深いのは、空間を認識したり相手を尊重したりすることによって表現される言語があるということだ。第8章でキャットリフォームを説明したが、トラフィックフローを整理する必要があるのもそのためだ。特に、共有空間となる水平面（床）では、縄張りを共同所有するうえでの力関係が見てとれる。壁から離れない猫は、車線の真ん中を歩く猫に力を明け渡している。また、家の中で日が当たる場所に置かれたにおいの染みついた愛用品、縄張りマーカー、ベッドなどの猫にとって重要な資源は、時間ごとにシェアされていたりする。猫のこうした行動は、ワイルド・キャットのDNAに組み込まれたものだ。猫同士は平静を保ち、うまく共存していくのだ。

だが、そこへ子ジラこと、好き勝手に部屋で動く子どもが姿を現すと、リビングは東京中心部と化し、平和な街は一気に破壊されてしまう。

平均的なデータによると、赤ちゃんは9〜11カ月から歩き始め、15カ月までにはすっかり伝い歩きやよちよち歩きができるようになり、あたりをめちゃくちゃにすることもできる。細心の注意を払って都市計画が組まれた猫の勢力図に対して、子ジラほど破壊力を持つものはない。それは、子ジラは動きの予想がつかず、すべての信号を無視し、大はしゃぎで部屋の真ん中を横切り、何も知らない内弁慶猫を追い詰め、ナポレオン猫の縄張り主張を気にも留めないからだ。だが、本当の怖さは、子ジラは自分でも自分がどこに行きたいのか、まったくもってわかっていないし、予測不能なところにある。ふらふらと進み、4本足の家族が怖がっても、後ろへ下がってあげられない。猫の「あれは一体……なんなんだ？」という顔には、見覚えがあるはずだ。子ジラがどんどん近づいてくれば、闘争・逃走反応の警報装置が作動する。

キャットリフォームにまだ手をつけていないなら、今こそそのときだ。子どもの手がどこまで届くかを測って、そこよりも高い位置に、キャットウォークを設置しよう。垂直方向に安全な縄張りがあることを猫に知ってもらう

必要がある。

　猫は本来、攻撃的ではない。だが、逃げ道を塞がれたら、防御的な行動に出ることはある。つまり、猫が子ジラを追いかけるたった1つの理由は、子ジラに追いかけられると感じるからなのだ。こんな危険な状況を、手をこまねいて待つ必要はない。赤ちゃんが生まれる前に、あるいは子どもたちのもとに新しい猫を連れてくる前にキャットリフォームを済ませておけば、はるかに望ましい状況を迎えられる。あなたも、猫も。

　この時期に最も大切なことは、猫の縄張りの中にさらなる縄張りを作ること、そして、猫に子どもが来ない場所を与えるとともに、子どもに猫が来ない場所を与えることだ。

見守りながらの触れ合いには最大の注意を

　正しくキャットリフォームを行えば、子どもと猫が不注意に出くわしてしまうのを防げるし、いざというときには、猫に必要な逃げ道も確保できる。そのうえで、子どもが猫と、そして猫が子どもと触れ合える時間を計画してみるのはどうだろう？　ポイントは3つある。

①子どもが幼児期のときは、猫と子どもとの「公式」な触れ合いは、必ず親が見守る中で行うこと。例外はなしだ。

②家の中のエネルギーレベルが低い、猫も子どもも一番のんびりしているときに、触れ合いの時間を設けるのがベストだ。遊びの時間が終わって猫のエネルギーが消費されているときや、子どものお昼寝タイムや就寝時間の近くが良いだろう。

③この時期の子どもにとっては、手に触れるものがすべてだ。しかし、運動の感覚や、どうすれば動物が傷つくかという感覚は、まだ完全に発達していない。見守るときには、あなたが手を添えて、優しく猫にさわらせてあげよう。そうすれば、子どもが猫をつかんだり引っ張ったりするのを止められるし、猫が威嚇したり引っ掻いたりすることも避けられるはずだ。

子どもが触れられない猫用トイレの位置

子どもがよちよち歩きを始めて、大人が見失う恐れが出てくると、子どもが猫用トイレに入ったり、遊んだりしてしまわないかと心配になるはずだ。猫用トイレは、猫にとっては行動とアイデンティティの中心となる場所であり、子ジラにとっては遊び場であり、どちらにとっても重要なスポットだ。この場面でついとってしまいがちな、モジョに反する行動には気をつけてほしい。それは、子どもには絶対に猫用トイレに入ってほしくないと考えて、すべてのトイレを縄張りの外、つまり、納戸や玄関下など、子どもが行かない場所に追いやってしまうことだ。もう1つ、モジョに反してしまう例は、子どもが入れないようにするため、トイレにカバーをしたり、トイレの入り口を壁に向けたりすることだ。

子どもがいる場合は、衝立などで子どもが猫用トイレに行けないようにしたり、側面が高く、入り口が小さめの猫用トイレを使ったりしよう。

猫用トイレ近くに、ベビーゲートを設置するという手もよいと思う。床から20cmほど離して置けば、猫はベビーゲートの下をくぐるか、上を越えて行けるが、赤ちゃんは通ることができない。猫用の出入り口がついたペットゲートもある。

もし、トイレを移動するほうに自分の気持ちが傾いていると気づいたら、どうすれば猫と子どもにとって一番良い結果となるかを考えてみよう。子ども側の視点から考えて、もしどうしても猫用トイレで遊びたいようだったら、ほかのおもちゃを与えよう。動物でも人間でも9章で紹介した「ダメ！・いいよ法」（138ページ）は役に立つ。問題が起こるかもしれないというだけで、猫の縄張りから一番重要なものを取り去ってはいけない。

キャットリフォームにおける猫用トイレの位置は、常識にとらわれる必要はない。赤ちゃんがリビングで遊ぶことが多い場合、猫用トイレは洗面所や寝室など、赤ちゃんが1人では行けない場所に置くべきだと思うだろう。しかし、猫用トイレを床より高い場所に置いたらどうだろう？　ほとんどの猫は（機敏に動ける猫であれば）、トイレが高いところにあっても問題なく使える。もし、あなたがそれを受け入れられるなら、猫のモジョを保ちつつ、子どもを猫用トイレに入らせないことが可能になる、こんな方法もあるのだと覚えておいてほしい。

僕たちが暮らすのは、猫と子どもが歩み寄って成り立つ世界だ。キャットリフォームのルールに則っている限り、そして、子どもが猫のトイレは楽しいところなどと思ってしまわない限り、何をしても構わない。

3つのRを思い出そう

子どもと猫との引き合わせが無事成功して、猫との生活がうまく周り始めれば、家族が家で行う行動を軸にして、一定のアップダウンを繰り返すエネルギーサイクルのパターンもできあがっていることだろう。

子どもや猫と一緒に行うルーティンや儀式が生活の中にできあがっているだろうし、そうしたルーティンや儀式はすべて、家庭内の自然なエネルギーの転換点に合っているはずだ。あなたなりの家でのリズムもできているだろう。

少し前には、子ども部屋で赤ちゃんにミルクを飲ませながら、猫に食事をさせるというルーティンと儀式から、1つのリズムができると伝えた。そして、子どもが成長していくと、3つのR（ルーティン・儀式・リズム）も変化する。その中で、新たに加わったルーティンや儀式を入れたうえで生活を組み立て直していくことで、家のリズムもその変化に同調していく。すると、あなたの食事の時間や遊びの時間、寝る時間といったさまざまな時間は、エネルギーを上下させながら、うまく流れていく。

この話題について、最後に一言。3つのRができあがり、人間の家族も猫の家族も納得がいく生活を実現するには、ときに厳しい選択を進んで受け入れなければならないこともある。子ども部屋に猫を入れないようにしたくなったり、猫のトイレを移動したくなったりしたら、正反対の選択をすることを勧めたい。

そして、その選択がなぜ難しいのかを突き止めて、あなたがためらう理由や嫌がる理由をはっきりさせておけば、対応策も練りやすい。

赤ちゃん時代が終わり
子ども時代が始まったら

猫と子どもとの関係作りにおける親の役割は、はじめのころは、どちらかが不注意な行動や想定外の反応をしたら、もう一方を守ろうとするとともに、常にお互いを尊重し合う気持ちを育んでいくことだ。

子どもが幼児期を過ぎて、大人の指示に従えるようになったら、猫とどのように触れ合っていけばよいか、そして猫が嫌がることなど、禁止事項を教えていこう。それは、子どもと猫が生涯を通じて最高の友達となるために、大事な基礎となる。

動物の感情を理解しようという心を育てるには

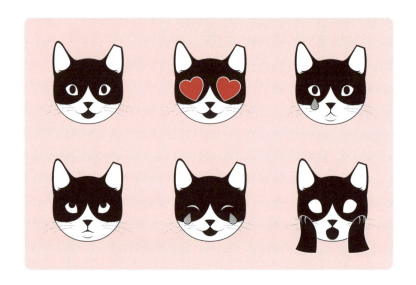

　子どもが猫との関係を通じて学べる最も素晴らしいことは、共感と尊敬だ。3〜4歳になると、子どもは自分の感情を言葉にし始める。例えば、「怖かったり、嬉しかったりすると、どんな気持ちになる？」という質問に答えられるようになる。この時期には、自分以外の人間がその人自身の考えや感情を持つということも理解できるようになる。

　子どもは猫が自分に似ていると感じれば感じるほど、猫の気持ちを正確に特定できるようになる。さらに深く考えることはできないとしても、親が手助けすれば、それに近い体験はできる。例えば、「怖いことがあったら、どんなふうに思う？」と聞いてみる。そして、どんな答えが返ってきても、「じゃあ、怖いことがあったら、猫も同じように思うかな？」と聞いてみる。もちろん、前向きな感情について話し合うことも、素晴らしい効果がある。例えば、「メリーゴーランドに乗ると、どんな気分になる？」と聞いてみて、どんな答えが返ってきても、「猫と遊んでいるとき、猫もそう思っているかな？」と聞いてみる。

　同じような言い回しを使って、心地よさ、愛、そして、肉体的な痛みについても話し合うことができる。こうした質問をして、子どもの答えを導いてあげれば、子どもに動物への共感が根づくとともに、動物と深い関係を築く基礎ができあがる。

子どもに猫との触れ合い方を教える

　猫との触れ合い方を子どもに教えるには、まず、ぬいぐるみを使って、猫への接し方を実際にやって見せるとよい。しっぽや耳を引っ張ったりしないことや、優しく触れること、触ると嫌がるところはどこかなどを説明する。子どもがぬいぐるみを乱暴に扱うようであれば、前ページと同じように、もし自分が猫で、誰かにそんなふうに乱暴にされたらどう思うかと、子どもに尋ねて考えさせるのだ。

　その次は、猫に「触ってもらう」方法を教えよう。（詳細は、205ページのミケランジェロテクニックを見てほしい）。それから、猫が触れられて一番嬉しい場所は、頬のあたりの場合が多いことを教えよう。小さな子どもの場合、1本指か手のひらを開いた状態で触れてもらうのが最も安全だ。

　また、多くの猫は、頭からしっぽまでを何度も撫でられるのがあまり好きではないということも、子どもに教えておこう。すべての猫がそうとは限らないが、こうした触り方をしないようにしておけば、撫ですぎたことで猫が突然、噛みついたり、猫パンチしたりと攻撃的になる「愛撫誘発性攻撃行動」を防げる。

覚えておきたいこと

- 猫を捕まえたがる子どもを叱ったり、逆に嫌がって逃げようとする猫を捕まえて叱ったりしてはいけない。多くの場合、猫は1回の嫌な印象が、一生嫌な印象として心に刻まれてしまうものだ。だからこそ、子どもが猫により優しくできるよう、見守ったり、指導したり、お手本を示したりしよう。

- 猫にはいつも穏やかに、優しく話しかけることを教えよう。猫に向かって話すときや、猫の近くで話すときには、叫んだり、大きな声や興奮した声を出したりしてはいけない。

- 当然のことながら、猫にはふさわしい呼び方をしよう。子どもたちが思いやりをもって猫と接してもらうには、間違っても「それ」とか「あれ」など使わないことだ。猫のことを話すときには、名前で呼ぶか、少なくとも「あの子」などと呼ぶようにして、子どもにも同じようにしてもらおう。

子どもに伝えるべき「禁止事項」

- 絶対に乱暴にしてはいけない。殴ったり、ぶったり、叩いたりしないことをしっかりと教える。それからよくやってしまうことだが、毛並みと逆方向に撫でてもいけない。
- 個人的空間を尊重しよう。食べたり、寝たり、トイレを使っていたり、コクーンに隠れていたりするときは、猫の邪魔をしてはいけない。
- 人間の手はおもちゃではない。保護施設に連れて来られる猫の中には、人間の手をおもちゃだと思っている猫が数え切れないほどいる。遊ぶときは、常におもちゃを使おう。人間の手は、おもちゃではなく、おもちゃを動かすために使うものだ。(人の手をおもちゃだと思ってしまっている猫の反応を変えたいなら、254ページのコラムを参照してほしい)

COLUMN 猫のボディランゲージと鳴き声の意味を子どもにも教えよう

　これまでずっと強調してきたように、自分なりの共感の感覚を育むよう、子どもに教えることは、推奨事項や禁止事項の一覧表をただ渡すよりも、ずっと血の通った方法と言える。

　特定の状況について、自分ならどう感じるか、どう反応するかという感覚をつかんでもらうことで、どうやって猫に近づけばよいのか、また近づいてはいけないのはいつかということを、子どもに教えるのは簡単になる。

　例えば、猫がしっぽをぶんぶんと叩きつけるように振っていたり、耳を平らにしていたりしたら、全く友好的ではないことを表している。低い声でうなったり、うめくような声をだしたり、それから「フーッ」という音や「シャー」という声を出していたりしている場合は、それが恐怖なのか動揺によるものなのかはわからないとしても、明らかに警告を意味している。

　こういった猫のボディランゲージや鳴き声の理解を深めることが、子どもにとっても大人にとっても大切なのだ。

子どもにもできる
猫のモジョを高めるアイディア

　さらに積極的に、猫との生活に関わってほしいと子どもに望むなら、猫のモジョを高めるようなことをしてもらうとよい。いくつかアイディアを紹介しよう。

小さな子どもが猫のためにできること

- 猫に食事を出す手伝いをしてもらえば、猫は子どもと良いことを結びつける。
- 猫用菜園の世話をしてもらう。パセリやセージ、キャットニップなどのハーブを育ててもらう。
- 幼い子どもでも、ある程度複雑な動作ができるようになったら、一緒に遊べるおもちゃが使えるようになる。だが、うまく動きを加減できないうちは、遊ばせてはいけない。おもちゃを早く動かしすぎて、猫を怖がらせてしまうことがあるからだ。とはいえ、親が見守ったり、教えたりしながらであれば、猫と子どものつながりを深める素晴らしい手段になるはずだ。

子どもは猫の世話が手伝える？

　ペットの世話をさせることで、子どもに責任感を学ばせたいと考える親は多い。自分以外の生き物との生活に責任を持ち、ペットの保護者になるという考え方を学ぶのは、子どもにとって素晴らしいことだ。ただ、どの程度が妥当なのか、どんな失敗をしてしまうか、ということには常に注意を払わなくてはならない。

　猫の世話について、子どもに持たせる責任のレベルは親次第だ。猫にはどんな世話が必要なのか、何を求めているのか、子どもと話す必要がある。例えば、6歳の子どもには、猫のトイレ掃除をさせたほうがよいか。2歳の子どもには食事を与えさせたほうがよいか。簡単なお手伝いから、きちんとした世話まで、さまざまなレベルがあるが、何をやらせるべきかは、その子次第だろう。だが、一般的に食事や水、トイレの世話に関しては、少なくとも、子どもに手伝ってもらうことはできる。

生涯の親友となるために
コミュニケーションにおけるあなたの役割

　人間との関係でも、動物との関係でも、関係の質は次の2つのことに大きく影響されることを、子どもに伝えておきたい。その1つは、どれだけ上手に相手に伝えられるかということであり、もう1つは、相手が伝えようとしていることをどれだけ正確に理解して、それにうまく応えられるかということだ。

　猫と人とのあいだでは、言葉を使ったコミュニケーションと言葉を使わないコミュニケーションの両方が行われる。言葉を使ったコミュニケーションの場合、重要になるのは、あなたが使った言葉と、それに加えて、猫が返してきたさまざまなメッセージを、あなたが心の中で言葉に翻訳したものだ。もちろん猫はその逆で、あなたの言葉を心の中で翻訳する。「猫は私が何を言っているかわからないし、ましてや考えていることなんて、わかるはずない」と思うかもしれない。だが知ってほしい。猫はわかっている。

　言葉を使わないコミュニケーションは、あなたが発するボディランゲージや表情、ジェスチャーが作りだす雰囲気のことだ。あなたは猫の姿が見えるところでも、さまざまな雰囲気を漂わせているが、猫が気づいているとは考えもしていないかもしれない。だが、知ってほしい。猫はちゃんと気づいている。

　言葉を使ったコミュニケーションでも、言葉を使わないコミュニケーションでも、猫と人間とのやりとりは絶えず行われている。しかも、人間からのメッセージを猫はただ気づいているだけでなく、たいていはそれに応えている。したがって、猫とのコミュニケーションを実現できるかは、飼い主によるところが大きい。

猫と気持ちを伝え合う
ボディランゲージの基本を知ろう

　ここからは、僕が長年かけて習得した、猫とコミュニケーションをとるうえで、僕たちにできる考え方や行動のうち、特に重要なものを紹介していこう。どれも、家族の一員である猫との素晴らしい関係を長きにわたって維持するのに役立つものだ。

　猫は人間の感情を読み取ると、無意識に、あるいは意識的にそれをボディ

ランゲージで表す。猫にはあなたのエネルギーが反映されるのだ。例えば、もしあなたが怖がったり、ためらったり、猫の周りをうろうろしたり、猫を上からのぞきこんだりすれば、猫はあなたに信用されていないと感じるだろう。あるいは、あなたがとてもびくびくしながら猫を撫でていて、突然その手を引っ込めたとしたら、猫は獲物が逃げたと思うかもしれない。そして、そうしたちょっとした自信のないしぐさが誤解を生み、場合によっては、猫に噛みつかれたり、パンチされたりすることにもつながる。

それでは、知り合ったばかりの猫やちょっと臆病な猫には、どうやってアプローチすればよいのだろう。まず、自分の恐怖は脇に置こう。接する人間に自信があれば、その前向きさが力になってくれる。何より重要なのはエネルギーであり、静けさと穏やかさを身にまとっておく必要がある。敵意のない友好的な気持ちで、静かな自信をみなぎらせ、猫の縄張りに入っていく。これは、隙あらば逃げようとする内弁慶猫や、すぐ臨戦態勢に入ろうとするナポレオン猫には特に有効だ。

別の言い方をすると、猫にアプローチする最も良い方法は、ほとんどの場合、猫を無視することだ。怯えている猫には特に効果がある。後ろへ下がって、体勢を低くして、猫のほうからこちらへ来てもらう。猫は、初めて会う人が大勢いる部屋では、自称「猫好き」の人ではない人に近づいていくと聞いたことはないだろうか。猫が向かうのはむしろ、猫アレルギーや猫嫌いの人のところだ。そうした人たちは猫に何かしたいとは思っていないため、観察したり調べたりする隙を猫に与えている。一方、猫が好きで一生懸命手を伸ばしたり、身をかがめてきたりする人たちからは、ひらりと身をかわすのだ。

猫との挨拶は3ステップで

猫との上手な挨拶の仕方を詳しく見ていこう。最初に紹介するのは、僕がずっと昔から気に入っているものだ。この方法は、初対面の猫に必ずと言っていいほど効果を発揮するだけでなく、いつも顔を合わせている飼い猫に対しても有効だ。

ゆっくり瞬き、別名「アイ・ラブ・ユー、猫ちゃん」

猫の行動専門家で、『ザ・ナチュラル・キャット（The Natural Cat）』の著者アニトラ・フレイジアは、「アイ・ラブ・ユー、猫ちゃん」というテクニックを完成させ、書き示した。あるとき、アニトラは猫に近づいていった際、

表情を柔らかくして猫を見つめると、猫がゆっくりと瞬きをすることに気がついた。そこで、アニトラは猫に近づくときはゆっくりと瞬きをするこのテクニックをいろいろな猫に試してみることにした。すると全猫ではないとしても、多くの猫は瞬きを返してくれたという。アニトラの依頼人の猫は、ほとんどがトラウマや不安を抱え、攻撃的で、不信感を募らせ、怯えきっている。そんな猫たちにも、このテクニックは心を開くきっかけとなったのだった。

　それでは、なぜ「アイ・ラブ・ユー」と名づけられたのだろう。僕の考えでは、瞬きの瞬間には、自分が無防備になることで、相手に信頼を示す気持ちが込められているからだ。猫は被食者でもあり、あなたに向かってゆっくり目を閉じるのは、本能的な行動ではない。野生の世界では、猫は常に片目を開けて眠る。敵かもしれない未知の存在に対して目を閉じることは、弱さや信頼、そして、愛を、最大限に示しているのだ。

　僕たち人間は、この信頼のしるしを猫にお返しすることで、自分も無防備であることを猫に示すことができる。僕は、依頼人の猫にゆっくり瞬きをするとき、「僕の目を思いっきり引っ掻いてもいいよ。でも、きみはそんなことしないって信じてる」と話しかけるようにしている。ゆっくり瞬きを猫へ最初に行うようにしているのは、僕が本当に無防備なのだと、真っ先に猫に伝える必要があるからだ。これはきちんと猫には伝わる。こうして信頼を示すことが何より重要なのだ。

　じっと見るのと、ただ見つめるのには、ごくわずかだか、実に確かな違いがある。見つめるときの目線は、優しく、肩の力が抜けていて、敵意を感じさせず、信頼感を与える瞬きができる。一方、じっと見るときの目線は、猫を不安にさせ、居心地を悪くさせ、敵意を感じさせる。怖がっている猫なら、顔を引っ掻くかもしれない。頬の筋肉や顎、首、額に意識を向けて力を抜いてみよう。猫と会う前に、自信が持てないようなら、リラックスできる体操をするのもいいだろう。例えば、眉毛をできる限り持ち上げて、そのまま10秒数えてから、力を抜く。同じ方法で肩から上のすべての筋肉をリラックスさせればいい。

　それでは、あなたの猫で試してみよう。猫を見つめ、目線を柔らかくして、「アイ・ラブ・ユー」と心の中で唱えながら、瞬きをする。「アイ」では目を開けておいて、「ラブ」で目を閉じ、「ユー」で目を開ける。猫が片目で瞬きをするか、少なくとも、ひげの状態が少し緩むまで待つ。完全ではなくても返事が返ってくれば、それは良い兆候だ。瞬きを返してもらえない場合は、目線をそらすか下げるかしたあと、もう一度試してみよう。

もちろん、全然瞬きを返してくれない猫もいる。距離が重要な場合もあるので、数歩下がってから、もう一度試してみるのも手だ。もしも望みどおりの返事が返ってこなかったとしても、考えすぎなくて大丈夫。

握手までのスリーステップ

　かつて、僕は突然窮地に立たされ、そこで「握手までのスリーステップ」という、このテクニックを生み出す必要に迫られた。僕が勤める動物保護施設に1人の女性がやってきて、車にひかれたばかりの子どもの猫を置いていった。その女性は世話をする余裕がないという。だが、正直なところ、もうその猫とは一緒にいたくないといった様子だった。受け取ったペットキャリーの中で、猫は痛みに苦しんでいて、すぐに獣医に見せる必要があった。無事に一命をとりとめたその猫は僕が引き取ることになった。ベニーと名づけたその猫は、傷ついて怯えていた。僕は「君を助けるためにここにいる」のだということを、ベニーにわかってもらう必要があった。ベニーに友好的であることを伝えなくてはならない。まずは、ゆっくり瞬きをした。でも、もっとメッセージを強めたい。

　猫同士の場合には、お互いを知るのににおいがとても重要なので、僕はベニーの前に眼鏡を差し出した。これなら僕だけのにおいがしっかりついているし、それほど怖がらせない距離から差し出せる。ベニーはいい反応を示した。「つる」と呼ばれる眼鏡の耳に掛ける部分にすりよって、僕のにおいに自分のにおいを加えようとしたのだ。そこで僕は次に、ベニーの鼻筋の上の部分に指で触れてみた。猫の「第3の目」と呼ばれる場所だ。すると大成功で、ベニーは指に頬を押し付けてきた。そこに触れられて、すっかりリラックスしたようだった。その瞬間、この3つのテクニックの組み合わせは、凍りついた猫の気持ちを溶かす、最高の手段だと気づいた。

　それでは、もう一度順を追って、握手までのスリーステップを見ていこう。

ステップ1：ゆっくり瞬き（アイ・ラブ・ユー、猫ちゃん）

　絶対に敵意を感じさせない方法で、猫に自己紹介しよう。

ステップ2：においのプレゼント

あなたのにおいがするものを猫に差し出そう。そして、猫が好きなだけにおいを嗅げるようにしておこう。僕はプレゼントには眼鏡のつるや愛用しているペンをよく使う。

ステップ3：1本指の握手

手をリラックスさせ、猫の前に差し出す。指を1本伸ばし、眼鏡やペンのときと同じようににおいを嗅がせてから、その指を猫の目と目のあいだの少し上のほうに当てる。猫に指を押し返させる。押し返してきたら、鼻や額を指で優しく撫でる。

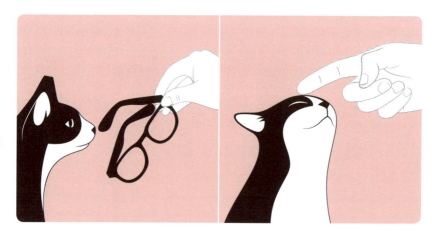

 COLUMN　コミュニケーションは猫から　人間はじっと待つほうが吉

ある調査で、158世帯の家庭を対象に、人間とそこで飼われている猫との6000を超えるやりとりを観察した。人間から猫に接触したか、猫から人間に接触したかでそのやりとりを分類したところ、人間から接触したほうが交流時間は短かった。

猫から接触していったほうが交流時間は長く、より前向きな交流になったのだ。

これでよく分かる、触り方のガイドライン

　猫の触り方をまるごと教えようと思っても、必ず矛盾に突き当たってしまう。触るという行為は、かなり個人的なもので、そもそも飼い主と猫の関係を表すものなのだ。それでも、これまで僕が紹介してきたことをもとに取り組んでいけば、どこを、どのように、どのくらいの時間触ればよいのかが、すぐに見えてくるだろう。

　「ゆっくり瞬き」や「1本指の握手」と同様に、出会ったばかりの猫に触る際、いつも頼りにしているテクニックがある。猫がどこを触ってほしいのか、僕が頼りにするガイドラインを紹介していこう。

① ミケランジェロテクニック
　まずは、こちらから話すのではなく、相手に聞いてみるのがベストだ。猫があなたに近づいてきたとき、あなたが頭からしっぽまで撫でて挨拶をしたら、それはとても失礼だし、完全に猫に期待しすぎている。そんなとき、僕が使うのは「ミケランジェロテクニック」(別名、指先と鼻先テクニック)だ。このテクニックを使うのは、僕が椅子に座っているところに猫が調査しにやってきたときや、僕が立っていて猫が垂直方向の場所（つまり床ではない場所）にいるときだ。

　猫が近づいてきたら、手をリラックスさせ、手のひらを下にして、人差し指を伸ばす。このとき、手はぴんと伸ばすのではなく、リラックスさせたまま前に出し、手の形はさかさまの「U」字になるようにする。こうして指先を差し出すと、猫がほかの猫に鼻先を差し出すしぐさに似せられるのだ。猫同士で鼻と鼻をくっつけるのは、親愛を表すしぐさだ。だから僕は、猫にその挨拶をしてもらおうとしているのだ。

②猫に任せて指を動かす

　ミケランジェロテクニックを受け入れてもらえた場合や、既に顔見知りの猫に触ろうとする場合には、僕はいつも、猫から触ってもらうようにする。猫の鼻とあなたの指をくっつけることができたら、すぐに指をまっすぐに伸ばして、猫と触れている部分にほんの少しだけ力を加える。触られて嬉しかったら、猫は鼻筋を指に押しつけてくる。そこからは、猫が方向を教えてくれる。額に向かって上へ行くのか、頬へ向かって横に行くのか。猫が導く方向に指を動かせば、間違えることはない。大切なのは猫の内なる声をよく聞くことだ。

③入り口は頬・顎・額

　たいてい、ここなら触れても大丈夫だと思える場所は、頬・顎・額だ。その場所が触れ合いへの入り口となる。その場所で猫からの信頼や満足した反応が得られたら、肩より下に触れてもよいだろう。

④毛づくろいを手伝う

　次のテクニックは、僕が「毛づくろいのお手伝い」と呼ぶものだ。このテクニックは、先にもっと挨拶の最初となる触り方をしておいて、猫が僕の手に信頼を持ってくれてから、初めて使えるテクニックだ。

　猫にとって毛づくろいは、本能的に必要なだけでなく、自分を落ち着かせるための手段で、ストレスや不安を抱えているときに気を鎮めてくれるものでもあるので、指を使ってその行動を真似るのだ。猫にとって気持ちがいいだけでなく、あなたと猫との絆を深めるのにも大いに役立ってくれる。

　まずは、ミケランジェロテクニックの続きのような動きから始める。つまり、指を猫の鼻先から口の横や頬のあたりまで動かすのだ。そうして鼻から口まで指を動かしていくと、猫が毛を舐めたことで付いた唾液が自然と指につくので、その指で鼻筋から額、首筋を撫でていく。最初にミケランジェロテクニックで指を差し出すと、たいてい、猫が指を舐めてくれる。その場合も、その指を使って、臭腺が集まっている頬や額などに、猫自身のにおいをこすりつける。

⑤耳をぐるぐる

　上級編の触れ方は「耳催眠」だ。この方法を上級と呼ぶのは、毛づくろいのお手伝いと同じく、取りかかる前にはある程度、猫の信頼を得ておく必要があるからだ。やり方は、親指で耳の内側を、別の指で耳の外側を、円を描

くようにマッサージするだけ。耳の上側の3分の2は、間違いなく、猫の最も敏感なところだ。マッサージする正確な位置や円を描くスピードは、猫によって違う。ただ、くすぐるように軽く触れるのではなく、どちらかというと、中くらいの強さの力加減にするのがよいだろう。

　ここは触られるのが好きだとか、こういう触られ方は嫌いだなどと決めつけるのは、猫にとって迷惑となる場合もある。だからこそ、あなたの猫の好みを理解していこう。それがわかったら、一番気にかけなくてはいけないのは、あなたの猫が過度な刺激によって攻撃行動に出やすいかどうかということだ。

　過度な刺激による攻撃行動は、その猫にとっての挑戦ラインを越えたときに起こる。触りすぎで起こる愛撫誘発性攻撃行動が最も一般的だが、音や痛みによって、限界に達することもある。

突然の攻撃への対処法

　猫にとって、あとどれくらい撫でたら過度な刺激になるのか、あなたは知りたいと思うだろう。手にパンチをされるか噛まれる前に、猫の限界が見極められるなら、こんなに嬉しいことはない。ここでは、過度な刺激による攻撃行動への対処法をいくつか紹介していこう。

前兆に気づく
　過度な刺激から攻撃行動に出る場合、その原因となるものは猫によって違うため、しっかり観察することが鍵となる。決定的なサインを紹介していこう。普段であれば、こうした様子はあまり見られないはずだ。

- 瞳孔が開く。
- 毛が逆立つ。
- 耳が後ろを向く。
- 首をすばやく振る。
- 舐める、体をこすりつけるなどの愛情表現が過度になる。
- しっぽを振る。多くの場合、エネルギーの風船が弾けそうになっている状態を表す。時々動かしていたしっぽを振るようになったら、事態は激しさを増している。抑えがきかなくなってくると、最終的には喜んでいる犬のようにしっぽを振る。ただし、犬ではないので、決して喜んでは

いない。この段階になったら爆発寸前ということだ。

● 背中がピクピクと動く。この症状が現れるのは、背中で痙攣が起き、筋肉が収縮しているためだが、同時にそれは、猫がエネルギーを解放する手段でもある。猫が部屋の中を歩いている途中、急にハエが止まったかのように立ち止まり、そのあと、執拗に毛づくろいをする姿を見かけたことがあるだろう。猫にとって、自ら気持ちを落ち着かせようとするこうした行動は、自制の手段でもあるのだ。そして、猫のエネルギータンクが満タンになりそうだとわかる、確かな指標でもある。

爆発を避ける

エネルギーの入り過ぎに気をつけよう。人間に触られると、耐えられなくなり、エネルギーの風船に空気が入る猫もいる。解放する手段がないままエネルギーを入れ続けると、最後には爆発してしまう。30秒くらいなら気持ちよく感じていたものが、それを過ぎると突然、風船を弾けさせるきっかけに変わってしまうこともあるのだ。シャーと威嚇したり、噛みついたり、襲いかかってきたり、逃げ出したり、毛づくろいを始めたりするのは、すべて、必死になって風船から空気を抜こうとしている行動だ。1つ注意してほしい。猫が喜び過ぎても、それが過度な刺激となって、攻撃行動に出ることがある。特にいつもより強く撫でたり、速く撫でたりしたときだ。あなたの興奮した手に合わせて、猫もしっぽをぴんと立てているはずだ。

一覧表を作ることもお勧めだ。あなたの猫のさまざまな部分に触れて、何が起こったかを書き留めよう。まずはしっぽだけ撫でてみて、その次は背中全体、そして頭からしっぽまでを撫でてみる。さらに、お腹、足先、頭、頬、肩と触っていく。1回だけ触ったときと、2回、3回と触ったときの違いも書いておこう。背中全体を何回撫でたら、過度な刺激になるか。そして、一番重要なのは、過度な刺激から攻撃行動に出た場合、明らかな原因は何か、我慢の限界を超えさせたものは何かを確かめることだ。

エネルギーを管理する

猫の毎日のエネルギーの出入りを調整しよう。HCKEを再現すれば、最後にあなたの膝に落ち着いたとき、猫はリラックスしているはずだ。エネルギーの風船が1日中ずっと動いていれば、攻撃行動に達する刺激メーターは、低いままだ。そのメーターが上がらないようにしておけば、好ましくない出来事は避けられる。エネルギーの風船が爆発する原因は、猫ではなくあなたにある。それは、事前に察する方法を学び、防げるものなのだから。

猫はなぜ過度の刺激から攻撃行動に出るのか？

　猫は驚くほど敏感な触覚受容器を持っている。その触覚受容器には、2つの重要な種類がある。速順応性受容器（RA受容器）と遅順応性受容器（SA受容器）だ。RA受容器は、触れられた瞬間の皮膚や毛の動きに反応する。そして、触れられたときに気持ちよさを感じる。

　それに対して、SA受容器は刺激を受けているあいだ、ずっと反応を続け、特に撫でられているときの感覚を受け取り、あの「もうたくさん！」という反応の原因となる。SA受容器の中には、下半身に多く存在するものもある。たいていの猫が撫でられることに敏感な部分だ。

猫に言葉は伝わっている

　あなたは猫のいる前や猫のいないところで、猫についてどんなことを話しているだろうか。そして、どんな言葉を使っているだろうか。

　人間が使う言葉は、その人が世界をどう見ているかを示すラベルだ。例えば、猫の行動や性格について「攻撃」「敵意」「突然」「意地悪」「凶暴」といった言葉を使うと、その言葉が正確でなかったり大げさだったりしても、その行動や行為に、目的や深い意味を持たせてしまうことになる。

　僕の経験から言うと、特に家で「問題がある」猫に関しては、飼い主の認識や、その認識を言い表す言葉についての問題に対応するのに、90％近くの時間を使う。例えば「うちの凶暴な猫が攻撃してきます」「誰彼構わず敵意を見せます」といった言葉だ。言い表す言葉が正確でないと言いたいわけではない。たいていは、気軽なおしゃべりだ。依頼人にとってはただの言葉かもしれないが、僕の考えでは、猫との関係にとっては毒だ。こうした言葉が飼い主と猫のあいだに壁を作っているのだ。

　何気なく「あの子は私が嫌いなの」と言ったり、猫のことを「バカ猫」と呼んだり、ひどいラベルを貼りつけてもいけない。何の意味もなく猫の評価を下げてしまえば、多かれ少なかれ、猫との関係を損ねることになる。

　覚えておこう。もし「うちの猫は凶暴に攻撃する」と言えば、猫はその

おりにする。もし「バカ」と呼べば、猫はそのとおりになる。猫は人間の言葉を理解しないだろうが、間違いなく、口調は理解する。僕たちが口にする言葉は、僕たちの感じ方を反映したり、感じ方に影響を与えたりする。大切な人たちにそうしたものは伝わっている。あなたの猫には、それが10倍になって伝わる。だから、使う言葉にはいつも気をつけなくてはならない。

 COLUMN　猫の悪口罰金箱

猫に向かって「バカ」とか、ひどい言葉を使うのに慣れているなら、「猫の悪口罰金箱」を用意してはどうだろう。家族が、猫のことを悪く言ったら、その度に小銭を入れる。これを数週間続ければ、猫をどんなふうに呼んでいたか、どれだけたくさんそう呼んだかが、一目でわかる。
罰金箱に貯まったお金で買うのは、猫の新しいおもちゃで決まりだ。

猫に「投影」するべからず

　今日がさんざんな日で、疲れきって、ようやく家にたどり着いたとしよう。家に入ってまず目に入ったのは、座ったあなたの猫だ。あなたをじっと見つめている。なにか非難するような目に見える。
　この場合の問題は、猫が何を考えているかという客観的なことを、完全に客観的でないところから判断している点にある。これは「投影」と呼ばれる。心理学で、不安や怒りを感じたとき、その原因が他人にあると捉える傾向を指す言葉として使われる。
　猫は「何を考えているかわからない」と思われることが多く、特に投影の対象にされやすい。投影は怒りやフラストレーション以外の理由からも行われる。僕たちは自分たちが望むことを猫も同じように望んでいるはずだと思ってしまうことがある。例えば、トイレはプライバシーが絶対に守られていないといけないと決めつけるが、これも正しくない。投影をしていると、どんどん間違った方向へと進んでしまいかねない。投影をする原因は、猫の生活やボディランゲージに対する理解が足りないことにすぎないのだ。

猫探偵活動で事件を解決せよ

　僕が他人の家に上がりこんでいって、猫の問題を解決できる理由の1つは、僕がその家の住人ではないからだ。僕はまるで探偵だ。家の中へと入り、偏見を持たずに観察し、問題を見定める。その場所では、僕は物語やドラマに深く関わらないし、感情表現や感情移入は行わない。

　例えば、彼氏が家にやってくる度に、猫が彼のバッグにおしっこをしたとする。あなたは猫が「あいつ、大っ嫌い」と言っていると考える。だが、僕からすると、猫はこんなふうに言っている。「縄張りが心配だ」

　つまり、猫の行動を個人に対する攻撃だと考える必要はないし、それで大騒ぎする必要もない。それよりも、いつ、どこで、なぜ、どのようにそれが起こったのかを調査し、問題を解決していくのだ。僕はこれを「猫探偵活動」と呼んでいる。

　猫探偵活動の基本ルール。それは、なにかあっても冷静に、感情に左右されず先に進むことだ。部屋に入って行って、おしっこの跡を見つけたら、それを尿だと認識し、片づけて、まずはなかったことにして、先へ進んでほしい。そうすることで、本当の問題に気づき、対処し、原因究明するのが早くなるのだ。高ぶった感情は追い払ってしまおう。なかったことにして先へ進むのだ。

　それでは、基本ルールを理解したところで、猫探偵活動のガイドラインをもう少し見ていこう。

①事実を把握する

　何が起きたのかについて、事実だけを書き留めよう。例えば、「朝4時に目が覚めると、猫が胸の上に乗っていて、私はこれをして、猫があれをして……」といった具合だ。

②犯行現場を特定する

　尿の問題に関して強い味方となるのは、紫外線ライト、またはブラックライトと呼ばれるものだ。おそらく刑事ドラマなどで、犯罪現場の血痕を照らし出す重要な道具として使われるのを見たことがあるだろう。正確な場所を特定できるだけでなく、飛び散った血しぶきや血痕の形までわかるのだ。尿の問題のときにも、血液のときと同じくらい大活躍する。日が沈んで、調査したい場所が暗くなったら、始めよう。残念ながら、多くの場合、あなたが

思っているよりもたくさんの染みが見つかるはずだ。探偵活動として、染みの形を記録しておこう。例えば、小さなしずくだったら尿路感染症が疑われるし、家具や壁に垂直にかかった尿が床にこぼれていたら、たいがいは縄張りのマーキングだとわかる（詳しくは288ページを参照）。

さらに、ライトを当てたときの染みの色にも注目しよう。色が濃いほど、新しい染みだ。色あせていたら、それはあなたが以前に掃除した染みか、ただ単に古い染みだ。時間が経つと、尿に含まれるタンパク質が分解され、色が薄くなる。残念なことに、猫の尿は、しっかり掃除をしても、ある程度は表面にずっと残ってしまい、カーペットに使われている染色された糸も化学変化するので、ブラックライトを当てると、白い染みとなって表れる。

③客観的に記録する

事件を記録するときは、主観的な要素はすべて取り除く。過度な刺激への反応で、軽く噛まれたり引っ掻かれたりしただけなのに、「猫が凶暴に襲ってきた」などと言ってしまえば、調査を台無しにする偽の報告書ができあがってしまう。猫が何かほかのことをしようとしたのに、攻撃されそうだと飼い主が勘違いして、攻撃という言葉が使われることもある。そんな捉え方では、探偵は務まらない。これまでにも見てきたように、猫は悪意を持って行動することはない。さらに、前に言ったとおり、言葉は大切だ。激しい言葉やショックを与えるような言葉、断定的な言葉を使うのはやめよう。今はまだ、ただ証拠を集めている段階なのだ。

④チェックリストを作成する

ワイルド・キャットについてこれまで学んだ知識を総動員して、何が猫の縄張り意識を刺激するか、脅威となるかをチェックするリストを作ろう。チェックリストには次のような質問を含める。猫を不安にさせるものは何か。猫の縄張りを脅かすものは何か。喧嘩をしていないか。お気に入りのフードを切らしていないか。ペットキャリーを出していないか。スーツケースを出していないか。来客や家の外に猫はいないか。

⑤気長に構えよう

性急に事を進めると、たいていは逆効果になる。このやり方が正しいと信じて、気長に構えることだ。問題解決には締め切りもなければスケジュールもない。そういう考え方は通用しないのだ。どれだけ必死に時間をコントロールしようとしても、猫の問題は猫の時間で進んでいく。人間の時間どおり

には進まないのだ。

　猫探偵活動では、自分が観察した行動から情報を得るように努めよう。猫のストレスや不安に着目して考え、行動を記録し、パターンを見つけ、細かな点を書き留めよう。猫は原因なしには行動しないし、個人的恨みから行動することもない。すべての問題行動の大本にあるのは、恐怖、不安、痛み、あるいは、それらが重なったものだ。

COLUMN 猫探偵活動の延長線「宝物じゃないもの探し」

　猫探偵活動は、第8章で紹介したモジョマップ（114ページ）を活用する絶好の機会だ。ここでは、モジョマップを「宝物じゃないもの探し」の地図として使い、好ましくない出来事が起こった場所に×マークを入れる。トイレの問題でも、攻撃行動でも、そのほか何かあった場合でも、それが起きた正確な位置に×をつける。ソファのどちら側か、前か後ろか、前側の右脚の右か左か……どこまでも正確につけることが重要だ。

　さらに、モジョマップに手掛かりを書き加えていこう。それぞれの事件現場となる×に、番号を振る。地図の横には、日付と時間、事件の前後にどんな行動が見られたか、家の中のエネルギーが高まるタイミング、例えば、食事の時間などにどれだけ近かったかといった事実を書いていく。常に客観的な観察に努め、観察結果を地図に書き込み、事件を組み立てよう。

　病気が原因の行動は除外したとして、客観的に記録を取り続け、数日から数週間分の×を集めれば、ほぼ間違いなく、宝物じゃないもの探しの地図の中には、×が点ではなくパターンとして浮かび上がってくるはずだ。原因のない行動はないことが、これでわかるだろう。

先手を打つための猫探偵活動

　これまで客観的な方法で、観察に取り組んできたあなたなら、猫が取る行動の裏には、その時々によって異なる方法や理由、場所、時間が潜んでいることを知っているはずだ。
　問題は何もない状態から起こったわけではない。あなたの猫に関して、あなたが知っている物語が問題解決の手掛かりになることもある。これまでの生育歴、あなたと暮らす以前の生活、猫が抱えているトラウマや、そのトラウマをどのように乗り越えてきたのか。そうした情報をもとに、今起きた事件に当てはめて考えていくのだ。あなたと暮らす前や暮らしてからの猫の生活をあなたなりの視点で見ていれば、猫の現状や、普段とは違う行動について考える場合にも、驚くようなひらめきが浮かんでくるだろう。
　次に目指す段階は、先手を打つための猫探偵活動だ。猫がこうした問題となる行動や行為をする前に見せる行動に対して、細心の注意を払うことは、実はとても簡単だ。大部分の内容については、この後の章で解説していく。

見逃してはいけない助けを求める猫の行動

　ワイルド・キャットはいつも警戒している。食物連鎖の中間に位置するものの定めだ。常に狩りをしなくてはならないと同時に、狩られる危険にもさらされている。こうした理由から、猫は決して痛みを見せようとはしない。痛みは弱さであり、捕食者は弱点を嗅ぎつける。
　あなたの猫は、祖先から受け継いだ生き残りの戦術だけでなく、そうしたストイックな性質も持ち合わせている。そのため、猫の体に異変が生じた可能性を示す行動の変化には、鋭く目を光らせていなければならない。
　以下に猫に助けが必要となる行動を挙げていく。すべてを網羅しているわけではないが、僕が仕事で関わった猫や飼っていた猫たちには、だいたいこうした行動が見られた。見た目でも、行動でも、単に気配だけであっても、何かがいつもと違うと感じたら、動物病院へ連れて行こう。

冷蔵庫の上やベッドの下で暮らす

　これは周りにある何かを怖がっているサインだ。ワイルド・キャットは痛みや病気のせいで自分が攻撃されやすいと感じると、逃げたり隠れたりすることがある。

トイレ以外の場所で尿や糞をする

　考えられる医学的理由は膀胱炎、尿石症、感染症、消化器疾患、糖尿病など、たくさんある。体に異常がある場合に多く見られる兆候は2つ。1つは、猫用トイレ以外の場所で完全に排泄していること。ときにはトイレまであともう少しというところで漏らしてしまうこともある。もう1つは、トイレからわずか数歩のところにごく少量のおしっこが広がっていることだ。

食べ物ではないものを食べる

　異食症など、食べ物以外のものを食べてしまう場合については、第17章のケース9（268ページ）を参照してほしい。

突発的な攻撃など、これまでと違う行動をする

　あなたの周りにいる人の性格が突然変わったら、おそらく心配になるはずだ。あなたの猫が人間に対してでも、同居するほかの動物に対してでも、突然攻撃をしてきたら、僕たちと同じように、痛みや不快感などから怒りっぽくなっている可能性が高い。

夜、活動的になった。または鳴くことが増えた

　高齢の猫が活発になったり、よく鳴くようになったりした場合、一般的に考えられるのは甲状腺機能亢進症だ。高齢のために目が悪くなったり、耳が遠くなったり、痴呆が始まったりした猫も、夜に電気を消すと、騒いだり方向がわからなくなったりすることがある。

爪で自分を引っ掻いたり、異常に毛づくろいをする

　猫の皮膚は驚くほど繊細だ。これらの症状の考えられる原因は多い。アレルギー（食物、吸入性抗原、環境）、皮膚病、ノミの感染、さらには、家でのストレスの増加が過剰な毛づくろいとなって表れることもある。

過度の睡眠

　猫がいつでも、ただ眠っているわけではないのは、既にご承知のとおりだ。猫が完全に引きこもってしまったり、それまで楽しみを感じていたものや人、行動に興味を失ってしまったりしたら、それは助けを求める叫びだ。

第12章
誰のための挑戦ラインか?

　ペットとの関係をひと言にまとめるのは難しい。このことを考えていると、猫について非常によく聞かれる質問が頭に浮かんでくる。「どうして猫は食べかけの獲物を持ってくるのですか?　プレゼントみたいなものでしょうか?　その後どうしたらいいでしょうか?」。もちろん、その行動についての解釈や理論はいくつもある。けれど、注目すべきはそこではない。僕がずっと、猫のその行動に魅了されてきたのは、そこにはっきりと、そしてもどかしいほど、猫の二面性が読み取れるからだ。

　ひとつは、それは「プレゼント」であり、小学生の子どもが、図工の時間に描いた似顔絵をプレゼントしてくれるのに似ている。だが、もうひとつは、それが食べ物だということだ。母猫は子猫に乳離れを促すとともに、これからは自分で今後することになる行動を経験させるため、子猫のもとへ「テストフード」を持って帰る。つまり、あのシンプルな行為は、子どもから親へ向けた行動であるとともに、親から子どもへ向けた行動でもあるのだ。そうなると、そこからうかがえる関係は複雑で、お互いが複数の役割を持っていると考えられる。親友、保護者、親、そうした呼び方をすることで関係に意味を与えても、猫との関係作りにおいて行動で表した努力や献身に比べれば、どんな呼び方も重要ではない。

　本書ではここまで、猫とのより良い関係を築くために、あなた自身もリスクを引き受け、猫を所有するという考えから抜け出し、猫を育てるメリットもデメリットも受け入れてくれるようにお願いしてきたつもりだ。だが、次に考えなければならないことは、僕たち自身のことだ。第9章では、猫が挑戦ラインを越えるとき、僕たちには手助けする役割があることを見てきた。それにより、猫は生活の質を高められる。そして、その過程を人間の子ども

への手助けになぞらえた。子どもの成長を考えたうえで、子どもに自ら「させる」ことによって挑戦ラインを越えさせるのだ。そして、今度は大切な我が子である猫の最善の利益が脅かされるような場合など、飼い主が挑戦ラインを越えなければならないときが訪れる。

　それは正しい行いでもある。猫はペットキャリーが大嫌いだから、どうやって入れるのかを考えたことのない人だっているだろう。けれど、もし明日緊急事態が発生して、急いで家から猫を連れ出さなくてはならなくなったらどうするのか？　あるいは、毎日猫に薬を飲ませなくてはいけなくなったとき、猫は嫌がるだろうと思って、どうやって飲ませるのかを考えないようにしてきた人もいるだろう。けれど、その薬によって、健康でいられるか病気になるか、あるいは、生きるか死ぬかが分かれるとしたら、飲ませないわけにはいかないはずだ。

　こうした、猫が嫌いなこと、ひいては自分が嫌いなことについては、避けて通ろうとするのではなく、なんとかやり遂げる方法を見つけよう。それに、この話は、困った事態への対処法だけにはとどまらない。どのように取り組んでいけば、猫もあなたも、そうした事態に悪いイメージを結びつけずに済むかという話でもある。どうか前向きに捉えてほしい。どんな状況であっても、つらい気持ちを和らげ、猫の自信を最高に高める方法は存在する。

過剰な愛情が生む肥満との戦い

　猫の肥満をめぐる課題の1つは、飼い主自身が肥満を助長していることだ。飼い主の多くは「食べ物＝愛情」という意識が根深くあるため、餌で猫に愛情を伝えてしまうのも理解はできる。猫が喜ぶとわかっているのに、大量のおやつを禁止するのはつらい。だが、そうした大量のおやつが猫の健康を害するとしたら、それは絶対に禁止しなければいけない。

　ペットの肥満は人間の肥満と同じく危機的状況にあり、最近のデータによると、肥満や2型糖尿病を患う子ども、猫、犬の数には、すべて同じような増加が見られたという。もしこの事実に思い当たる節があるならば、次のことを考えてみてほしい。

● 本書執筆時点で、58％以上の猫が過体重であり、約15％は肥満と認定されている。ペット肥満予防協会（APOP）によると、「アメリカでは、糖尿病、骨関節症、高血圧、がんなど、肥満に関連する病気にかかるリスクが高い犬や猫は、8000万匹に達する」という。

- 過体重や肥満に該当する犬と猫の数は、ここ20年でおよそ2倍になっている。
- 肥満によって猫の関節はすり減り、痛みやこわばりが生じたり、刺激に極端に敏感になったりする。肥満が問題行動に直接つながることもある。例えば、トイレを使わなくなるといった行動だ。重くなった体を動かすのはとても大変だし、しゃがみこんだり、トイレに出入りしたりすると体が痛むため、猫はその場所にマイナスの印象を結びつけてしまう。
- 肥満になると、捕食者として体を動かすことが少なくなる。運動自体が非常に困難になるからだ。動かなくなれば体重はますます増加し、僕たちが断ち切らない限りその悪循環は止まらない。
- 体重が増えてしまった猫は、自分で毛づくろいをするのが大仕事になってしまう。それは猫にとっても人間にとっても、喜ばしいことではない。

このように、猫の肥満はすっかり広まっているが、肥満を防ぐことはできる。そのために、飼い主にできることを紹介していこう。

四六時中餌を出したままにしない

猫にとってのジャンクフードは与えない。決まった時間に、猫の生態にふさわしい肉主体の食事を与えるのがよい。

早食い防止用のアイテムを使う

95ページで紹介した早食い防止用ボウルやフードパズル（転がしたり、どこかを押したりすると中の餌が出てくる仕掛けのあるおもちゃ）を使って、食べるスピードを遅くする。人間と同じく、猫も満腹だと感じるまでには時間が必要で、適度なペースで食べないと満腹感は得られない。

HCKE（狩りをして、獲物を捕らえ、殺して、食べる）を忘れない

遊びを取り入れて体を動かせば、肥満を予防できる。猫は喜ぶし、猫が健康になってそばにいる時間が増えれば、飼い主としても嬉しいはずだ。

最近の研究で、猫に健康的な食生活をさせた飼い主への調査が行われた。ほぼすべての猫の体重が減り、多くの猫は飼い主により一層愛情を示すようになった。膝の上に乗ってきたり、喉を鳴らしたりすることが多くなったのだ。食べ物を制限すると猫が怒るだろうと恐れることはない。実際にはその反対だとわかっているのだから。

動物病院にはいくつか行ってみる

　猫の飼い主が猫を動物病院に連れて行く回数は、犬の飼い主の半分だという。動物病院へ通っていなければ、結局後になって高くつく。それだけでなく、早期に発見すれば治療できる病気はたくさんある。例えば、腎臓病、糖尿病、歯科疾患、失明、甲状腺機能亢進症、心臓病などだ。これらはすべて、治療も管理も可能だが、もちろん早いほど対処しやすい。少なくとも、大人の猫なら、たとえ健康に見えても、1年に1回はシニア用の血液検査を受けておくべきだ。

　もし、それができていないなら、ためらっている理由はなんだろう？　動物病院へ行くという行為自体が、あなたにも猫にも苦行になっているのではないだろうか。何年も動物病院へ行っていないという猫は、信じられないほどたくさんいる。たいていの場合、僕が飼い主に指摘して、ようやくそうした猫たちは、去勢手術や避妊手術以来、初めて動物病院の門をくぐる。そんな事態にならないためには、どうすればよいのだろう？

　まずは、目的地である動物病院について考えてみる。どんな環境だと猫が怒るのかを考えてみれば、本質的に猫がストレスを感じやすい病院もあるかもしれない。近くの動物病院をいくつか訪ねてみよう。周囲は静かか、騒がしいか。犬と猫の比は、いつもだいたいどのくらいか。一番重要なのは、病院のスタッフに猫の心配事をもちかけたときだ。誠実に対応してくれたか、すぐに処置をしてくれたか。ここで言いたいのは、1カ所に決める必要はないということだ。近頃は選択肢がたくさんあるので、よく調べよう。

ペットキャリーは猫の親友になれる

　年に1度の検査以外、動物病院に行かない猫は半数を超える。そして、猫を動物病院へ連れて行くと考えただけでストレスを感じる飼い主は、全体の3分の1以上にのぼる。猫がペットキャリー（クレート）を嫌う主な原因は、これまでそれに結びつけてきた記憶がすべて嫌なものだからだ。こんなふうに考えてみてほしい。子どものころ、家には2台の車があった。1台は赤い車で、駅や学校、友達の家、映画に行くにも毎日乗せてもらっていた。一方、もう1台の黄色い車は、歯医者に行くときだけ乗せられた。この状況がしばらく続くと、車と記憶が結びつく。すると、母親が黄色い車の鍵を手にしただけで、心臓がどきどきして、手のひらは汗ばみ、とてつもなく嫌な予感に包まれる。その気持ちを静めようと、恐怖の黄色い車に乗らずにすむよう、力の

限り抵抗を試みる。これが、大部分とは言わないまでも、多くの猫のペットキャリーに対する認識だ。では、どうすればいいだろう？　そう、黄色い車を赤い車に変えるのだ。

　まずは、ペットキャリーを恐ろしい場所から移動可能なベースキャンプへと変える必要があるので、その手順を見ていこう。

①まずはペットキャリーを分解する

　黄色い車が見えなくなれば、嫌な結びつきを断ち切るのに役立つ。はじめに、ペットキャリーの上半分を取って、下半分を使ってコクーンを作ろう。猫とあなたのにおいがついた毛布などを敷いて、居心地良くするのだ。

②コクーンをさらに魅力的な場所にしよう

　ペットキャリーに興味を示したら、においを嗅いだだけでも、ご褒美をあげよう。「大当たり！」のご褒美を覚えているだろうか？　今こそ、その力が発揮される。新しい場所を好きになってもらうトレーニングをしながら、ご褒美をあげよう。ペットキャリーの近くにいるときだけ、あげるようにする。さらによいのは、ペットキャリーの中で食事をさせることだ。何回かかかるかもしれないが、だんだんと餌入れを新しいお気に入りの場所に近づけていこう。辛抱強く、毎日挑戦ラインを押し広げていくのだ。

③組み立てなおす

　猫にとって、ペットキャリーがただおやつをもらえる場所ではなく、ほんのわずかな時間でも、そこでくつろぐ場所になったと感じられたら、組み立

てなおすときだ。まずは上半分を取り付ける。ここでも同じテクニックを使って、ペットキャリーと良い印象の結びつきを強めよう。

　次に扉を取り付ける。その次は、少しのあいだ扉を閉める。閉まるときにカチャンと鳴るラッチの音で怒り出す猫は多い。その場合、ラッチをテープで留めて閉まらないようにしておくとよい。慣れたころ合いを見計らって、徐々にラッチを使うようにしていこう。扉を閉めた状態で食事ができるようになったら、変身はほぼ完了だ。

④持ち上げてみる

　引き続き、一番効果があると思う方法で、ペットキャリーへの良い印象を強めていったら、猫が入っているときに扉を閉めたままペットキャリーを持ち上げる。最初は車へも行かない。猫が入った状態で扉を閉めて、30秒外へ出る。家に戻って、ペットキャリーを開けたら、中にご褒美を入れ、一体何が起こったのか猫に考えさせる。良いことに違いないと思わせよう。

⑤近所にそのまま連れて行く

　次のステップは、家の近くをぐるっと1周するだけの短時間のドライブだ。これを繰り返す。ドライブが短くても長くても、必ず大好物のご褒美で終わるようにしよう。

　この目的は何かと言うと、ペットキャリーに入っても、いつも嫌なことが起こるわけではないと、猫に伝えることだ。車に乗ったからといって、いつも注射されるわけではないし、たくさんの猫や犬と待合室で過ごすわけではない。ペットキャリーは敵ではないのだ。もし50回ペットキャリーに入って、病院に行くのがそのうちの1回だったら、それほど悪いことではない。

お手本はメリー・ポピンズ

　猫を病院に連れて行ったり、ペットキャリーに入れたり、薬を飲ませたり、爪を切ったり、仕事で留守番させたり、決まった時間にだけ決まった量の食事を与えたり、といった話題になると、必ずついて回る感情がある。罪悪感だ。さらに、こうした罪悪感が中心となって、自分が猫を不幸にする元凶だ、自分のせいで猫は苦痛を感じている（その苦痛が一時のものであっても）という、耐えがたい考えが生まれてくる。

　そうした「楽しくないこと」を回避すれば、結局は猫の不幸につながると

しても、無意識の中では、やはり罪悪感にかられている。このとき、あなたの目の前に現れるのは、あなた自身の挑戦ラインだ。猫の自信を高めてあげられる最高の飼い主になりたいなら、こうした行為につきまとう罪悪感は、越えなければならないあなたの挑戦ラインとなる。

　僕たち自身が挑戦ラインを越えると同時に、猫に爪切りや動物病院やそのほかの「楽しくないこと」を受け入れてもらうには、どうしたらよいだろうか。それは、映画の中でメリー・ポピンズが言うとおり、「スプーン1杯のお砂糖があれば、どんな薬もへっちゃら」だ。どうしてメリー・ポピンズが出てくるのかというと、それは、メリー・ポピンズが心を穏やかにさせてくれる人物であると同時に、有能な家庭教師でもあるからだ。それにやるべきことを実行する大変さを十分に理解しながら、やり遂げる手段にも心を配っていて、すべての飼い主にとって、素晴らしいお手本となるのだ。

「スプーン1杯のお砂糖があれば……」

　猫が嫌がることを行おうとするとき、僕たちが感じる罪悪感は、声のトーンや言葉の選び方に表れる。11章でも話したとおり、言葉は大切だ。ただし、実際のところ、言葉だけでなく、声のトーンから生理的反応まで、すべてが大切だ。例えば、猫に薬を飲ませているときなど、嫌なことを行っている最中に飼い主が心の中で「猫が可哀そう。私は猫に可哀そうなことをしている。私は悪い飼い主」と言っていたら、ほぼ間違いなく、それは声のトーンに表れて、猫は不安なエネルギーを感じ取る。気がついたら、猫に忍び足で近づいて、薬や爪切りをぎゅっと握りしめ、肩から顎までのすべての筋肉をこわばらせていないだろうか。

　そこで、メリー・ポピンズの登場だ。「スプーン1杯のお砂糖」は、不安を追い払って、ストレスの多い状況に、意識して甘さを取り入れようという考え方だ。「一番楽しいやり方」で物事を行う。それこそが、つらさを和らげる方法だ。

「……どんな薬もへっちゃら」

　あなたがどんなきっかけで挑戦ラインの前に立つのか、僕にはわからない。例えば、動物病院へ猫を連れて行く方法など、さまざまな問題への対処法を伝えることはできる。だが、あなたが手に汗握るのはどんなことかとなると、それは非常に個人的な問題となる。爪切りだろうか？　それとも薬？　10時間以上、家を空けること？　別の餌に切り替えること？　それがどんなこと

であっても、毎日の生活の中で、心から気楽に行えるようになることが目標だ。つまり、あなたが特に抵抗を感じることについて、そのやり方の腕を磨き、自信を付けてほしいのだ。次のとおり進めていこう。

①挑戦ラインの明確化
　まずは何があなたにとって挑戦ラインとなるのかを明確にする。

②動作を細かく分けてみる
　抵抗を感じている行為について、その手順や一般的なやり方を調べよう。そして、一連の動作を細かく段階的な工程に分けていく。調べるときには、もちろんインターネットも活用できる。身近にペットの専門家や猫に詳しい人がいれば、その人の知恵や経験を拝借するとよい。獣医やトリマー、ペットシッターなどがやり方の参考になる情報をもたらしてくれるかもしれない。

③共感できるものを見つける
　抵抗を感じている行為には、さまざまなやり方があるだろう。あなたが共感できるものを見つけよう。例えば、動物用の爪切りでも、実にさまざまなものが売られている。けれど、僕が使いやすいと思えるのは、人間用の普通の爪切りだ。使い方がわかっているので、手にした瞬間、すぐに不安が和らぐからだろう。

④対処方法をあらかじめ考える
　猫に近づいて行く前の段階で、手順を何度も頭の中で繰り返す。そして、事態が悪いほうへ行ったときの対処方法を考えておけば、作業中に予想外の出来事が起こる可能性は下がり、ストレスが減る。

⑤心を落ち着かせてから挑む
　猫に近づく前に、まず自分自身を落ち着かせよう。あらゆる不測の事態を想定して、対処方法を頭の中で繰り返す。何度か息を吸って、体のどこにストレスがかかっているかを素早くチェックして、そのストレスを解放しよう。

　スプーン1杯のお砂糖があれば、どんな薬もへっちゃら。これであなたは、たまたま猫のそばを通りかかってしゃがみこみ、「やあ」と声をかけて体を撫でるようにして、薬を飲ませることができる。まるで魔法のようだ。

COLUMN　ご褒美をあげるか、あげないか

　猫にとって楽しくないことに取り組む際、個人ごとに大きく異なるのがご褒美だ。猫が薬を飲んだら、大好物のご褒美をあげてもよいか？　もちろんだ。あなたが完全に落ち着いて行動できるなら、何をしたって構わない。だが、僕個人の話をすると、薬を飲ませるために大好物のご褒美をあげたことは一度もない。客観的に見てささいな行動にご褒美をあげると、僕はストレスを感じてしまう。ことの重大性が増してしまう気がするからだ。先ほど述べたようなやり方に次第に慣れてくると、だんだんと体も覚えてくるので、この行為をご褒美の対象にはしたくないと思えてくるのだ。ご褒美を大きくすればするほど、より大きな事を課していることになる。本来、ささいで平凡な行動に必要なのは、ささいで平凡な評価だと僕は思っている。

　とはいえ、これはあなたの挑戦ラインであり、やり方を決めるのはあなただ。戦略を決める鍵は、今この瞬間に集中すること、そしていかに準備するかだ。それに則していて、あなたとあなたの猫にとってうまくいくことなら、僕はご褒美をあげるか、あげないかはどちらでもいいと思う。

COLUMN　子猫のためのスプーン1杯のお砂糖

　もし子猫を飼っているならば、「楽しくないこと」をすべき場面は、むしろすべて良い機会になる。子猫のときから、生涯にわたって適応できるようにしてあげよう。もし今、薬が必要ならば、おそらく将来的にも必要になるかもしれないからだ。

　猫が嫌がるようなやり方をすれば、ブーメランのように問題があなたの元へ帰ってくるだろう。薬をあげようとするたびに、ますます激しく暴れるようになるのだ。やはり、あなた自身が冷静でいられる方法を見つけていくのが一番だ。飼い主は、猫が嫌がりそうなことをするとき、やりすぎてしまうか、まったくしないかのどちらかになる傾向がある。どちらに転んでも、誰のためにもならないことを覚えておこう。

猫を外に出すべきか、完全室内飼いとすべきか

　猫を外に出すべきかという話題には、激しい議論がつきものだ。外に出すか完全室内かという議論の中心には、質か量かという考え方がある。外に出すべきという人は、元来の生活空間へ出向くことができれば、毎日の暮らしの中で猫としての自信や満足感はより高まるし、猫は外にいるのが好きなので、その動きを制限するのは自然に反すると考える。だがその反面、自由に外へ出てしまうと、数々の危険に見舞われ、寿命を縮める恐れもある。

　中立的な立場から言えば、どちら側の意見にも説得力はある。猫は外に出られたほうが本質的に幸せなのだろうか？　僕はそう思う。それでは、ワイルド・キャットとして自然の環境の中で見せる振る舞いを、室内で再現するのは難しいだろうか？　これも、一部そうだと思う。猫は外へ出る必要があり、それを禁止することは、猫を不幸にすることだと言う人もいる。だが同時に、屋外に存在する危険は数知れず、致命的な危険があることも事実だ。野良猫との喧嘩は避けられず、それによって猫エイズに感染することもある。車や人間という外敵がいて、空からも地上からも捕食者に襲われる危険が常につきまとう。外の世界は厳しいのだ。

　結局のところ僕の結論としては、猫は室内だけで飼うべきだと思っている。質と量についての議論なんて、そもそもしないほうがいいと思っているくらいだ。飼い主が猫の生活にもっとたくさん関わることで、質が落ちたと思える部分は補える。

　とはいえ、猫を外へ出すか出さないかは、飼い主の個人的選択だ。でも、もし外へ出すほうに心が傾いたら、猫との生活に、次のようなものを取り入れることも検討してみてほしい。外とのつながりを持ちながら、同時に安全性も確保できる。

キャティオ

　猫のために屋外の一角を屋根や壁で覆った半屋外の遊び場を、パティオをもじって「キャティオ」と呼んでいる。キャティオは、あなたが猫のために設置してあげられる空間だ。キャティオなら、垂直方向のスペースもたくさん作れるし、猫が爪研ぎできる木製のものも置ける。キャットニップなど、猫が食べられるさまざまな植物も植えられるうえに、小さな虫がやってくれば、狩りもできる。

ハーネスとリードの練習

リードをつけて屋外を楽しむのは犬だけの特権ではない。飼い猫がどうしても外に行きたいという様子を見せたなら、ハーネス（胴輪）とリードを付ける練習をすれば、猫と一緒に毎日近所を散歩して、充実した時間が過ごせる。

庭にフェンスを付ける

自宅に庭があるならば、庭の一部を猫が飛び越えたり、よじ登ったりできないようなフェンスで囲って、猫が出られるようにしてはどうだろうか。既存のブロックの上部に取り付けるもののほか、自立式のものもある。外の空気を感じながら安全に遊ぶことができる。

COLUMN　外へ出すときは責任を持って

- 猫には必ずマイクロチップを装着し、ブレイクアウェイカラー（引っかかったときにすぐにはずれる首輪。セーフティーカラーとも）と迷子札をつけよう。
- ワクチンは必ず接種しておこう。
- 猫を外出させるのは、あなたが家にいるときだけにしよう。
- 日が沈むと、猫は帰ってくる。帰ってこなければ、探しに行こう。
- 餌の出しっぱなしはやめよう。食事の時間を決めておけば、猫はその時間に帰ってくる。さらに、いつ猫が出て行って、いつ帰って来るかを管理する手段にもなる。
- あなたの猫の写真をあらゆる角度から撮っておくこと。もし迷子になったら、その写真を使ってチラシを作ることもできるし、SNSなどで発信することもできる。
- 飼い猫がほかの猫に与える影響にも配慮しよう。近所に室内飼いのナポレオン猫がいた場合、あなたの猫がその家の庭でうんちをしたら、ナポレオン猫は怒り狂って、家の中でおしっこを振りまくことも考えられる。そうした場合、良い隣人でありたいなら、猫はリードを付けて外へ出すか、室内だけで飼うようにしよう。

愛猫と慈悲をもってお別れする

　数年前、僕はウィスコンシン州ミルウォーキーで講演を行なった。その夜は、僕にとって忘れがたいものとなっている。会場は満員で、熱気が満ちていた。僕は集まった1200人とともに、2時間のときを楽しく過ごした。

　僕はいつもどおり、講演を締めくくる質疑応答をはじめた。会場の中央通路にスタンドマイクが置かれ、スポットライトがそこを照らした。いくつかの質問に答えると、10歳くらいの少女がマイクの前に立った。いかにも内気そうで、大勢の前に立っているのが落ち着かない様子だったが、ステージの暗闇の中にいる僕のほうをじっと見つめていた。

　その前の質問で会場には、質問者と僕とのやりとりで起こった笑いの余韻が残っていた。けれど、その子が前へ出ると、急に会場が静けさに包まれた気がした。その子はもじもじしながら、質問を口にした。「うちには猫がいます。私が生まれたときから一緒にいて、その子は今15歳で、私の大切な家族です。でも、病気になってしまい、その子は今とてもつらそうで、怖がってもいます。死なせてあげたほうがいいんでしょうか？」

　会場は、完全に静まり返った。僕は小さな少女の勇気に愕然とした。生涯で最もつらいときを過ごしている友達を（そして自分自身を）助ける方法をどうしても聞かなくてはならないという思いで、勇気を振り絞って大勢の前で質問したのだ。その子の思いに僕は涙しそうになった。だが、涙をこらえて、僕はその子に伝えなくてはいけないと思ったことを話した。

　動物と人生を分かち合ったことのある人なら誰でも、その少女のような状況になるのがどういう気持ちかわかるだろう。もし、あなたのペットが病気になって、とても痛そうでつらそうで、獣医もこれ以上なにもできないという状態になったら、あなたはどう考えるだろう。お別れを言うべきときが来たのだと考え、決断をくだすだろうか。

　ペットが示してくれた無条件の愛を思うと、この問題はひどく胸にこたえる。安楽死（euthanasia）の語源となったギリシャ語の意味は、「優しい死」だ。安楽死の精神はまさにそれだと、肝に銘じておかなければならない。

　僕には自分の経験にもとづいた意見がある。僕は動物保護施設で10年近く働いた。今も動物保護の世界に携わる活動を続けている。そのため、安楽死という考えや、実際の安楽死の現場に深く関わってきた。僕がいた施設では、飼い主の要望により安楽死を行っていた。立会いをしない選択をする飼い主もいたが、ほとんどの飼い主は、僕たちが強く勧めるとおり、ペットのためにそばにいてあげることを選んだ。僕はそこで、命を終える動物を安心させ、

旅立つ手伝いをしていた。苦い思いが残ることも多々あった。ペットを愛しすぎ、失うことを恐れすぎてしまった飼い主は、身がすくんで、ペットが苦しむ姿を直視できない。このとてつもなく大きな挑戦ラインを越えられないでいると、場合によっては、ペットにより長く、よりつらい思いをさせてしまったり、飼い主が最後の瞬間に立ち会えなくなったりしてしまう。

「最悪の日ではないとき」にするべきだ。最終的な決断がこれほど難しい理由は、それで終わりになってしまうからだけではない。それよりもこの「最悪の日」という概念が、思っている以上に主観的なものであるからだ。だが、動物には、なんとか飼い主に伝えたいと思っている大事な話がある。聞いてほしい望みがある。あなたが聞ける場所にいて、耳を傾けるのであれば、ぼくの経験では、いつがそのときかをペットが「教えてくれる」。大切なのは今この瞬間にいることだ。そのためには、あなたの気持ちや欲求や恐れは、すべて別の場所にきちんと片づけておく必要がある。

あなたは、ペットを恐怖や苦痛から守る人にならなければいけない。それは、あなたが飼い主になった日に、その子と交わした約束なのだ。そして、そのお返しに、その子はあなたに無条件の愛をくれた。これはその愛に必要な代償なのだ。

取り組むのがつらい問題ではある。だがこの章では、自分自身の挑戦ラインを見つめ、勇気ある一歩を踏み出す方法を見てきた。だから、僕たちはこうした困難も乗り越えられるはずだ。

PART 4

あなたの悩みに答えます
―― 解決して猫も人も幸せに ――

第13章 爪研ぎの問題を解決せよ

ケース1 ● 良い爪研ぎは自信の源

問題

ソファの角はズタズタでキャットアートと化し、高価なマットレスの側面はもはや布があるのかわからないほどボロボロというありさま。お気に入りのコーヒーテーブルの脚はささくれだらけ……つまり、あなたの猫は家中いたるところでガリガリやり、自分の立派な爪研ぎ器はリビングの片隅に新品のまま埃をかぶっているというわけだ。

現実

爪を研ぐ衝動をなくすことはできない。この習性は生まれながらのものだからだ。猫は爪研ぎをしなければならないし、実はあなたもそれを望むはずだ。というのも、身体的に必要なだけでなく、安定した精神状態の猫が選ぶ望ましいマーキングのやり方だからだ。自信のある猫は爪を研ぐことで縄張りにしるしをつける。自信のない猫なら、ソファの角を引っ掻く代わりに、尿をかけて縄張りを示そうとするだろう。とはいえ、猫の抑えられない爪研ぎの衝動をもっとあなたがしてほしいところへ修正してやることは可能だ。

ジャクソンの解決策

爪研ぎの悩みはたいてい、第9章で紹介した「ダメ！・いいよ法」(138ページ)

で解決できる。この場合、家具で爪研ぎをする行為には「ダメ！」と言い、爪研ぎ器を使うことに「いいよ」と言う。ただし、適切なタイプのものを用意してやることが必要だ。あなたの猫にちょうど良い爪研ぎを探すには、次のような手順がお勧めだ。

①調査と観察

探偵になったつもりで、愛猫の爪研ぎスタイルを調べ、観察しよう。まず、置いてある爪研ぎ器がその猫独自の研ぎ方に合っているかどうかを確かめる必要がある。猫は表面の感触が好みに合わなくて、爪研ぎ器を拒否することも少なくない。ソファのほうが要求にぴったりな理由も、その感触にあるのかもしれない。

● ソファがどっしりと鎮座している点に注目しよう。前足を上にグーンと伸ばし、ソファに爪を食い込ませてから引き下ろすことで、猫は胸筋をストレッチし、爪の古い層を取り除き、猫にとって自然なあらゆる運動をこなしているのだ。このとき、ソファはびくともしない。この運動をしている最中に、どっしり動かない点が、爪研ぎ器よりソファを好む第一の理由かもしれない。

● ソファの手触りと素材に注目しよう。既に置いてある爪研ぎ器とまったく違うのではないだろうか？　爪研ぎ器を新しくするつもりなら、ソファの代わりになるような、よく似た手触りのものを選ぼう。

②爪研ぎを思いとどまらせる

ダメ！・いいよ法の基本は「いいよ」の前に「ダメ！」と言うことなので、ソファで爪研ぎをしてほしくないという意思表示をして構わない。このやり方で僕が一番気に入っているのは、口で「ダメ！」と言うのではなく、ソファを爪研ぎするには不快な場所に変えることで、環境そのものに「ダメ！」と言わせる点だ。

家具の爪研ぎ防止用に作られた両面テープもあるが、アルミホイルやビニールのデスクマットを巻いたり、つるつるしたソファカバーをかけたりするだけでも、一時的な防止策としては十分だ。こうした方法を提案すると「えーっ、そんなことするの？」という顔をされるが、それはこれを最終的な解決策と勘違いしているからだろう。「ダメ！」はあくまでも学習のためのツールで、同じくらい強力な「いいよ」があって初めて生きる一時的な対策なのだ。「いいよ」という良いパターンを爪研ぎ器のほうで確立できたなら、「ダ

メ！」は徐々に取り除いていける。

③爪研ぎ器の置き方と場所を検討する

「いいよ」の爪研ぎ器を「ダメ！」のいつも爪研ぎをしている家具のすぐそばに持ってくる。これはもちろん、あなたが長時間過ごす場所のそばということになる。それこそが、ソファとベッドが爪研ぎ場所として人気がある理由だ。どちらも飼い主のにおいが強く染み込んでいる。爪研ぎは猫が自分のにおいを飼い主のにおいに追加する方法の1つ。飼い主と共有している家具に視覚的・聴覚的にマーキングしているのだ。

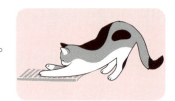

④適切な爪研ぎ器を用意する

次は「いいよ」本体、爪研ぎ器そのものについてだ。既に述べたように、爪研ぎ器のタイプとスタイルをどうするかは、飼い猫がどこで、どのように爪研ぎをしているかで決まる。まずはソファで爪研ぎをしている場合を考えてみよう。

- ソファでの爪研ぎのやり方に合わせるなら、十分な高さがあり、土台部分がしっかりあって安定しているものが必要になる。同じ手触りであることも考慮する。市販の自立型爪研ぎ器で聞かれる大きな不満の1つが、つくりがやわで、ぐらぐらすることだ。それにたいていは、高さが十分でない。購入するときは、飼い猫が最大限に体を伸ばしたところを想像し、そこにさらに15〜25cm加える。台座は少なくとも50cm四方は必要だ。
- もしソファの下に隙間があるなら、爪研ぎ器の台座部分をそこに差し込めばいいし、ソファの脚の下に噛ませることもできる。そうすれば爪研ぎ器がぐらぐらするのも防げるかもしれない。これで、いつも爪研ぎをしている場所の近くに、適切な爪研ぎ道具を提供するという目標が達成されたことになる。

⑤使用を促す

爪研ぎ器に沿って猫のおもちゃを動かしたり、キャットニップやごちそうで誘ったりして、爪研ぎ姿勢をとるように促すとよい。どんなやり方をするにしろ、強制してはいけない。爪研ぎ器のところに連れて来て前足を表面に

押しつけて動かしたりすれば、猫は嫌がるだけだ。

爪研ぎ器に興味を持たせる方法として、うまくいった方法を教えよう。キャットニップを爪研ぎ器にこすりつけるのはよくあるテクニックだが、効果があるかどうかは、やや運次第というところがある。けれど、何か飼い主のにおいが染みついたものを用いると、ずっと成功率が高かった。猫にしてみれば、自分と飼い主のにおいを混ぜ合わせるという望みどおりの結果が得られたからだ。

⑥さらに強化する

新しい爪研ぎ習慣をしっかり根づかせるため、爪研ぎ器を使ったときには褒めてご褒美を与えよう。「大当たり！」のごちそうは、こういうときのために取っておくことが大事だ。普段は与えず、こうした訓練を始めるときだけに使えば、猫はいやでも関連に気づく。これで、もはやソファで爪を研ぐことはなくなるだろう。

解決のアドバイス

● 爪研ぎ行動とさまざまな爪研ぎ器についてのさらに詳しい説明は第8章（103ページ）を参照のこと。
● 既製品の爪研ぎ器は美的センスに欠け、インテリアにそぐわない？　それなら、創造力を発揮して、あなたの美的センスに訴えるものを自分で作ろう。言い訳はなしだ。
● 猫の爪はこまめに切っておくこと。

さらに知りたいこと

「ふみふみ」もやめさせたい場合は？

猫のふみふみ（もみもみ）をやめさせることには、僕はあまり賛成できない。これはとても深いところから湧いてくる愛情と信頼のしるしだからだ。この行動は、生後すぐに始まる。母猫のお腹をふみふみすると、乳腺が刺激されて母乳が出てくる。この動作は遠い祖先から伝わった野生の習性そのものなのだ。

膝にふみふみされて痛いならば、膝に柔らかい毛布を掛ければいいだけだ。猫の爪があなたの脚に食い込むのを防げる。

爪カバー（ネイルキャップ）を使うべきか？

　猫の爪にカバーをする「ネイルキャップ」と呼ばれるものがあるが、そうしたものはあくまでも最後の手段だと思う。どうしても必要というのでない限り、絶対使うべきでない。

　カバーを付けていても、猫の爪を切ってやらなければならない。ぴったりのサイズを選ぶのは難かしいし、爪が伸びればはずれるので、しょっちゅう付け直す必要がある。爪研ぎを猫本来の習性として受け入れてやるほうがずっといいと思う。爪研ぎをやめさせようとするより、縄張りを主張させてあげるべきだ。

爪研ぎの悩みを一掃する解決策として爪を抜くべきか？

　絶対ダメ。どんな状況であろうと、決してやってはいけない。抜爪についてもっと知りたいなら、右ページのコラムを読んでほしい。

COLUMN　抜爪手術は絶対にしてはいけない！

　僕たちは自分の飼い猫を愛している。同じベッドで眠り、携帯に写真を保存し、病気になれば涙を流し、死んだときには身も世もなく嘆き悲しむ。ところがアメリカでは、今も猫の飼い主の推定25％が、愛猫に抜爪手術を受けさせている。抜爪とは実際にはどういうことなのか、正確に知らない人のためにはっきりさせておこう。それは猫の足指の先端を第一関節まで（ギロチン型裁断機、レーザーメス、外科用メスのいずれかで）切断することなのだ。そんなことをしてはいけない。抜爪された猫は、以下にあげるようなさまざまな苦しみを味わうことになる。

- 抜爪手術を受けた猫は途方もない痛みを味わう。手術直後の痛みはもちろん、長期にわたって痛みに苦しむ。
- 抜爪手術を受けた猫は自然な行動を奪われる。妥当なやり方で縄張りにマーキングできず、背中の筋肉のストレッチができず、敵から逃げるために木に登ることもできない。それに痛む前足では、ふみふみして愛情表現するひとときを楽しむこともできないのだ。
- 指先の切断は猫の歩き方を変えてしまう。猫は本来、つま先で歩く生き物だからだ。無理な歩き方のツケが、やがて関節炎として現れる。一生、前かがみで歩かなければならないようなものだ。
- 最近発表されたタフツ大学の研究では、抜爪手術を受けた猫に見られる合併症の一部を詳しく取り上げている。調査対象となった139例の抜爪手術を受けた猫のうち半数以上が、いい加減な手術の後遺症に苦しんでいた。骨の破片が残っていて、「靴に小石が入っている」かのような感覚と痛みを絶えず引き起こしていたのは間違いないという。さらに、爪のある猫と比べ、背部痛を起こしたり、猫用トイレ以外のところでおしっこやうんちをしたり、攻撃的な振る舞いをしたりする傾向があったという。

　抜爪はもっぱら人間側の利便性を目的に行われる。それが実体だ。僕にはとても正気の沙汰とは思えない。動物と暮らすには多少の歩み寄りが必要だ。それなのに、多くの猫が、適切な爪研ぎ器を試すという機会すら与えられずに爪を切除されているのだ。
　爪の切除を望む猫などいない。猫には爪が必要で、実に多くのことに爪を使う。ストレッチ、運動、縄張りのマーキング、遊び、防御、狩り、どれも猫にとって欠かせない活動なのだ。

第14章
猫たちの折り合いが悪い場合

猫たちが喧嘩を常にしている場合に、「自分たちで解決させよう」と言って、飼い主が家にいないときも自由にその猫たちを接触させておく人がいる。僕に言わせればこれは誤った対処法で、非常に悪い結果を招く。囚人に刑務所を運営させるようなものだ。現実を直視しよう。もし猫たちに険悪な状況を解決する気があるなら、とっくにそうしているはずだ。そのまま放置していれば、解決どころか、日に日に修復から遠ざかっていく関係を目にすることになるだろう。

こんな状況になってしまったら、飼い主がコントロールしなければならない。両方の猫の要求に対処しながら、どちらにとっても世界が安全であるように、ともに縄張りを確保できるようにしてやらなければならない。

ケース2 ● 猫たちの関係を修復する

問題

この本を開いてすぐにこの章までページをめくった人は、察するに、程度はどうであれ、家中の思いがけない場所におしっこやうんち、毛の塊、それにもしかすると血痕まで見つかり、自分の留守中に殺し合いをしないか心配で、猫たちを隔離しているのではないだろうか。

現実

いがみ合う猫たちを何とかしなければならない立場に置かれたことのある

人なら誰でも知っていることだが、そうしたいがみ合いは家庭内の人と動物双方にとって、とてつもないストレスとなる。僕の経験では、猫たちの行動がどんどん異常で破壊的になり、最終的には家庭内のすべての動物を巻き込むことになる。そして、動物たちの混沌状態は飼い主の不安を上昇させる。さらに悪い状況へと進んでいくだろう。僕はこれまでそうした状況を何度も目にしてきた。

　次に挙げるのは、僕が長年にわたって対峙してきた事例の大多数を解決に導いた対処法だ。一見よくある状況の中にも、いくらかはそれぞれ固有の事情があるもので、それについてはこのあとすぐに取り上げる。さしあたっては、次のやり方で軌道修正を試みよう。

修正ステップ

①場所を交換する（詳しくは157ページを参照）

　中国の哲学者、老子が「千里の道も一歩から」と言ったとき、こじれた猫関係の解決など、たぶん頭にはなかっただろう。それでも、この言葉はこの状況にぴったりだ。最初のステップは、人間であるあなたが、飼い主としての主導権を取り戻し、コントロールの名のもとに断固たる態度を取ること。つまり、ひとまず両者を引き離すのだ。猫たちはこの対処法の終わりにたどりつくまで、互いに接触しないようにする。この段階では顔を合わせることも禁ずる。そして、それぞれのベースキャンプを交換して、散策させる。空間を共有するにしても、入れ替えを行って、別々の時間に安全に使わせる。

②ドアをはさんで食事する（詳しくは155ページを参照）

　2匹を隔てるドアをはさんで、少し離れたところで食事をさせよう。これはドアの両側に挑戦ラインを設定することに相当する。争いの当事者が互いのにおいを嗅ぎ合うのは、唯一、食事のにおいを嗅ぐときだけになる。「敵」のにおいを感じるときにはいつも、食べ物のにおいもするというわけだ。この好ましいつながりを通じて、確固たるペースで平和が築かれていく。すべてをコントロールするのは飼い主だが、そのペースは、猫たちが挑戦ラインを平穏に越えられるかどうかによって決まる。

③合流セッション（詳しくは160ページを参照）

　ドアをはさんで食事するステップが完了したら、合流セッションのステップに移る。ここでは猫たちに十分な自由を与える。同時に同じ部屋に入れ、

それぞれを遊びに夢中にさせる。そこには互いを隔てるゲート、ドア、障害物は一切置かないようにする。成功の可否は、2匹を別々の活動で楽しませ、その活動をせずにはいられないような気持ちにさせられるかどうかにかかっている。両方の猫をうまく誘導するためには、1人でやらずに、誰か手伝ってくれる人がいたほうが、断然いい。

プラスαでやるべきこと

修正ステップ①〜③と並行して、次の活動も取り入れよう。問題解決の近道になるはずだ。

個別のHCKE活動

それぞれの猫が、気を散らされることなく、内に潜むワイルド・キャットの本能を存分に発揮できるように、HCKE（狩りをして、獲物を捕らえ、殺して、食べる）を再現してあげよう。HCKEのEはEAT（食べる）のEであることを忘れずに。つまり、これらの活動を食事時間のころに行えば、ドアをはさんだ食事という活動に滑らかに移ることができる。

猫によって遊びの必要性に違いがあることも忘れてはいけない。グツグツとコトコト（89ページ参照）を行うなら、食事の後には元気があり余った状態になるかもしれないので、遊びの最後をそのときに合わせる必要がある。こうしたことを知っていれば、猫たちがついに顔を合わせる際には、比較的エネルギーの風船がしぼむように調節でき、平和な雰囲気で合流するための下地を作れる。

キャットリフォーム

逃げ道と安全な通り道を確保して、下のスペースは塞ぎ、待ち伏せ地帯をなくすように気をつけよう。部屋が散らかっていると片方がもう片方の標的にされやすくなるので、注意が必要だ。合流に成功したなら、両方の猫が快適に共存できる十分なスペースを確保しよう。

合流セッションは、最高潮に達したところでやめて、続きはまた明日ということにするのが理想だが、最初のうちは盛り上がらないまま、数分で終わってしまうかもしれない。それが次第に長続きするようになる。そして、ついに猫たちはごはんを共有の縄張りで食べ、相手があちこち動き回るのを見つめるが、何も事件は起こらない。さらにそこからしばらく続けていくと、

この状況が訓練ではなく、普段の生活へと変わる。

> 解決のためのアドバイス

修正ステップの予定

　どのステップについても、スケジュールには大きな幅を持たせて構わない。飼い主がすべきことには、それぞれの猫の挑戦ラインと全体に目を配ることが含まれる。猫のやる気と問題がどれくらいこじれているかによって、各ステップは数日で終わることもあれば、何週間もかかることもある。肝心なのは、今取り組んでいるステップで予想どおりの結果が得られるようになるまでは次に進まないことだ。

失敗にめげない

　ごはんのときにドア越しに「シャー」と威嚇し合うようなささいなものであれ、合流セッション中に取っ組み合いが始まるような深刻なものであれ、そうした事態が起こったときにあなたがしなければならないのは、最後に成功した挑戦ラインまで戻ることだ。はるばるたどって来た旅路の出発点まで引き返すのではなく、ただ、最後の分岐点まで戻ればいい。たった一度の失敗に家族の将来を左右させてはならないのだ。

お互いに良い印象を持たせる

　どちらの猫にも、もう片方の猫が脅威ではないこと、つまり攻撃を加えなければ、縄張りの横取りもされないことを繰り返し示してあげる必要がある。合流セッション中は、常に良い印象が保たれるようにし、それが次回も続くようにさえすれば、成功への道を順調に歩んでいけるだろう。

常に好調のうちに終わらせる

　反目し合う猫たちを、お互いに好ましい気持ちを持つように「配線しなおす」つもりなら、一緒に過ごした最後の印象が悪いものであることは、どうしても避けたい。たとえ、あっと驚くような特別なことが何も起こらなくても、坦々と進行しさえすれば、それこそが好調のしるしとも言える。このことを肝に命じておこう。どこでやめればいいか判断が難しいこともあるが、自分の直感を信じよう。日々のチャレンジが肝心だとはいえ、日々の平和を保つことも同じくらい肝心だ。

取っ組み合いをさせない

　合流セッションの大事な課題と目標の1つは、闘いを避けることにある。一番いいのは気をそらさせて、そもそも闘いが起こらないようにすることだ。それには、闘いの兆候を感じたら、すぐに視線を遮ってやればいい。つまり、にらみ合いをなくせば、取っ組み合いも防げる。瞬間的に目を合わせることで猫は情報を得るが、動きを止めてじっと見つめ合いはじめたら、危険はすぐそこに迫っている。予測できれば、方向を修正できる。「ダメ！・いいよ法」を活用して、猫の視線をずらすのだ。気の強いほうの猫の視線をほかの方向に変えさせるだけでいい。そうすれば、気の強いほうの猫はもっと価値のあるものがそちらにあると気づくし、弱い猫には、いじめっ子がその場にいても、必ずしも荒っぽいことをするとは限らないとわからせることができる。

関係修復策が必要なとき

　次に挙げるのは、僕が遭遇した仲の悪い猫たちの非常にありふれた、そして間違いなく修復可能な4つの例だ。どれが自分の状況に一番近いかを確かめて、解決のヒントを得てほしい。

①いじめっ子といじめられっ子

(問題)

　飼い猫の中にいじめっ子がいて、別の少なくとも1匹の猫をいつもいじめている。

(現実)

　追いかける動機は遊び心の場合もあれば、縄張り意識の場合もあるが、とにかく、逃げる猫は追いかけられる。もちろん、追いかけられる側が悪いというわけではないが、追いかけるほうが悪いと決めつけても、やはり解決には結びつかない。僕たちはいじめっ子（ナポレオン猫だ）の振る舞いを変えることに注視する傾向がある。いばりすぎはよくないと教えることはもちろん必要だが、獲物のように振る舞えば、獲物のように扱われるというのが、ワイルド・キャットの世界における現実なのだ。それに、いじめっ子の猫の行動を変えるためにできることは、いろいろあるとはいえ、彼らの世界でも僕たちの世界同様に確かなことが1つある。それは、いじめられっ子が自信のある態度を見せれば、いじめっ子は攻撃に二の足を踏むということだ。

> 解決の鍵

①それぞれHCKEをさせる

いじめっ子といじめられっ子のケースでは、HCKEが解決に重要な役割を果たす。別々にHCKEを再現した遊びを行えば、いじめっ子にはエネルギーを消耗させ、いじめられっ子には繰り返し行うことで自尊心を高めさせることができる。やがていじめられっ子はもっと自信を持つようになり、完全にモジョを取り戻すだろう。その姿を見たいじめっ子は、いじめられっ子を獲物のように扱うのをやめる。

②キャットリフォームをする

縄張りとなる場所を新たに作り、縄張りの数を飛躍的に増やそう。そうすることで、いじめられっ子の自尊心を高めるとともに、いじめっ子が過剰に縄張りを主張しなくてもよくなるのだ。その際には、いじめられっ子が世界をどう見ているかに注意を払えば、一番いいやり方を見つけることができる。いじめられっ子に自信を取り戻させる必要があるが、高いところが自信の持てる場所となることも多い。例えば、壁に棚を設けてやれば、もう一方の猫が床で遊ぶとき、高いところに避難できる。この場所は、猫が部屋全体を眺めることのできる見張り台にもなる。いじめられっ子はここから、いつものいじめっ子をまったく違う視点で見ることができる。いつなんどき襲われるかもしれないという心配なしに、相手をただそこにいるだけの1匹の猫として、眺めることができるのだ。

③予防策を講じておく

先ほど紹介した手順でうまくいくだろうとは思うが、「万が一の用心」に試してみてもいいアイディアをいくつか挙げていこう。

- いじめっ子に鈴が付いた首輪をつける。こっそり忍び寄られるのを防ぐ警戒警報となる。
- いじめられっ子の爪を伸ばしておくという考えも悪くないと思う。臆病な猫に自分で自分の身を護らせようと、僕たちはとても苦労している。彼らの手にこっそりちょっとした武器を付けてあげてもいいのではないだろうか。いじめっ子も次回はもう少し攻撃をためらうようになるだろう。

COLUMN　不協和音のサインを見逃すな

集団で生活する猫は、「見回り役」を買って出ることがあると73ページで説明したが、見回り役はいわゆる「ボス猫」と誤解されている。真のいじめっ子はほぼ「ナポレオン猫」と決まっている。大きすぎる縄張りを囲い込み、自尊心を過度に膨らませるのは、その下に自信のかけらもない本性が隠れているからだ。

これに対して見回り役は良きリーダータイプの「モヒート猫」だ。例えば、お気に入りの日向ぼっこの場所を誰かが占領している場合、午後3時37分にそこへ歩み寄り、寝そべっている猫の背中にそっと鼻を押しつける。これによって「移動する時間だ」と知らせるのだ。このしぐさでタイムシェアが実行され、複数の猫が共存する世界が円満に続いていく。見回り役は必要最小限の力で統制するわけで、この賢明な力の行使こそが、ナポレオン猫との違いだ。見回り役のいる多頭飼いの家庭なら、すべての猫が生涯幸せに暮らせる見込みが飛躍的に高くなる。

注意すべき3つのサイン
実際の取っ組み合いのほかに、家庭内の猫のあいだで不和やいじめが進行中であることを教えてくれる手掛かりはいくつかある。

回避行動
これは僕が「戸棚猫」「冷蔵庫猫」「クローゼット猫」「ベッドの下の猫」などと呼ぶ猫たちに見られる行動だ。こうしたところに隠れる内弁慶猫は好き好んで、なるべく目立たず隠れるように生活しているわけではない場合が多い。環境によって、つまり、追い回されるという状況への反応として、そうした行動をしているのだ。絶えず追い回されることは、たとえ血や抜け毛がそこら中に飛び散るとか、鬼のような形相でうなり合うとかいう結果にならないとしても、やはり精神的な拷問である。何度も体の具合が悪くなる場合もあるし、控え目に言っても、かなりストレスの多い生活となるだろう。

ここに挙げた手掛かりをもとに、そうした場所がお気に入りなのか、助けを求めて悲鳴を上げているのか、見分けよう。

高い場所におしっこやうんちがある
問題が起こった原因を突き止め解決に導くや猫探偵（211ページ参照）

の仕事をしているとき、「ああ、なるほど！」と思う瞬間がある。それは調理台やガスレンジ、テーブル、さらには冷蔵庫の上にまで、おしっこやうんちがしてあるときだ。これはたいていの場合、いじめがもたらしたものだ。

　考えられる筋書の1つは、必死に逃げるいじめられっ子がそこに追い詰められ、恐怖のあまり、おしっこやうんちを漏らしたというもの。もう1つの筋書は、身の安全に不安があって、高いところの隠れ家を離れられなかったというものだ。トイレは死の危険に満ちた谷の向うにある罠のように思えたのだろう。用心のためか、あるいはいじめっ子が床に座り込んでこちらが動くのを待ち構えていたためか、唯一安全な高い場所でおしっこやうんちをするしかなかったのだ。

リビングに長居しない

　第5章で猫の基本的なタイプを挙げた（64ページ参照）。あなたの猫がナポレオン猫ではないか、思い当たる節があり、自宅で攻撃する姿を目にしているというなら、たぶん、いじめの証拠を見ているはずだ。いじめられていることを示す最大のサインは、明らかな理由が見当たらないのに、リビングといった家の中で社会的に重要な場所に長居しなくなることだ。そうした場所は、人間にとって重要であると同時に、猫にとっても重要な場所である。例えば、飼い主のにおいと同様に猫のにおいも強く染みついているベッドやソファがあるからだ。それだけでなく、食べ物のような資源のある場所や日向ぼっこの場所があるなど、所有権を握ることが重要な場所でもあるのだ。

②新入り猫が先住猫と折り合いが悪いとき

（問題）

　あなたは新しい猫を引き取ったばかりだ。第10章の引き合わせ手順に従ったのに、問題を抱えている。あるいは、手順を守らず、今や窮地に陥っている。

（現実）

　猫によっては、新しい仲間に馴染むまで時間がかかる。何週間か、あるいは何カ月かかることもある。猫を迎え入れる大多数のケースでは、飼い主のところへ来るまでの暮らしについて、知りたいと思う情報よりも、はるかに少ないことしかわからない。それに、この猫は自分が来る前に、既に確立

されていた先住猫たちのリズムに馴染もうとしている最中であることも忘れてはいけない。例えば、縄張りがどうなっているのか、まるでわからないのだ。それなのに飼い主たちは、どうしてうまくやっていけないのかと首をひねる。人間はなにもわかっていないのだ。

③「アンタ、誰？」仲良しの猫が喧嘩

問題
　以前はとても仲がよかった、あるいは少なくともお互いを大目に見ていた猫同士が、四六時中喧嘩ばかりするようになった。

（現実）

　これまで良好だった猫たちの仲が険悪になるのには、普通ちゃんとした理由があるものだ。一番多いのは「非認知攻撃」と「転嫁攻撃」である。

非認知攻撃

　猫が入院した動物病院から戻ってきたり、一時的な預け先から家に帰ってきたりして、まったく違うにおいになっていたときに起こることが多い。猫はにおいで友達か敵かを見分ける。見た目は友達なのに、においからすると敵なので、猫は混乱する。野生の本能が目覚めて、たちまち間違った警報が発せられることになる。

転嫁攻撃

　転嫁攻撃が起こる典型的な状況としては、突然の刺激に驚いて思わず行動してしまうときや、イライラしてストレスが溜まっていたところに、突然の刺激が加わったときがある。

　一例を挙げよう。左ページのように2匹の猫が寄り添って窓辺にうずくまり、特に何を見るともなく外を眺めている。すると不意に、それまで視界から隠れていた1匹の野良猫がひょっこり顔を出す。その瞬間、野生の本能が前面に躍り出て、闘争か逃走か、生きるか死ぬかの選択を迫る。このとき、飼い猫としての猫は判断を停止し、研ぎ澄まされた野生の本能が支配権を握る。標的に跳びかかりたいのだが、手が届かない。そこで、闘争・逃走反応のエネルギーは誰であれ手近にいる対象に向かう。この場合、それは仲良しの猫となる。

（解決の鍵）

　もし、転嫁攻撃の原因が屋外の猫にあるかもしれないと感じたなら、第18章「野良猫がトラブルを引き起こす！」(276ページ)を参照するとともに、この章の冒頭のケース2（236ページ）を適用するとよい。

　また、根本的な原因が何であろうと、大きな問題はそうした瞬間に関係が壊れると、飼い主がすぐに行動を起こさない限り、永遠に壊れたままになる可能性が大いにあることだ。実際、僕がこれまでに対応した最も難しいケースは、まさに転嫁行動の例だったが、当事者は7歳の兄弟猫たちだったのだ。

　どんな良好な関係があったにしろ、その関係に一瞬のうちに加えられる損傷を過小評価してはいけないということだ。一度壊れてしまったら、まるで初対面同士であるかのように猫同士を再び引き合わせて、好ましい関係を築

いていかなければならない。

④「顔も見たくない！」猫たちが共存を断固拒否する

問題

どんなことをしても、飼っている猫たちを仲良くさせることができない。

現実

猫によっては縄張りへの侵入者を決して受け入れない場合があるし、どうしても性格が合わないという場合もある。僕にも、多頭飼いの実に多くの家庭から、そうした相談を受けた経験がある。2匹の猫のあいだに良い関係を築くために、あらゆることをやってみた。けれど、どんなことをしても、猫たちは顔を合わせるやいなや、喧嘩を始める。取っ組み合って地面を転げ回り、牙を剥きだしにしてうなり合う。抜け毛が飛び散り、おしっこまみれになるものもいて、ときには病院に連れて行くはめになる。ある猫が別の猫を見て、「顔も見たくない！」と言う場合もありうることを認めなければならない。

自分にだって同じような体験があることを思い出すことが大事だ。そうすれば、誰もが立たされるこの状況がよく理解できるだろう。大学の友人、あるいは仕事仲間のことを考えてみよう。彼らには何も非難すべき点はなかった。けれども、彼らが笑ったり、ものを食べたりするときのしぐさの何かが、あなたの神経を逆撫でする。どうしても我慢できない。そんな僕たちとこの猫たちのどこに違いがあるのか？　あるとすれば、僕たちには部屋を移ったりオフィスを変えたりする選択肢があるが、猫たちにはないことだろう。

解決の鍵

猫を今の家庭から引き離して別の家庭に移すことなど、誰も考えたくない。喧嘩が絶えず、既に何カ月も再引き合わせを試みているが一向にうまくいかない。別の飼い主を探すべきなのだろうか？　でもその前に試すべきことがある。

もし、これまでの再引き合わせプロセスの大半において、場所の交換をうまく行えていて、あなた自身の要望と折り合いをつけることができるなら、2匹をゲートやドアで隔てながら、同じ屋根の下で暮らしていくことも可能だ。それもできず、本当にほかに手がないのならば、自分を飼い主ではなく里親とみなすよう、考え方を切り替えるときかもしれない。

だからといって、一刻も早く結論を出すべきだとか、すぐに判断を下すべきだとか言うつもりは毛頭ない。行動を起こす前に、それどころか、新しい家庭を探すという最終的な話題を持ち出す前に、あらゆる選択肢を考え尽くす必要がある。

「どれも効果がない！」ときはこれを試してみよう

　引き合わせ（あるいは引き合わせのやり直し）プロセスを完全にやり通したのに、それでも、猫たちの関係は第三次世界大戦のようなありさま。どうしても相性が悪いのだと断定する前に、検討してみてほしいことがある。

引き合わせのやり直しを振り返る

　引き合わせプロセスを少なくとも一度はやり通したとしても、自分のやり方を厳しい目で振り返り、飛ばしたステップや手抜きがなかったかどうか、考えてみよう。各ステップに厳密に従っただろうか。あちこちで、その場しのぎの自己流のやり方をしなかっただろうか。このステップはうちの猫には合わないとか、うちの状況にはそぐわないとか、勝手な判断をしていなかっただろうか。なかなかうまくいかなくて焦るあまり、細かい点を適当にしなかっただろうか。思い当たる節があるのなら、このプロセスの成否に何がかかっているかをよく考えて、徹底的な再引き合わせをもう一度やってみよう。

　ステップごとに明確な目標を設定し、その目標に達するまでは決して次に進まないこと。前回はどこでだめになったのかも正確に突き止めれば、今回はその段階に特に注意を払うことができるだろう。

キャットリフォームを振り返る

　プロセスの中でもう1つ、手順を飛ばしてしまったり、手抜きしてしまったりしやすいのがキャットリフォームだ。猫のための模様替えは、よく考えて徹底的に実施すれば、まず間違いなく、縄張りにまつわる家庭内の緊張を低下させる。猫のための資源が創出されるからだ。資源やスペースがあり余るほどあれば、それらを巡る争いが下火になることは間違いない。

薬物治療

　このテーマだけで本が1冊書けるだろうが、それはそれとして、考えてみてほしいことがいくつかある。僕は薬物治療

を軽々しく勧めるつもりはない。もし勧めるとすれば、それは何よりもまず、問題となっている猫の苦しみを和らげるためだ。また、両方の猫に短期間使用することで、精神状態が調整され、通常の刺激に対する攻撃的な反応や過度に怯えた反応が解消されるような場合にも効果がある。

　薬物使用に関しては一概に黒か白か決めつけることはできないが、僕が勧めたいのが、天然の治療薬（僕は何年も前から自家ブランドのフラワーエッセンス治療薬を作っている）や、鍼治療、クラニオセイクラルセラピー（頭蓋仙骨療法。オステオパシー療法の1つで、体に軽いタッチによる外力を加えることによって心身の不調を癒す）などの方法だ。既に述べたテクニックの数々と併せて使えば、根深い問題に突破口を開け、解決策を模索するうえで、実際に助けになる可能性がある。

　当然、かかりつけの獣医に相談して、いがみ合っている猫の一方または両方が薬物治療に適しているかどうか、身体的に薬物治療に耐えられるかどうか、確かめる必要がある。ただし、くれぐれも、あなたの猫とあなた自身に関わる最終的な決断を獣医や僕や誰かに任せないでほしい。この件に関して、注意義務を怠ってはいけない。徹底的に調べ、なぜ、ある薬ではなく別の薬が処方されたのかといった疑問をぶつけよう。動物の行動に対する研究は日々進歩していて、知識や技能のレベルは専門家によってまちまちというのが実情だ。このような決断に関して後悔しないための唯一の道は、自らが専門家となり、猫たちの擁護者となることだ。猫の行動と医学的な選択肢の両方について情報を集め、適切な質問をして適切な行動をとれるようにしよう。

第15章

人を噛んだり引っ掻いたりする場合

猫と暮らしていれば、ときには血を見ることもある。たいていは偶然の事故で、じゃれている最中にちょっと引っ掻かれたり、毛布の下でもぞもぞ動かしたつま先に飛びつかれたり、虫を狙った一撃が反れて、とばっちりを受けたりというような場合だ。もちろん、そんな無邪気なものではない攻撃もあるだろう。いずれにしろ、最終的な犠牲を払うのはあなたの皮膚ではない。そうした攻撃の原因を正しく突きとめて対処しないと、猫との関係が最大の打撃をこうむることになる。傷ついた感情は、噛まれたり引っ掻かれたりしてできた傷よりも大きな傷跡を残すものだ。そうしたことは芽のうちに摘み取ろう。

ケース3●攻撃の原因とパターンを突き止めて和らげる

（問題）

あなたや家族は、怒りの鉄拳ならぬ、怒りの爪や怒りの歯、またはその両方にさらされてきた。たぶん、それを証明する古傷もあることだろう。あなたは飼い猫から距離を置き始めてさえいる。その猫の行動は「藪から棒」「予測不能」「行き当たりばったり」で、猫との関係が完全に破綻する前に、何らかの手を打たなければならない。

（現実）

前にも伝えたように、猫が理由なく攻撃することはない。たとえ、その理

由は猫本人にしかわからないとしても。遊びがエスカレートして攻撃的になった場合も、転嫁攻撃の場合も、過剰な刺激や化学作用による恐怖、縄張りにまつわる恐れ、不安、苦痛が原因の場合も、この手順に従って直ちに対処していく必要がある。

修正ステップ

①医学的な原因を除外する

猫の攻撃が身体的な苦痛から来ているのではないかと感じる、例えば、特定のやり方で抱き上げると突然噛みついたり、引っ掻いたりするなら、すぐに獣医に診てもらうべきだ。

また、攻撃が特に行き当たりばったりだとか、筋が通らないと思われるときは、脳やその他の神経などの問題の可能性があるので、やはり獣医に診てもらう。

②猫の体内時計を確認する

いつ起こったかも含め、攻撃をすべて記録しよう。これは211ページで解説した「猫探偵活動」の延長だ。あなたが朝起きるとすぐ、または仕事から帰宅したときに攻撃があるということがはっきりした場合は、一日のうちでもそうした時間にエネルギーが高まっていると考えられる。これは、猫の体内時計があなたの体内時計と同じリズムで動いているという嬉しいニュースでもある。愛猫も夜は寝ているということだから、あなたにとっては、一緒にやっていくのに都合のいいリズムということになる。そうでない場合も、がっかりするには及ばない。その状態に持っていくことができる。第7章で解説した「3つのR」に戻ろう。

③エネルギーを放出させる

もしあなたが犬を飼っているのにリードと首輪を持っていないとしたら、どうかしていると思われるだろう。毎日散歩させなければ、つまり、歩き回りたいという生まれつきの欲求を満たしてやらなければ、好ましくない事態が起こる。エネルギーには何らかの捌け口が必要なのだ。「犬」を「猫」に、「リードと首輪」を「一緒に遊べるおもちゃ」に置き換えてみよう。猫と遊びについて、僕がどんなに強い思いを持っているかわかってもらえると思う。僕に1つ言えることは、もしあなたが毎日遊んでやる

だけでなく、遊びに時間や全精力を注いで、その中で猫にハンターとしてのエネルギーを吐き出させてやれば、遊びの最中に攻撃的になることも含めた、さまざまな好ましくない行動を防ぐだろうということだ。実は遊びにはこれよりはるかに大きな意味がある。ステップ②で得られた情報がここで役立つ。もし攻撃の時間的なパターンを突きとめることができれば、その30分前にHCKE（狩りをして、獲物を捕らえ、殺して、食べる）活動を行おう。

④記録をもとに予防策を講じる

　僕がすべての依頼主にとても詳細な日誌をつけさせる理由の1つは、勝手に物語を作り上げるのではなく、飼い猫の行動に関して気づいた動きやタイミング、パターンをありのまま記録してほしいからだ。そうやって集めた情報をじっくり調べれば、猫の攻撃が遊びの最中のものである場合、たぶん、毎日同じ時間帯に起こることがわかるだろう。

　そうとわかれば予防策を講じることができる。つまり、記録を見れば、「仕事に行く日は午前6時に起きて8時には家を出る。足首に攻撃を受けるのはそのあいだの時間帯だ」とわかる。朝の忙しいときに冗談じゃないと言いたいかもしれないが、朝、少なくとも2分間遊んでやることがとても大事だとわかるのだ。

⑤どこで遊んだらいいかを探る

　タイミングに劣らず重要なのが場所だ。モジョマップを使おう（詳しくは114ページ）。攻撃が窓のそばで起こる場合、屋外に猫がいて、それが屋内にいる猫の攻撃的な行動の引き金になっているのかもしれない。一種の転嫁攻撃が起こるのだ。この解決策は第18章の「野良猫という敵が来襲！」（276ページ）を参照してほしい。

テーブルの下からあなたの足首を襲う傾向があるなら、ブッシュ猫なのだろう。そこにいるとハンターとしての自信が湧いてくるのだ。そういう場合はテーブルの下で遊んであげよう。羽のおもちゃを床の上で動かし、空中を飛ぶ鳥ではなく、地面を走る獲物を追いかけさせてやる。この種のハンターの場合、少なくともエンジンをかける段階では、地面の上の獲物のほうが興味をそそるだろう。

⑥自分に原因がないか疑ってみる

痛い思いをするのは、猫に原因があるというよりも、私たち人間の自業自得という場合が多々ある。いくつか例を見ていこう。

● 荒っぽいじゃれあいをしていないだろうか？ 猫が犬と同じように激しく人間とじゃれあうのを好むと思うのは大きな間違いだ。猫は獲物と戯れるハンターであることを思い出してほしい。彼らは獲物を追い、捕まえ、殺し、食べることを楽しむ。犬なら、獲物との荒っぽい格闘を楽しむだろうが、猫はそういうことは好まない。そう、猫はじゃれあいの刺激に反応するが、それはあなたが期待するような反応ではないのだ。特にあなたが犬との遊びに慣れているとしたら、期待外れに終わる。猫の場合、荒っぽい扱いは防御行動と恐怖感の引き金となる可能性が高い。少なくとも、地面に寝転んで4本足全部で獲物を抱え込むような危険な遊びに発展する恐れがあるが、この遊びは飼い主にとって決して楽しいものではない。

● 過剰な刺激となっていないだろうか？ 攻撃を引き起こす典型的な例が、撫で方、またはその持続時間、あるいはその両方に原因がある場合だ。これも、もし起これば「あなたのせい」ということになる。

● あなたの手を使って、猫の喧嘩をやめさせたり、あるいは明らかに気が動転している猫をなだめたり、持ち上げたり、移動させたりしようとするのは賢明でない。ミキサーの中に手を突っ込むようなものだ。代わりに、タイムアウトのための静かな場所に誘導することを試みる。「タイムアウト」法については、130ページのコラムを参照してほしい。

● 爪を切るというささやかな行為が大いに威力を発揮する。こまめに爪の手入れをしていれば、もう通りすがりに「シザーハンズ」に遭遇するようなはめにならずにすむだろう。

この手順でうまく対処し、猫がモジョを感じられれば、予測のつかない行

動は影を潜めるだろう。愛猫を理解することが、その助けになれる第一歩だ。助けになれれば、あなたと猫との関係は再び正しい軌道に乗る。あなたは今や猫のリズムを予測することができ、どんな攻撃的な行動があっても、その都度回避することができる。

そして、あなたの猫は間違いなく前より気分がいい。それは何よりもあなたにとっても猫にとっても大きなボーナスだろう。

> 解決のためのアドバイス

落ち着いて続ける

もし愛猫がいくらか攻撃的な素振りを見せたとしても、大げさに反応してはいけない。金切り声を上げたり、怒鳴ったり、押しのけたりするのは禁物だ。そんなことをすれば事態はますますエスカレートする。猫が家族の中でもある特定の人にちょっかいを出すのも、そこに理由がある。猫を怖がり、噛んだり引っ掻いたりされたときに派手な反応を見せる人たちを「いびる」傾向があるのだ。

自分が脅威にならないようにする

猫は進退窮まったときや威嚇されたときに噛みつくものだ。その場の状況でそういった行動をとるときもあれば、飼い猫が内弁慶猫、つまり臆病な猫の場合もある。

ゆとりのある環境

家の中に垂直面を生かした空間やにおいの染みついた愛用品、縄張りマーカーなどをたくさん置いて、ナポレオン猫の出現を防ぐ。

見知らぬ人への対応

愛猫がお客さんと良い関係を結べるように手助けする。285ページの「お客さんが来ても動じさせないようにするマル秘テクニック」を参照してほしい。

罰を与えない

猫に罰を与えても効果がない。既に述べたように、あなたが何をしているのか、猫には理解できないし、結局はお互いの関係を損なうことにしかならない。

COLUMN 人の手はおもちゃではない

　もし飼い猫が既に人の手はおもちゃだと学習してしまっているなら、たぶん、自分に近づいてくる手にとても敏感になっているだろう。そうした反応を変える方法がいくつかある。

- あなたが猫に手を近づけるのは「どういうときか」を気づかせることによって、手は優しく撫でるためだけに使われるものであることを教える。猫が既に興奮状態にあるときに手を近づけるなら、結果がどうなろうと、それは自業自得だ。猫に手を近づけるのは、夜遅く、眠たい気分の猫を撫でて可愛がるときだけにしよう。目をらんらんとさせて遊びたがっているときにはやめたほうがいい。

- あなたの手が近づくたびに後ずさりするなど、猫が手を怖がるなら、ゆっくり手を近づけよう。

手にごちそうを持つようにすれば、好ましい連想を育むことができる。また、頭の上のほうからではなく、低い位置から手を近づける。

　猫に恐怖心を持つ人が猫を撫でようとする場合、手をいったん高く持ち上げてから頭のてっぺんに恐る恐る下ろしていく。これは災いを招く行為だ。猫は手を脅威と認識して、闘争か逃走かのモードに突入してしまう。繰り返すようだが、猫に手を近づけるときは低い位置から、そして、できれば205ページで紹介した「ミケランジェロテクニック」を使って、手を近づけよう。

　こうした矯正を試みる場合、家族全員が参加しなければならない。ここに挙げた訓練や決まりをみんながしっかり守っても、たった1人でも、これまでのように荒っぽい扱いや手で遊ばせることをしていれば、ほかの人たちの懸命の努力も帳消しになってしまう。本書で紹介する訓練はどれもそうだが、人間の側の一貫性と家族全員の参加が成功の鍵だ。

第16章
注意を引こうと問題行動をとる場合

　これだけは断言できる。僕が仕事にあぶれないでいられるのは、猫にまつわる3つの困りごとのおかげだ。それは、トイレ問題、攻撃行動、それにこの章で取り上げる、積もり積もった苛立ちの3つ。ただし、問題が起こったら飼い主をすぐに、ぎりぎりの精神状態まで追い詰めるのは、決まってこの3つめだ。「がっかり」より「イライラ」のほうが、我慢の限界に達しやすいからだと思う。

　実際、僕はおしっこ問題に長年、見て見ぬふりをしている飼い主を知っている。ときには文字どおりマットの下に隠している人もいた。真夜中に愛猫に起こされる。そういうことがあるから、スーパーで僕を見かけてシリアルコーナーまで追跡して、まくしたてるように質問をぶつけてくるような飼い主が出てくるわけだ。

ケース4●猫の困った行動にイライラしてしまう

問題

　カーテンをよじ登る、壁を駆け上がる、照明から飛び移る、インテリアの置きもので爪を研ぐ、ものを引っくり返すといった、頭痛の種になるようなさまざまな行為を繰り返す。そんなイライラさせられる猫の行動に、あなたはすっかり頭に来ている。さらに悪いことに、まるで猫はそんな飼い主の気持ちを知りながら、わざとやっているように見える。

現実

　もし、そんな節があるなら、まずあなたがイライラするのをやめよう。猫が困った行動をとる場合、私たち自身がそうさせていることが多い。そのことで、猫に何かいい思いをさせているのだ。「ニャーニャー」絶え間なく鳴いたり、真夜中に飼い主を起こしたり、パソコンのキーボードに陣取ったり、新聞を読んでいる飼い主の膝に座り込んだり、あるいは飼い主の忍耐を試そうと噛んだり、引っ掻いたり……そんなとき、猫にはいつも見返りがある。イラつくあまり、あなたが何らかの方法で不満を表明したり、何らかの方法でご機嫌を取ったりすると、そうした困った行動に重要性を与えることになる。どっちに転んでも、猫としては、飼い主の注意を引けて満足ということになるのだ。

　そこで、これから「全体像を見て」対処するヒントをいくつか提案しようと思う。そもそもどうして愛猫がそうした行動をするのか、その理由を考えようというわけだ。そのあとで、よく見られる困った行動について、猫とあなたの関係を立て直すための症状別治療法を紹介しよう。

修正ステップ

①退屈させない

　遊びを大事にし、決まった日課、生活リズムの一部にしよう。あり余るエネルギーを毎日好ましい方法で発散させてやる必要がある。「遊び＝獲物」という基本を思い出してほしい。一日のうちでもエネルギーの高まっている時間に、獲物を追いかける興奮を思いっきり味わわせてあげよう。

②3つのRに戻る

　ちょっと考えてみてほしい。愛猫はだいたい同じような時間に、棚からものを叩き落とすのではないだろうか？　同じような時間に、キッチンの上を走り回るのではないだろうか？　それはたいてい、あなたがその場にいて、しかも朝に家族が起きだすときとか、夕方にみんなが帰宅したとき、あるいは夜に全員がベッドに入る支度をしているときといった、家中が活気づいている時間に起こっている。だから、困った行動を防ぐにはいつ遊んでやるのがいいか、前もってよく考えておこう。もちろん、遊ぶ時間を長くすることも忘れずに。

③キャットリフォームする

　猫が飾り棚からものを落とすのは、窓辺のいつもの場所に向かうときかもしれない。キッチンの上に跳び乗るのは、窓への近道だからではないだろうか。猫の視点で、我が家のレイアウトを考えてみよう。猫は縄張りのあらゆる場所を、キャットウォークになりそうな場所や目的地になりそうな場所として見る。もしA地点からB地点へ行ってほしくないなら、それを防げるかどうかは飼い主の腕次第。キャットリフォームで、代わりにA地点からC地点へと誘導しよう。近づいてほしくない場所を避けて、猫が満足できるようなキャットウォークを作ってやる。キッチン、飾り棚、そのほか猫が何かを壊しそうな場所とか、猫自身が怪我をしそうな場所を避ければいい。

④キャットプルーフを採用する

　引っくり返したり、おもちゃにしたりしては困るものがある場合、「キャットプルーフ」という考え方を検討してみるとよい。猫がいたずらのターゲットにしそうなものに対して、いたずらを防止する仕組みを施すのだ。今やあなたの家は、猫の家でもある。もし飾り棚にあるその素敵な陶器がそれほど大事なら、まずはミュージアムパテ（転倒防止用接着剤）で固定するといいだろう。ただ単に、落ちたらどうなるか見たくて猫がものを突っつくこともあるが、ものが落ちる理由は必ずしもそれだけではないからだ。カーテンはくくり、電気コードは束ねておく。猫がおもちゃにしそうなあらゆるものに目配りをしよう。

⑤「ダメ！・いいよ法」で対処

　猫に「ダメ！」と言うつもりなら、すぐそばに「いいよ」と言ってあげられるものがなければならない。第9章に戻って「ダメ！・いいよ法」（138ページ）を読み返し、飼い猫の行動にどう応用すればいいか考えよう。

⑥ご褒美も忘れず

　静かにできたら、あるいは良い行動ができたらご褒美をあげよう。第9章で紹介した、アイスクリームがほしいと泣いていた子どもを覚えているだろうか？　そのときと同じ、猫が静かにおとなしくしていた場合や、「こういう行動をもっとしてくれたらいいのに！」と思わせるような振る舞いをした場合には、必ず褒めたり、ごちそうをあげたりしよう。

ケース5●キッチンの上をうろうろする

（問題）

猫がキッチンの上に跳び乗って、歩き回る。盗み食いをするつもりなのか、それとも、料理中の飼い主の邪魔をしたいだけなのか。いずれにしろ、邪魔だし、衛生的にも気になるし、なにより危険だ。

（現実）

その猫はただ高いところに上がるのが大好きなだけかもしれないし、実は食べ物を狙っていて、隙あらばかすめ取ろうと思っているのかもしれない。あるいは、ひょっとすると、飼い主が1日中留守にしていたので、そばにいるのが嬉しくてたまらないだけなのかもしれない。

（修正ステップ）

①ダメなことを伝える

猫に「ダメ！」と言うには両面テープを使うとよい。それをプラスチックのマットに貼って、キッチンの上に両面テープを貼ったほうが上にくるように置く。猫は跳び乗るたびに足がべたつくはめになり、やがてそのあたりに跳び乗らなくなるはずだ。モーションセンサーつきのエアスプレーが抜群の威力を発揮する場合もある。

どんな訓練でも一貫性が鍵であるが、飼い主自身がその場に24時間年中無休で張りりついているわけにはいかないので、この訓練に一貫性を持たせるのは基本的に不可能だということを覚えておいてほしい。「コラッ、ダメでしょ！」と怒鳴るだけでは効果がないのもそのためだ。飼い主がいないときに戻ってくればいいのだと、猫はたちまち学んでしまう。

②「いいよ」を伝える

「ダメ！」と言う方法はわかったと思うが、今度は「いいよ」と伝える。効果的な方法は、乗っても「いいよ」と言ってあげられる休息所を用意してやることだ。キャットタワーをダイニングルームのキッチンに近いところに置けば、猫は高いところにいられるうえ、キッチンにいる飼い主との一体感を味わえる。それから、猫がそこにいることに対してご褒美をあげるように

するといい。タワーに跳び上がるように訓練し、うまく跳び上がったら、ご褒美を与えよう。猫がタワーから降りたら、ごちそうで釣ってまた上がらせる。タワーに上がるたびにご褒美を与えれば、その休息場所から得られる見返りが、キッチンでの見返りより大きくなる。もちろんこれは、あなたがキッチンの上に食べ物を置きっぱなしにしなければの話。

> 解決のためのアドバイス

食事時間を合わせる

猫の食事時間を人間の食事時間に合わせ、場所も近づける。そうすれば、ダメ！・いいよ法を行う正しい環境が整ったことになる。

清潔を心がける

衛生面を考えれば、人間の食べ物を用意する場所を猫に歩き回ってほしくはないだろう。訓練中はウェットティッシュを常に手近なところに置いておこう。

ガスコンロから猫を守る

ガスコンロの危険性という問題もある。もし飼い猫がガスコンロを横切ってお気に入りの休息場所へ行こうと決めているようなら、その一帯を「通行禁止」にしなければならない。単に安全のためなら、ガスコンロのつまみに子どものいたずらを防ぐためのカバーをつけ、食器棚には掛け金を掛けて猫が入らないようにしよう。

最後に注意しておくが、猫が失敗せざるを得ないようにしてはいけない。もし、行きたい場所に行くには、どうしてもガスコンロを横切るしかないというようになっているとしたら、悪いのはあなただ。そうした行動をやめさせたいなら、新しいルートを作ってあげよう。

ケース6●安眠妨害！　一晩中寝かせてくれない

> 問題

猫に妙な時間に起こされて、なかなか寝つけなくて困る。起こし方といったら、顔の上を歩く、ベッドを走り回る、餌をほしがって鳴く、ドアを引っ

掻くなど、さまざまだ。睡眠不足はつらい。

猫をバスルームに閉じ込めたり、叱りつけたり、枕を投げたり、スプレーを使ったり、餌をやったり、抱きしめたり、寝室から閉め出したり（ただし、しばらくしてから、ドアを引っ掻いてニャーニャー鳴くのがオチだ）、あなたもどれかしたことがあるだろう。それでも、次の晩には、また午前3時に「ニャーニャー」鳴き始める。

お尻で挨拶

現実

「猫の行動をやめさせて、ぐっすり眠れる方法なんてあるの？」と思っているなら、猫が夜行性動物だというのは真っ赤な嘘だと気づく必要がある。猫を飼うなら当然払うべき代償だと考えている人がいるが、猫が一晩中起きているのは、飼い主が「ルーティン、儀式、リズム（3つのR）」を適切に管理しなかったからなのだ。

実は、猫は夜行性ではない。彼らは薄明薄暮性の動物で、獲物が一番活発に動き回る夜明けと夕暮れに起きているのが、自然な生活リズムだ。だが、彼らの体内時計をリセットすることは可能だ。夜じゅう起こされずに寝る方法を知りたいなら、その鍵はこの生活リズムにある。猫をあなたの家の生活リズムに慣れさせればいい。

修正ステップ

①いつでも餌を与える習慣をやめる

まずは食べ放題の状態をやめて、モジョを高める食事をあげよう。それから、遊びと餌やりを連動させよう。もしあなたの就寝時刻が11時なら、9時30分ごろに最後の食事をさせる。その最後の食事の直前に、HCK（狩りをして、獲物を捕らえ、殺す）を再現した遊びを行う。89ページで紹介した遊び方「グツグツとコトコト」を参考にしながら、猫を最高の活動状態に持っていき、うんちをさせ、次いで2回目の活動をさせる。今度は疲れ切るまでそれほど時間はかからないはずだ。その後、猫は食べて、毛づくろいをして、寝る。そこであなたも寝る。

②活動状態を人に合わせる

　家族が活動しているときは、猫も活動させておく。ここでも、成功の秘訣は3つのRにある。

③完全に無視する

　時刻は午前3時。猫があなたを起こそうとしている。疲れ切っているはずなのに、どうしたわけか、元気いっぱいだ。難しいことはわかるが、あなたは猫を無視しなければならない。完全に。起き上がるのも、食べさせるのも、遊んでやるのも、起きてトイレに行くのも、絶対ダメ。「完全に」というのは、名前を呼ぶのも、枕を投げるのもダメということだ。死んだフリをしよう。猫にとって良い反応であろうと、悪い反応であろうと、とにかく関心を向ければ、猫の思う壺なのだ。

　そうやって来る夜も来る夜もあなたが反応せず、どんな行動をしようと何も起こらないのだとわからせれば、猫はやがてそうした行動をやめる。10日か2週間くらいは、つらい夜が続くかもしれない。しかし、その後はゆっくり寝られるようになるだろう。

COLUMN　寝室から閉め出してもいいか？

　考えてみてほしい。寝室は家中で一番においが強い場所だ。生活上、重要なエリアなのだから、猫が入るのは許してあげたほうが僕はいいと思う。

　一般に、ある部屋を立ち入り禁止にすることには、僕は賛成できない。特に、あなたと一緒に寝るのが習慣になっている場合、閉め出せば新たな戦闘地帯を生むことになる。それは寝室のドアだ。

　寝室に入れないのならば、「ダメ！・いいよ法」を使おう。猫のベッドを家具のそばに置いて、ペット用の電気カーペットを入れておけば、喜んで自分のベッドを使うようになるだろう。お望みなら、その暖かいベッドを徐々に別の部屋に移動させることもできるが、どこへ移すかは慎重に考えよう。猫も満足できる場所なら、夜中に寝室のドアをガリガリすることもなくなるだろう。

うるさく食べ物をねだって困っているなら

　食べ物をねだって、あまりにもうるさく鳴くようなら、自動給餌器を使う手もある。決まった時間に餌が出てくるようにすれば、餌やりは機械の仕事となり、人間は餌やりの手間から解放される。食べ物ほしさに騒ぐこともなくなるかもしれない。

　もちろん、そんなやり方がいいと言っているわけではない。食べ物を与えるという行為を猫との関わりの中に含めておくことには、多くの利点があるからだ。しかし、非常識な時間に餌を催促されるようなら、非常識な手段も仕方ないということだ。

ケース7●玄関に突進して外に出てしまいそう

（問題）

　両手に買い物袋を抱えて帰ってくると、玄関ドアを開けた途端、猫が突進してくる。

（現実）

　ドアに突進する猫の多くは、もしその勢いで外に出てしまったとしても、そこで一瞬立ち止まる。「やったぜ。さて、次はどうしよう？」とでも言うように。このドアが部屋の中のドアなら問題ないかもしれないが、玄関ドアだったら、危険につながることもある。特に、室内飼いの猫の場合、たちまち迷子になってしまうかもしれない。

（修正ステップ）

①突進しやすい環境を変える

　ドアの近くに、チェストやテーブルなど、低いところに身を潜められるものがある場合、そこはドアへ突進する待機場に最適の場所となる。下のスペ

ースに隠れていて、ドアが開いたとたんダッシュできるようなルートを塞ごう。そして、ドアと逆の方向に、目的地を作ろう。キャットタワーをもっと安全な場所に置く、ドアから離れた別の隠れられる場所に誘導する、ブッシュ猫の習性を満足させられるような場所にコクーンを設けるなど、ダッシュすることを考えなくてもいいようにしてあげよう。

②垂直方向に導く

ドアに突進する猫はたいてい、ブッシュ猫なので、垂直方向を活用した世界に導いてやろう。高いところから飛び下りて突進することはあまりなく、突進するには普通、まず床にいる必要があるからだ。ドアに近くて床から1.2〜1.5mの高さのところに見張り台を用意すると、たいていはそこにうずくまって、ドアを出入りする人を観察する。活発な動きは、彼らを引きつけるからだ。

③一緒に遊ぶ時間を作る

新しい目的地に導き、そこをしっかり覚え込ませるには、一緒に体を動かす遊びで訓練する。おもちゃを使ってアジリティコースの訓練をしているようなつもりで、高い場所やコクーンといった新しい目的地に導くといい。そこにごちそうを置いて、遊びを終える。

④屋外の要素を取り入れる

猫がどうして外に出たがるのか、考えてみよう。もしかすると、猫草かキャットニップを植えたプランターを家の中に置くことで、欲求を満たしてやれるかもしれない。何らかの代替物を与えて、外に出たいという欲求を室内で満たせるようにしてあげよう。

⑤「究極の」解決策

225ページで紹介した「キャティオ」は休息したり、寝そべったりできる草むらを備えていれば、屋外の代わりになり、猫に対する究極の「ダメ！」と「いいよ」となる。キャティオを設ければ、問題はすべて解決する。

⑥ハーネスとリードの訓練をする

もし猫が玄関ドアに突進して、どうしても外に出たいようだったら、ハーネスとリードを付ける訓練をすれば、安全に戸外に連れ出せる。

この手順がうまくいけば、あなたが仕事から帰ると愛猫が出迎えてくれるが、それは歓迎のためで、脱走の機会をうかがってのことではなくなる。玄関ドアのそばに設置したキャットタワーにいることもあれば、家の反対側にある自分のコクーンにいる場合もあるかもしれないが、いずれにしろ、ドアが開くたびに突進するようなことはないと安心していられるだろう。

> 解決のためのアドバイス

すべてを禁じたら、猫は何ならしてよいのだろうか

　僕は昨日、あるお宅にお邪魔していた。「何をしたらいいでしょうか？」と聞くと、飼い主は「ええとね、うちの猫にキッチンの上を歩いてほしくないの。ダイニングテーブルの上も、私の机の上も、夜、寝ている私の頭の上もね」と言う。僕はつい、こう尋ねずにはいられなかった。「じゃあ、お宅の猫にやってほしいことは何ですか？　猫ではなく金魚を飼うことを考えてみましたか？」

　あなたは、本当にやめてほしいことを選ばなければならない。猫をキッチンに上がらせない、特に人間の食べ物を用意する場所には、ということなら、それは間違いなく、対処して戦わなければならない。しかし、そのほかはどうだろう？　猫の行動をあまりにもたくさん禁じるということにならないか、よくよく考えるべきだろう。

　紹介してきた行動の多くは、猫が悪いというよりも、明らかに退屈の結果だ。そこで、本書ではここまでに猫を退屈させないための活動を、いろいろ紹介してきたので、それをもとにどうか尻込みせずに立ち向かってほしい。
　僕が何度でも言いたいのは、くれぐれも、戦う課題を選ぶべきだということだ。そして選んだなら、猫テレビ、キャットリフォーム、HCKE、ダメ！・いいよ法、クリッカートレーニングを思い出してほしい。これらはすべて、飼い猫が問題のある猫にならないように、あなたが過剰反応しないように、必ず助けてくれるはずだ。

第17章

不安による問題行動を防ぐには

正直に言うと、ある種の問題行動に出くわすたびに、僕は少々、不安になる。飼い主が目にしている行動が何なのか、たとえ説明してあげることはできたとしても、解決策を求める人たちの希望にどうしても応えられないのではないかという気がするからだ。この章で取り上げたような状態はどれも、その原因や症状、治療法（あるのならだが）に関しては、正直なところ疑問符がつく。

ここで言えるのは、こうした問題行動すべてに共通しているのは、「主な症状は不安である（あるいは不安そうに見える）」「飼い主をときにパニックへと追いやる」という2つのことだ。そうした行動に何らかの名前がつくといくらか安心できるものの、最終的な解決にはまだほど遠い。僕のこれまでの経験が、そうした状況に困っているあなたと猫の不安を和らげ、少しでも解決に近づく役に立つことを願っている。

ケース8●どこにも行かないで！ 分離不安を抱える猫

（問題）

「うちの猫は私が出かけるのが心底、嫌なのではないだろうか？」あなたはそんな疑いを抱くようになっている。帰宅すると、家の中がめちゃくちゃになっていたり、ベッドにうんちがしてあったり、禿げるほど体を舐めていたりするのを見つけるはめになる。

こういった症状を「分離不安」と言う。あなたが仕事に行くやいなや、「ニャーニャー」鳴き続けると、隣の家から苦情が出る場合もあるだろう。たと

えあなたが超特急で買い物をすませて帰宅しても、混沌は避けられない。

現実

　動物の分離不安の標準的な症状は、飼い主がいないときだけに見られる嘆きだ。だが、猫の分離不安についてはまだ情報がほとんどない。理由の1つは、専門家の世界でさえもいまだにある「猫は孤独を好む」という誤解にある。そもそも人間との真の絆を持たないのだから、分離不安になどなりようがないというわけだ。

　こうした誤解に拍車をかけているのが、猫が犬ほどの破壊行為に及ぶことはめったにないという事実だ。帰宅して、噛み砕かれた窓の額縁や壊れたドアに出くわしたことはないだろう。これは取りも直さず、助けを求める猫の叫びは見過ごされがちなことを示している。とはいえ、分離不安の徴候には犬猫共通のこともある。声で訴える、出かけようとすると悲しがる、過度に毛づくろいをする、部屋から部屋へと飼い主について回るなどだ。猫の場合、においの強いもの、例えば、あなた自身にマーキングするような行動もよく見られる。

　シャムなど東洋系の血統と考えられる猫など、遺伝的にこうした症状を示しやすい猫もいるが、乳離れが早すぎたといった体験の影響で、過度に飼い主にくっつくようになる可能性もある。犬猫関係なく、分離不安に普遍的に見られる要素は自信の欠如だ。

修正ステップ

①日記に記録する

　猫の行動と、あなたと猫の触れ合いを記録することから始めるとよい。分離不安の場合には特に、症状が現れ始める前に、あなたがどれくらい留守にしていたかを書き留めておくことが大事だ。

　留守中の猫の行動や症状に関する情報を集めるには、部屋の中にペットカメラを置いておくとよい。分離不安に関連した行動の多くは、飼い主がいないあいだにのみ起こるからだ。

②朝、HCKEを行う

　毎朝必ず、HCKE（狩りをして、獲物を捕らえ、殺して、食べる）を再現する遊びを一通り行うようにする。そのための時間を設けるのがなかなか難しいの

はわかるが、短い時間でも劇的な効果があるはずだ。その理由は2つある。1つは自信のない猫には、遊びで自信を高めてやることが何よりの贈り物となるから。もう1つは餌をやる場面を飼い主が出かける直前に持ってくれば、そちらに気を取られているあいだに抜け出せるからだ。とはいえ、③のステップも忘れてはいけない。

③変化をつける

　出かけようとしているのがわかるような手掛かりを与えないこと。いつもの外出前の準備に変化をつけよう。現在は、あなたが「コートを羽織っている＝お出かけのサイン」だ。「鍵をジャラジャラいわせている＝お出かけのサイン」、「出かける前に時計を身につける＝お出かけのサイン」、猫はこうしたサインに気づいている。そこで、起床したら鍵を取り上げて、あたりをブラブラするか、ちょっと外に出る。そういったことで、出かけることを悟られないようにしよう。

④大ごとにしない

　飼い主にとって一番難しいのは、僕のアドバイスどおりに、ただ家を出ることのようだ。「行ってくるね」も言わずに、ただ出かける。出かける前に猫をなだめる習慣は、ますます不安をあおる効果しかない。言葉はわからなくても、口調から罪悪感や懸念を察知し、悪いことが起こりそうだとわかるからだ。つまりあなたは、分離不安を起こすのではないかと危惧することによって、故意ではないにせよ、分離不安を助長していることになる。

⑤猫テレビで楽しませる

　留守中、猫たちが充実した時間を過ごせるようにしてあげよう。キャットタワーを窓のそばに移動させて外を眺められるようにするなど、猫テレビを設ければ、猫は日中、退屈しない。飼い主にべったりの猫には温めたベッドが効果的な場合もある。最後に、日時計に合わせた居場所があるかの確認も忘れずに。

⑥ほかの選択肢も探る

　金銭的に余裕のある場合や当てにできる友人がいる場合は、ペットシッターを頼んで、留守にしている時間の中ごろに様子を見てもらってもよい。もし分離不安の症状が深刻で長引くようなら、獣医師に相談してみてもよいだろう。

仕事が終わって、帰宅すると、沈みゆく夕日が当たる窓辺の休息場所で愛猫が寝ている。眠そうながらもあなたに気づいて、「あ、おかえり〜」と言うようにうなずく。あなたが郵便物をチェックしてキッチンに向かうと、伸びとあくびをして窓辺から飛び下り、ちょっとひと撫でしてもらおうとすり寄ってから、夕食が出てくるのを待つ。あなたは、「いなくて寂しかったよ」と言われているような気がするが、罪悪感は感じない。そんな状態にもっていけたら大成功だ。

ケース9●いろいろな物をガリガリ噛む

問題

あなたの猫は基本的にありとあらゆる物を食べる。これといって特定のものを食べるわけではない。本の角、鉛筆、プラスチック、ペーパータオル、椅子の角、飾り棚、さらにはあなたのお気に入りのセーターや毛布を穴だらけにしてしまう。単に退屈だから、それとも注意を引きたいから（それともあなたをイライラさせるのが目的で）、あなたが大事にしている物を何もかもだめにしようとしているのだろうかと思えてくる。

現実

飼い主をイライラさせようと、やけくそになっているように見えるこの行動は、一種の強迫神経症の症状で「異食症」と呼ばれる。異食症とは、食べ物ではない物を食べることだ。この行動はとにかくやめられないものかと思うが、遺伝的な問題なのか、不適切な離乳や幼いころの社会体験に一部原因があるのか、ストレスに対する応答なのか、それともこれらすべてが混じり合っているのか、科学的にもいまだにはっきりとしたことがわかっていないのだ。ある品種、具体的に言うとシャムとその近縁の品種は毛織物をしゃぶる行為をしやすい。

けれども、こうした議論より重要なのは、異食症の実態はほとんどが謎のままで、確実な治療法はなく、極めて危険な事態を引き起こしかねないということだ。布地などを飲み込めば命に関わることもある。飲み込んだものが消化器官のどこかにつかえたり、どこかでねじれたりすれば、命の危険になりかねないのだ。治療法がないとはいえ、そんな事態にならないように、僕たち飼い主は最大限の努力をしなければならない。

修正ステップ

①猫探偵活動をする

211ページで解説した猫探偵活動で事件を詳しく調べよう。その行動はどんなときに起こるか？　あなたがいるときか、いないときか？　それから、かじっていた場所を調べ、モジョマップ（114ページを参照）に書き入れる。大きなストレスや欲求不満を感じる場所なのかもしれない。好んで飲み込む物は何かも観察しよう。例えば、ビニール袋などは加工に動物性脂肪が使われているため、猫の注意を引くのかもしれない。どのような質感やタイプの物をかじったり飲み込んだりしようとするかにも注目しよう。

②病院に行き愛猫を護る

まず、血液検査を含む検査を動物病院で一通り行い、歯の問題やビタミン欠乏、消化機能などの問題が関わっていないことを確かめよう。自分で自分を落ち着かせようとするような行動を示す場合、持続する苦痛や不快感のせいの可能性もある。最終的に、気分を落ち着かせる薬を処方してもらえる場合もあるだろう。異食症の軽減にある程度効果の見られた薬もある。

③毎日のHCKEを全力で行う

食事の時間や家の中のエネルギーが急上昇するタイミングに合わせて、HCKE（狩りをして、獲物を捕らえ、殺して、食べる）を再現する遊びに力を注ぐ。

④キャットリフォームする

モジョマップで要注意地点と判明した場所をキャットリフォームしよう。ある場所でストレスを感じている場合、効果が実証済みのキャットリフォームのテクニックを使えばそのストレスを中和できる。

⑤片づける

そもそも、飲み込んだら危険な物は猫の目につくところに置いておかない。可能であれば、危険物は片づけよう。

⑥かじってもいいものを与える

良質でタンパク質豊富なごちそうや猫用の草を、モジョマップで要注意地点と判明した場所に置く。興味を引かれるものがほかにあると、防止に役立つかもしれない。また、猫用より犬用のおもちゃのほうが丈夫にできている

ので、犬用の硬い天然ゴムのフードパズルに猫が好きそうな食べ物を詰めておけば、安心してかじらせておける。

⑦問題行動をしていないときに関心を向ける

　人は猫が何かをかじっているときはうるさく注意したり、気にしたりする反面、それ以外のことをしているときに関心を向けてやることは忘れがちだ。第9章「猫を育てる技術」を読み返して、かじる行動を強化することなく、愛猫に注意を向けてやる方法を考えてみよう。

　異食症を解決できたとしたら、普段から注意を怠らず、異食症についてできる限り情報を集めて、突発的な事態が起こらないようにしたおかげだろう。修正ステップに従ったことで、家庭内の危険な物から猫を遠ざけることができたし、ステップをすべて取り入れたおかげで、なんでもかじる癖が少なくなり、猫の自信を高めることができたということだ。

(解決のためのアドバイス)

　異食症に対する僕個人の対処法は、何がわかっていて、何がわかっていないかをよく考えることだ。例えば、異食症は強迫神経症による行動の多くと同じく、自分で自分を慰めるメカニズムの1つのように思われる。人間がタバコやお酒に手を伸ばしたり、やけ食いしたり、爪を噛んだりするようなものだ。もちろん、バランスのとれた人なら、運動やほかの行動をするのだろうが、僕の経験から言うと、極端な不快感でいてもたってもいられない場合、人は即効性のある手軽な方法に走りがちだ。猫もそれと同じだと僕は考えている。猫によっては、何かをガリガリ噛むとストレス解消になったり、落ちついたりするのかもしれない。

　自分で自分を慰める行動はおっぱいに吸いついているような生後早い時期に、異食症の傾向は若いうちに始まることが多い。だから、ストレスの軽減がよいと言っても、それですべて解決とはいかない。しかし、ここで説明した修正ステップが、確実にある程度の緩和効果をもたらすことはわかっている。

　ここで学んだことを取り入れながら、インターネットなどを使って調べてみるのもひとつだ。愛猫のことを一番よく知っていて、一番愛しているのは自分であることを忘れないようにしよう。それでこそ、擁護者となる資格がある。科学は異食症のような病状の理解を助けてくれるが、あなた自身も負

けず劣らず役に立つはずだ。そして、あなたが学んだことを、ほかの人たちに伝えてほしい。あなたと同じ不安を感じ、場合によっては愛猫を失う可能性に怯えている人が、ほかにも大勢いるのだ。

かじるだけか、飲み込むまでするか

2016年に発表されたある研究により、猫の異食症と頻繁な嘔吐との関連性が明らかになった。異食症の猫は靴紐や糸、プラスチック、布を飲み込む傾向があったのに対して、その他の猫はプラスチックと紙をかじることを最も楽しむ傾向があった。異食症ではない猫の70％近くが、食べられない物をかじった。ただし、飲み込むことはなかった。つまり、食べられない物をかじるのはあらゆる猫に共通の行動で、異食症の猫だけが行うわけではないということだ。

 COLUMN

電気コードをかじる癖をやめさせるには

電気コードをかじるのは危険な癖だ。感電死したり、火事になったりする恐れがある。コードにカバーを付けよう。必ず、頑丈で硬いプラスチックのカバーを使うこと。モーションセンサーつきのエアスプレーが役に立つこともある。猫が電気コードに近づくたびにシュッと空気が噴出して、「ここに来ちゃダメ」と教えるわけだ。

けれども、その「ダメ！」に対する「いいよ」を用意してやる必要がある。猫用の草、またはそのほかのかじれるごちそうのある場所に誘導しよう。

ケース10●自分のしっぽを執拗なまでに攻撃する

問題

　あなたの猫は自分のしっぽが嫌いだ。しっぽに向かって威嚇したり、うなったり、ときには攻撃したりする。ひょっとすると、その敵意をあなたに向けてくることもあるかもしれない。

　さらに、何の前触れもなく、1日に何度も、愛猫は皮膚をひきつらせてうなったり、わめいたりするようになる。あなたの理解を超えた存在になってしまうのだ。血が出るほど、しっぽの毛をむしってしまうことさえある。あなたは愛猫のことを躁うつ病、予測不能というような言葉で描写するか、単に「わけがわからない」と言う。いずれにしろ、愛猫とあなたの安全に不安を感じている。

現実

　知らないうちに進行し、しかも謎めいたところの多いこの問題は「猫知覚過敏症候群（FHS：Feline Hyperesthesia Syndrome）」と呼ばれるもので、「猫イライラ病」とも呼ばれている。特に目立つのが、突然背中がピクピクして、皮膚が波を打ったようになる症状で、全身に筋肉の痙攣が見られることもある。FHSの猫は、まるで幽霊に追いかけられているかのように振る舞う。飼い主のそばで可愛らしくくつろいでいたかと思うと、明りのスイッチがぱっと入ったように突然、振り向いて攻撃するのだ。

　FHSになると、猫は自分の体から攻撃されているかのように感じる。だから、それに反撃するかたちで威嚇したり、攻撃をしかけたりする。幻覚を見ることさえあるらしい。こうした猫も少し撫でられるくらいなら喜ぶかもしれないが、感覚はたいてい異常に鋭敏になっている。撫でるときは、しっぽが背骨の延長であることを忘れないようにしよう。そうでなくても、しっぽは極めて敏感な部分である。

　ところが、この問題に関する研究は事実上ゼロに等しい。発症原因もさまざまで、遺伝、ストレス、不安、外傷、皮膚疾患、神経疾患などが考えられている。基本的に、FHSの根底にある原因もその治療法もわかっていないが、猫によっては鎮痛薬や抗痙攣薬の治験で実際に改善が見られるという。ただし、これは大量の検査とお金を必要とする類の問題だ。

修正ステップ

①症状が現れるたびに記録する

　猫探偵になったつもりで、発作が起こるたびに記録する。症状と何が引き金となったかに注目して、いつ、どこで発作が起こるか？　そのとき家の中ではどんなことが起こっていたか？　発作がおこる状況を観察して書き留めよう。

②獣医に診せる

　動物病院に連れて行く。どのような行動かわかるように、動画に記録して、それを見せるといい。そして、あなたの猫の助けになりそうな治療について話し合おう。

③エネルギーをコントロールする

　エネルギーの急上昇は発作の引き金になりうるので、家族の活動に注意を払い、可能な限り、引き金を管理する。そのためには第7章で紹介した「3つのR」を意識しよう。

④緊張を和らげる

　コクーンやそのほかの安全な場所を用意し、猫がいつでも逃げ込めるようにしておこう。

⑤キャットリフォーム・猫テレビ・HCKE

　猫がモジョを持てるようにするため、これまで紹介したキャットリフォーム・猫テレビ・HCKEを再現した遊びをうまく利用して、しっぽ以外に注意を向けさせよう。

　こうした知覚過敏は治るとか治らないとかいう問題ではない。どう管理するかという問題だ。異食症の場合と同じく、いろいろと調べて、取り組んでいくことが必要だ。そして、うまくいけばそのうち、まだかすかにイライラした感じはあるものの、しっぽは敵ではないのだと、愛猫が悟る瞬間がやってくる。発作の軽減には成功しても、完全になくすことはできないかもしれない。たとえそうだとしても、そうした瞬間が一つひとつ増えていけば、愛猫のモジョも満たされるだろう。

ケース11 ● 過度の毛づくろいをする

(問題)

あなたの猫は毛づくろいの習慣をまったく新しい段階にまで高めた。それも悪い意味で。見ると、脚の毛がところどころなくなっていたり、お腹の皮膚が完全にむきだしになっていたりする。それもみな、絶えずせっせと舐めるせいだ。

(現実)

猫にとって、体を舐めて毛づくろいをするのは、自然で大切なことなのだが、それをやり過ぎる猫がいる。ノミアレルギーや食物アレルギー、またはその他の皮膚疾患が発端となる場合もある。痒みを和らげる1つの手段として舐め始めたのが、癖になってしまうのだ。その他のケースとして、不安への応答として過度の毛づくろいをしている場合もある。人間が爪を噛むように、猫はそうすると気持ちが静まるのだろう。

手掛かりから原因が推測できることもある。体中を舐めているのは普通、痒みがあることを示す。ある特定の部位を舐めている場合は、痛みを感じている可能性が高い。例えば、膀胱に痛みがある猫は腹部を舐めて赤むけにしてしまう。

(修正ステップ)

①獣医に診せる

まずは動物病院に連れて行き、皮膚やその他の身体の問題がないことを確かめる。場合によっては、薬を必要とすることもある。

②ストレスの原因を突きとめる

猫のストレス要因を解消する。例えば、ペットのあいだの対立といった家庭内の脅威のこともあれば、野良猫など、家庭の外からの脅威のこともある（家庭の外からの脅威については、276ページのケース12を参照してほしい）。日常生活のストレス要因にうまく対処できていれば、過度の毛づくろいのように自分で自分を落ち着かせる行動は必要としないものだ。

③キャットリフォームとHCKEを一段引き上げる

愛猫が好む一緒に遊べるおもちゃを見つけることが鍵だ。溜まったエネルギーを毎日吐きださせてやれば、座り込んで毛づくろいをすることが減る。さらに、適切なおもちゃには、自分の体を標的にすることから猫の気持ちをそらす効果がある。体を舐め始めようとするサインを見逃さず、ちょっとした遊びに気持ちを向け直させる。それだけで、長々と毛づくろいし始めるのを止められることが多い。

④家庭の生活リズムを固定する

3つのRを忘れないでほしい。猫の生活リズムと人間の生活リズムを合わせて、それを変えないようにするのだ。不安を抱えた猫は決まりきったルーティンに安心するものだ。

⑤食べ物に注意する

猫が過度の毛づくろいに走るのは、アレルギーが原因という場合もある。体系的な食物アレルギー対策をすれば役に立つことは確かだが、治療にはあなたの労力が必要不可欠だ。限られた成分の食事から始め、こっそりおやつをやったりしないよう、家族や友人にも協力してもらう。それができれば、アレルギー対策は期待どおりの結果につながることが多い。

第**18**章
野良猫がトラブルを引き起こす！

僕が依頼人の家にお邪魔する際、お互いに「びっくり！」という瞬間が、しょっちゅうある。依頼人にとってそれは、家に見られるおしっこのパターンから僕が推測するには、屋外に野良猫がいて、それが飼い猫に深刻なストレスを引き起こしていると告げられる瞬間だ。彼らの顔にはショックを受けた表情が浮かぶ。近くに野良猫の集団がいることは知っていたものの、今抱えている問題に関係があるとは知らなかったか、あるいは近所に猫がいることをまったく知らなかったからだ。

　僕が驚くのは、そうしたことが猫の自信に関わるのは、基本中の基本であり、屋内で暮らす猫にとっては、近所の野良猫が縄張り荒らしと感じられかねないことは、誰でも知っていると思い込んでいたからだ。そんなとき僕は、「本を書かなくては……」と思うのだ。

ケース12●野良猫という敵が襲来！

問題

　近所に住んでいる猫があなたの家の敷地に興味を持ったようで、敷地内をうろうろしたり、通りすぎたりして、あなたの猫に縄張り上の不安を感じさせている。野良猫かもしれないし、よその飼い猫がうろついているのかもしれないが、どちらでも同じだ。その猫が外に現れると、屋内では困った事態が持ち上がる。

> (現実)

　ちょっと想像してみよう。近所の猫があなたの家に忍び込み、愛猫の餌を食べてトイレを使って、また出て行ったとしたらどうだろう。猫にとって縄張りがどれだけ神聖かという知識に照らせば、それが愛猫にとってとんでもない衝撃であることは想像に難くない。

　実は、家の周辺をうろつかれるのは、それと大きな違いはない。人間にとって壁は強固な境界だが、猫にとってその感じ方は違う。においを嗅ぎ取れ

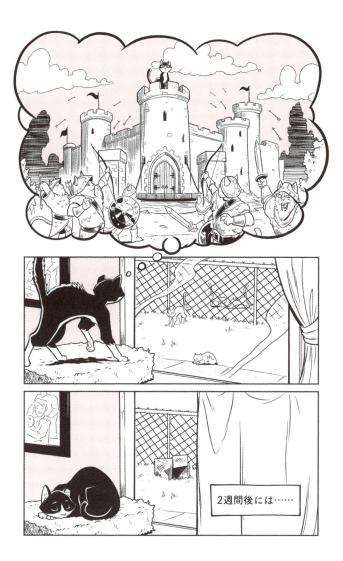

2週間後には……

る限り、そして姿を見ることができる限り、壁を挟んでいたとしても近所の猫は差し迫った脅威なのだ。

修正ステップ

①猫探偵活動をする

昔から、この問題の一番難しい点は、そうした猫たちがどこから入って来るのかを突きとめ、庭に侵入する動機を知ることだった。抑止手段を講じるなら、実際に効果のある場所にしなければ意味がないからだ。センサー付きカメラを設置すれば、どこから侵入するのか一目瞭然だ。TNR（野良猫を捕まえて避妊・去勢手術後に放してやる運動のこと）のための罠をしかけたり、妨害物を置いたり、フェンスによって侵入しにくくしたりできる。

ほんの数年前には、カメラはハイテクで高価すぎると考えられていたが、今は完全に僕たちにも手が届くものとなっている。なかには、センサーだけでなく、暗視機能や、出来事の日時を記録して別々のファイルに保存する機能まで備えたものもある。そういったものを活用して、どこで、どのような事件が起こっているのか調査しよう。そして、このステップ①と並行して、残りのステップを進めていこう。

②野良猫の繁殖を防ぐ

手間はかかるが、今後のイライラを何年にもわたって解消してくれるのが、TNRだ。もし侵入しているのが野良猫なら、TNR処置をしよう。よくわからない場合は、実際にTNRを行っていて、どうすればいいか教えてくれる保護団体や獣医に聞いてみよう。いずれにしろ、これが断然、問題を解消する一番の方法だ。野良猫が繁殖し続ける限り、あなたは常に問題を抱えるはめになり、彼らを寄せつけないでおくことはますます難しくなるだろう。それに、なによりもTNRは社会的にも必要な活動だということを覚えておこう。

③外が見えないようにする

常に効果があるとはいえないが、段ボールや紙、プライバシー保護のための窓用フィルムといった視線を遮るものを、野良猫が見える窓に貼ってもいい。ただし、これは単に見えなくなるということであって、外に猫がいることがわからなくなるわけではない。窓が開いていれば、猫は庭にいる猫のにおいを簡単に嗅ぐことができる。

④猫を引きつけるものを庭に置かない

　野良猫たちはなぜやってくるのだろう？　普通は食べ物またはねぐらが動機だ。家の周りに食べ物を放置すれば、野良猫に食べ放題のごちそうを提供していることになる。僕にとって、ほかの猫を閉め出すのは心が痛むことだし、あなたにとってもそうかもしれないが、もしあなたの猫に野良猫が原因と思われる攻撃行動の徴候が見られるなら、その猫の縄張りにほかの猫を入れてはいけない。野良猫の世話をするなら、餌やりの場所を敷地の外に移すか、少なくとも、家の中で過ごす猫たちにまったく悪影響のない場所にしよう。

⑤抑止手段を講じる

　野良猫を寄せ付けないアイテムとして、唐辛子、オレンジの皮、卵の殻では、たぶん効果がないだろう。屋内の猫の視線を横切るような動きがあった場合に、水を噴射したり、空気を吹きつけたり、アラームを鳴らしたり、閃光を発したりする、野良猫に無害の製品がたくさん市販されている。ただし、永遠に使うことを意図したものではない。訓練用の装置と考えよう。あなたの庭にやってくる猫は、そんなに何度も濡れなくても、ここに来れば濡れると覚えるものだ。やって来るたびに必ずそういう目にあえば、もっといい場所に移るのにそう長くはかからないだろう。

　もちろん、不都合な点もある。よくある不満は、誰かがそばを通るたびに作動してしまうことだ。あなたはびしょ濡れ、隣人もびしょ濡れ、宅配のお兄さんまでやられるはめになる。実際、僕も真夜中に通行人に反応してアラームを鳴らしてしまったことがある。

⑥染み込んだにおいを取る

　日が沈むのを待って、ブラックライトで家の周辺を照らして回り、おしっこがスプレーされている場所をきれいに洗い流す。家の周辺を見回ることで、どの場所がよくスプレーされているか、猫たちがどのようなものの所有を主張し、護ろうとしているのかがわかるだろう。そうした場所に抑止手段のための道具を置き直せばいい。

⑦高いところに見張り台を作る

　猫によっては、大騒ぎしがちな窓に垂直方向の縄張りを設けてやるのがよい。攻撃が起きやすいのは、愛猫が床にいて、敵と同じような視線の高さで顔を突き合わせているときだ。室内の床より高い位置に見張り台を設けて、そこから野良猫を見下ろせば、戦略的に有利な立場をもたらし、あなたの猫

は安心するだろう。自分の領土を隅から隅まで見渡せることで、敵に一歩先んじることができるのだ。

⑧縄張りマーカーを適切な場所に置く

縄張り意識が脅かされやすい場所にトイレを置くと、ナポレオン猫の縄張りストレスを和らげることができる。縄張りマーカーには尿による落書きや転嫁攻撃を防ぐ効果がある。「ここは俺が確保したぜ！」という感覚を味わわせてくれるからだ。

このステップに従ったところ、あなたの庭はもはや交戦地帯ではなく、単なる庭に戻った。かつてはナポレオン猫だった飼い猫も、猫テレビに興味を持ったとしても外の様子を警戒してはおらず、いきり立って戦いに備えるということはない。猫たちは自分のものを護るためにわざわざ戦う必要がなく、安心しきったモヒート猫になっているはずだ。

COLUMN 猫が安心する屋外のサンクチュアリ

最近のアメリカでは、裏庭にとてもしゃれたデザインの囲いを作る飼い主が増えている。野良猫も含め、ほかの動物が入らないようにしながら、自分の猫たちを遊ばせるためだ。もし、僕の紹介した修正ステップどおりにしたのに、縄張りにまつわるフラストレーションが依然として高いままなら、この解決策を検討してみてはどうだろう。

猫たちは屋外に出て、「ここは自分の縄張りだ！」と実感して、安心感を持つことができる。それと同時に、自分の行動範囲を拡大できるから一石二鳥だ。

第19章
愛猫が内弁慶すぎる

　っと前、猫を相手にする仕事を始めたころ、僕は内弁慶猫に引きつけられるようになった。特に保護施設のような環境では、内弁慶猫は見るに忍びないほどの苦しみを味わっているのがわかった。

　当時の保護施設は、それは恐ろしい場所だった。殺処分が日常的に行われていたのだ。僕がさまざまなテクニックを編み出したのは、そうした猫たちの命を救いたい一心からだ。そして、保護施設で受け入れて譲渡するまでの一連の過程を、ただ生き延びるだけでなく、その中で同時に自分の中のモヒート猫らしさに気づけるようにしてあげたかった。必ず、出会ったときより自信のある猫にして送り出そうと僕は決心したのだ。

　僕たちはみな、多かれ少なかれ、「臆病な猫」に自分を重ね合わせ、応援したくなる。違いがあるとすれば、同情して、「仕方がない」と受け入れてしまうか、「がんばってごらん！」と新たな境地に挑戦させるかということだ。もちろんここで紹介するケースは後者に属する。

ケース13 ● 正しく自信を持たせたい

問題

　飼い猫に、臆病な内弁慶猫の典型的な行動（詳しくは68ページ）が、1つまたはそれ以上見られる。いつもとは言わないまでも、ほとんどの時間、姿が見えない。クローゼット、飾り棚、電化製品の上、ベッドの下といったところに隠れているのだ。内弁慶猫は見慣れない人が縄張りに入って来ると、一目散に逃げ出す。知っている人でも、あまりにも急な動きをすると、やはり逃

げる。逃げ隠れする理由はいろいろあるが、あなたの猫の場合、みんなが寝静まってからでないと、安心して開けた場所に出て来られないのかもしれない。たとえ姿を見かけることがあったとしても、自信はこれっぽっちも感じられない。

　ここで問題となるのは、可哀そうだからといって、あえてそっとしておくことだ。内弁慶猫は家庭内で一番おとなしい存在であるため、問題として意識されにくいのだ。多くの飼い主が、内弁慶猫の意気地なしぶりを正常とみなす傾向がある。「ここがお気に入りで、とっておきの隠れ場所なのね」「クローゼットの中だとくつろげるのね」「ちゃんとトイレが使えるから大丈夫。ただしみんながベッドに入ってからだけど……」といった具合に考えてはいけない。はっきりさせておこう。いつも隠れているのは正常ではないし、大丈夫だなんて言って見過ごすべきではない。問題に取り組むには、それを問題と認める必要がある。

現実

　内弁慶猫になる原因としては、遺伝、早期の社会化の欠如、周囲からの脅威、これらの要因やその他の要因の組み合わせなどが考えられるが、内弁慶猫であることは、その猫の性格とみなされがちだ。ここでの目標は内弁慶猫を本来の輝いた最高の姿にしてやることだ。だが、心に留めておかなければならないのは、その猫の本来の姿がどんなものなのか、そこに到達するにはどれくらいかかるのかについては、こうすればこうなるという決まった公式はないということだ。それはむしろ、起こるべきときが来れば起こる自然な変化なのだ。

　各修正ステップを応用し、率直に自分自身にも猫にも向き合っていけばいい。飼い主の務めは隠れ場所を与えたまま、怯えた暮らしを続けさせることではない。愛猫の挑戦を促す義務がある。もし好きにさせておいたら、内弁慶猫はこれからも姿を隠したまま生きていくだろう。どこかの時点で、そうやって生きていくわけにはいかないのだと教えないといけない。実は、これまでだって、決してうまくいっていたわけではないのだ。

修正ステップ

①モジョマップにしるしをつける

　あなたの猫が1日どこで過ごしているか、きちんと調べてみよう。自信の

持てない場所がいくつも見つかって、愛猫の世界がどんなに狭いか、よくわかるだろう。どうしてそんなに狭いのか、その理由もいくつかわかるかもしれない。家庭内のほかの動物たちとの衝突が原因で、内弁慶猫が隠遁生活を強いられている場合もある。それから棲家や自信の持てる場所を示す手掛かりも探そう。その後、愛猫が挑戦ラインを越える際に使える行き先を用意しよう。

②猫の挑戦ラインを特定する

　今度は集めた事実を活用する番だ。モジョマップをじっくり眺め、猫をよく観察しよう。例えば、ある特定の隠れ家があるなら、マスキングテープを使って、愛猫の挑戦ラインにしるしをつける。挑戦ラインはそこでためらうのがよく見られ、あえて越えようとはしないところだ。それがわかったら、餌入れをちょうどその線の上に置く。翌日はその餌入れを何cmか外側に移動させる。こうして、日ごとにほんの少しずつラインを動かす。

　挑戦ラインを動かすときだけ、「大当たり！」のご褒美を使うのも効果的だ。猫はチャレンジを楽しみにするようになる。挑戦ラインの向う側には、この大好物のご褒美が待っているからだ。

③あなたの挑戦ラインについて、読み返そう

　第9章であなたの挑戦ラインと、愛猫の利益を最優先することの重要性について伝えた。たとえ、内弁慶猫が少々苦痛を味わうのを見て、罪悪感に胸が痛んだとしても、何が最善かを考えよう。ここで投げ出してはいけない。得られる見返りを考えよう。苦痛の先には、より良い生活が待っている。

④隠れて生きることをやめさせる

　あなたの挑戦ラインについて学んだことを応用して、愛猫の挑戦ラインに本気で取り組もう。例えば、ベッドの下で食事をさせるのは、やめてほしい。内弁慶猫の助けになりたいなら、穏やかではあっても、実際には挑戦となるような一連の手段を講じなければならない。隠れ家となっている場所を塞ぐこともその1つだ。

　といっても、下のスペースを塞ぐには段階的なやり方が必要だ（詳しくは143ページを参照）。一度にすべてなくしてはいけない。例えば、まずベッドの下を塞ごうとする場合、もしベッドの下を隠れ家にしているなら、一度にベッドの下全体をふさぐのではなく、徐々に奥からふさぎ始めて、ふさぐ部分をだんだん広げていくのだ。やがてベッドは隠れ家の役目を果たさなくなる。

ある研究によると、猫には安全にときを過ごせる場所が欠かせないという。そうした下のスペースを塞ぐ一方で、同じような安心感の得られるコクーンを与えよう。そうすれば、自尊心をしぼませるベッドの下の暮らしから抜け出せる。

⑤縄張りを少しずつ広げる

内弁慶猫を相手にする場合、一番役立つツールはベースキャンプだ。第8章で説明したようなベースキャンプを作ろう。その部屋をできるだけ居心地のいい場所にするには、においの染みついた愛用品、コクーン、休憩所、トンネル、それにあなたのにおいの染みついたものなどを使うとよい。隠れ家から出てくることに挑戦させる一方で、安全だと感じ、自分のにおいに包まれて自信を持てる環境を用意してあげるのだ。

その後、ベースキャンプの拡張を行って、世界を広げる（詳しくは102ページを参照）。ただし、それまでと同じように安全を確保してあげることは忘れずに。基本的に、縄張りの拡大は少しずつ行い、その猫のにおいを家中に広げて、そこが新しい縄張りであるかのように感じさせるのだ。

⑥キャットリフォームする

縄張りを、内弁慶猫の味方にしよう。ベースキャンプを作るときもそれを広げていくときも、そうした快適ゾーンを歩き回りたくなるようなものを加え、一方ではその猫の挑戦ラインを優しく前進させる。キャットウォークで垂直の世界に導こう。キャットリフォームで内弁慶猫を後押しするのだ。

⑦HCKEで自信を持たせる

内弁慶猫には遊びを使うセラピーが欠かせない。理屈は単純だ。そのおもちゃに飛びついて、仕留められれば、その場所はその猫のものとなるのだ。HCKE（狩りをして、獲物を捕らえ、殺して、食べる）を再現して、あなたの内弁慶猫をたくさん遊ばせよう。もし、一緒に遊べる小さくて静かなおもちゃを好むようなら、そうしたものを用意するようにしよう。

内弁慶猫にとって、大事なのは旅であって目的地ではない。どの内弁慶猫にとっても、究極の目標は可能な限り、最も自信に満ちた自分になることだ。修正ステップを進めていくと、相変わらず人見知りをするかもしれないが、モジョの瞬間がますます増えていくのに、あなたは気づくだろう。

COLUMN お客さんが来ても動じさせないようにするマル秘テクニック

　内弁慶猫を前進させるには、一貫性と日々の暮らしの中で彼らの信頼を得る必要がある。ここでは、家に来客があると一目散に隠れてしまう猫が、玄関まで出迎えはしなくとも、逃げ隠れしなくなるちょっとしたアイデアを紹介していこう。

①インターフォンは押さない
　来訪者には、インターフォンを鳴らす代わりに声を掛けてもらう。多くの猫が、インターフォンの音は何か恐ろしいことの前触れだと学習してしまうからだ。お客さんがやってきたら、あなたは外までお客さんを迎えに出て、一緒に屋内に入ってくる。そして、猫にはとっておきのごちそうをあげるのだ。
　189ページで紹介した、徐々に怖いものや苦手なものに対する感度を下げていく、セラピーの基本的なテクニック「脱感作」も効果的なので、試してみるとよい。

②初めてのときは何もしない
　お客さんは最初の訪問時には内弁慶猫と触れ合おうとすべきでない。屋内に入るだけで、自分から撫でたりしないことだ。近づくなら、ゆっくりと穏やかに寄っていくことが大切だ。少し興味を示したら、ゆっくり瞬きと握手までのスリーステップを実践してみるとよいだろう（やり方は203ページを参照）。

③サンタクロースになってもらう
　もう1つ役に立つのが、僕が「サンタクロース効果」と呼ぶテクニックだ。お客さんには訪問のたびに、必ずプレゼントを持って来てもらう。例えば、「大当たり！」のご褒美がよいかもしれない。あなた以外の人に内弁慶猫のごはんを出してもらい、遊んでもらう。
　すると、誰かがやって来るたびに、猫は何かいいことがあることを覚える。クリスマスがやって来るというわけだ。

さっと身代わり「引き継ぎテクニック」

　猫が知らない人を怖がったり、あなた以外の人全員にパンチをお見舞いしたりするような場合、猫があなたのことを信頼していることを利用して、その信頼の輪を広げることができる。人を恐れて身構えてばかりいると、猫の世界は狭まってしまう。ほかの人たちは単にその猫を避けるようになるからだ。すると、孤立という悪循環が生まれ、猫は信頼する1人の人間に過度にくっつくようになる。

　「引き継ぎテクニック」はそうした悪循環を断ち切るのに役立つ。このテクニックではまず、その信頼されている人（あなた）が、ほかの人に愛猫の触り方を教える。そして、あなたが猫を撫で、猫がリラックスした状態のとき、別の人がゆっくり静かに近寄る。そして徐々に、撫でる手を飼い主の手からその人の手に換えていく。こうすれば猫はそのまま撫でられ続けるだろう。撫でる人が変わったことに気づいていても、飼い主がその場にいるので、猫は安心していられるのだ。

社会的な架け橋となる猫がいるといい

　内弁慶猫は社会的な架け橋を持つことが良い効果をもたらすことがある。その架け橋となるのはモヒート猫だ。人見知りをする内弁慶猫とその家のほかの猫、または人とのあいだをつなぐ役目をしてくれる、頼れる味方だ。内弁慶猫は、別の猫が遊びや自信に満ちた行動をして見せると、自分でも試してみようとするかもしれないのだ。

第20章
トイレの大問題に立ち向かおう

真っ先にこのページを開いたあなたはたぶん、この章はあらゆるトイレ問題を取り上げていて、対処法がまとめてあると期待していることだろう。しかし、少なくとも僕に言わせれば、そんな奇跡はありえない。つまり、トイレ問題については、誰にでも効果を発揮する万能の解決策の蓄えは僕にはないということだ。

その代わりに、僕は相手の家を訪問して仕事をする。使うのは、これまでに紹介してきたツールであり、猫に自信を持たせるための基本技術だ。そして、現場の実態を探り、残された手掛かりをつなぎ合わせて解決への糸口を見つけていく。これを20年もやっているわけだが、いまだに難しい。

この章の、つまりトイレ問題の最も重要な部分は、解決法そのものではない。一番大事なのは、家族の一員である愛猫とともに旅をすることだ。それは、あるべき場所以外のところにおしっこやうんちを発見するという不幸な驚きから始まる。そして、旅が終わるのは、その理由がわかったときだ。

もし僕が魔法の解決策を1つ示し、それがうまくいったとしても、それはちょうど、家の中の壊れた部分を何でもかんでも粘着テープで修理するのと同じだ。「おかげでもう、うちの流しは水漏れしない」と自慢したいところだが、僕は何も修理してはいない。今や、粘着テープをべたべた貼った壊れた流しを持っているというだけのこと。

というわけで、おしっこやうんちは問題ではなく、猫が快適ではないことを示すしるしなのだ。その不快感の根っこをあなたの手でつかむことが、ゴールとなる。根っこを引き抜けば、そうしたしるしはなくなるし、その過程で、猫が自信を獲得するための鍵を手に入れることができるだろう。

答えはすぐそこにあって、あなたを待っている。

トイレ問題解消プロセスは「なぜ」から

できるだけ、僕の実際の作業を忠実に伝えていこう。もし、あなたの家に行った時点で、トイレの問題があるというのが唯一の情報だったなら、そこが出発点となる。あなたはこの状況に極めて切迫した危機感を持っていると言っていいだろう。何しろ専門家の助けを求めたわけだ。僕が危機感を持つのは、前にも述べたように、トイレ以外の場所での排泄は、どんな場合でも猫が快適でないことを示すしるしだからだ。その陰には何らかの苦しみがあり、それをできるだけ迅速に取り除くことが重要だ。そこで、ここでの作業は水域の一番浅い部分から原因とその対処法を探し始めて、一歩一歩、進んで行くことになる。

目標は浅瀬で有望な鉱脈を探り当てること。つまり、最初の猫探偵の段階で答えを見つけることだ（猫探偵については211ページ参照）。多くの場合、問題にかなり素早く決着をつけられるだけでなく、再発も防ぐことができる。単純明快なケースが多いからだ。けれども、問題をどこに分類すべきかはっきりしなかったり、問題がこじれていたり、その両方だったりすることもある。そうしたケースでは、もっと深いところを探らなければならない。この場合、唯一、あなたに必要なのは忍耐だ。そうした深いところを探るツールもここには用意してある。しかし、先走りはよそう。トイレ問題解消プロセスは常に「なぜ」から始まる。

原因は大きく分けて3つある

僕はトイレに関する問題を、要因をもとに大きく3つに分けている。

①縄張りにまつわるストレス

猫の自信を中心に考えると、トイレ問題のほとんどに縄張りが絡んでいることは当然と言える。その脅威が現実のものか想像上のものかは、ほとんど関係ない。これまでに取り上げたほかの多くの問題と同じように、自信が失われると、おしっこかけが現れる。この縄張りにまつわるストレスには以下のことが含まれる。

● 内部からの脅威：確立された縄張りが変わることはもちろん、ほかの動

物または人間との関係が壊れたり、関係が存在しなかったりすることも、猫の自信を脅かす。

●外部からの脅威：その脅威によって縄張りがじわじわと縮小しているという感覚。

②トイレが嫌い

この場合、猫が選ぶのは、トイレ以外の戦略的な場所での排泄というより、トイレ以外のあらゆる場所での排泄ということになる。

身体的な問題、いろいろな形や大きさの外傷、トイレのデザインや猫砂の種類といった中身の好み、縄張りのほかの居住者に関わる問題などすべてが原因となりうる。

③医学的な問題

トイレ外での排泄の引き金となる身体的な疾患がいくつかある。治療しないでいると、もっと深刻な健康上のリスクにつながる場合もあるし、現に病気の1つの徴候である場合もある。

ここで指摘しておきたいが、僕は常に、トイレ問題の徴候が最初に現れた時点で必ず獣医に診せるべきだと思っている。

「どこで」から始めよう

トイレには3つの要因が考えられることがわかったところで、解決への最速の道を進もう。解決への賢い一打を放つ最短の道は、最初に場所を検討することだ。おしっこやうんちがされた場所別に、どんなことを調べていけばよいかと解決法を説明していこう。

部屋や家の壁回りにされた場合

●場所の具体例

屋外に面した壁の内側、窓の下、外へ出るドアの周囲。

●なぜそこか

もしあなたの猫が、窓も含めた部屋の壁回りにマーキングする（おしっこをかける）なら、それは縄張りにまつわるストレスの典型的なしるしで、感じた脅威に対するナポレオン猫的な反応だ。別の猫が外部から自分に向かってやってくると感じ、猫としては「ここは俺の城だ、だから塀を作っているのだ」となる。

● 解決法

第18章「野良猫がトラブルを引き起こす！」(276ページ) を参考に、外部の脅威を突きとめ、心のバランスを取り戻すためにはどうすればいいかを考える。

● その他の情報

このケースでは、ほとんどは単なる排尿ではなく「スプレー」行為だろう。大きな違いは、排尿は普段飼い主が見慣れた排泄行動なのに対して、スプレーは壁などの垂直面にお尻を向けて勢いよく噴射するところだ。

部屋の中央にされた場合

● 場所の具体例

壁から離れた床の上で、開けた場所のこともあれば、テーブルや椅子の下のこともある。

● なぜそこか

縄張りにまつわるストレス。あなたの猫は家の中の誰かを恐れて暮らしている。いじめられている可能性が高い。例えば、テーブルの下にいると部屋全体を360度見渡すことができる。排泄中に誰かから攻撃されないとわかっている場所でないと、用を足せないのだ。

● 解決法

第14章の240ページで紹介した「①いじめっ子といじめられっ子」を読み返そう。

● 注意すること

トイレの出入り口は、必ず複数あるようにしよう。カバー付きの猫用トイレを与えて、その出口を壁に向けるようなことはしてはいけない。つまり、行き止まりや待ち伏せ地帯を作ってはいけない。

バスルーム・洗面室にされた場合

● 場所の具体例

バスタブまたはシンクの中。

● なぜそこか

トイレ嫌い。ほとんどの場合、猫砂に原因がある。ここで注目すべきなのは、バスタブもシンクも冷たくて滑らかな面を持つということ。足に当たる猫砂の感触が嫌で、もっと滑らかな感触を求めるのだ。これは医学的な問題が関係している場合もある。僕は抜爪をした猫たちで頻繁にこのような行動を目撃したが、それは抜爪に関連する幻肢痛に悩まされていたり、

高齢になって、足やその周囲に関節炎を発症したりしているからだ。

● 解決法

　この場合に限らず、猫がトイレに否定的なイメージを持っている場合は、常に新しい関係を築くことが大事だ。この章で後ほど説明する「猫用トイレの再引き合わせ」(299ページ) を参照してほしい。

個人の持ちものにされた場合

● 場所の具体例

　家庭内の誰かのもの、例えば衣服、財布、シャワーマット、さらにはベビーベッドということさえある。

● なぜそこか

　縄張りにまつわるストレス。よく見られるのは多頭飼育の家庭で、家族が1人または1頭増えたときに、内なるナポレオン猫が顔を出す。新しい猫を迎え入れる、人間の赤ちゃんが生まれるといった事態に際して、猫は我慢できないと思う。縄張りが脅かされているように感じ、土地を奪い返さなければと決心する。その実力行使の手段として、新入りのにおいが強く染みついたものにおしっこをかけるわけだ。

● 解決法

　これは、こうした極端な行動の多くがそうであるように、「縄張りが荒らされたから助けて！」という悲鳴なのだ。順を追って、対処していこう。まず、スペースを増やすことによって、困った場所でのおしっこを減らす。キャットリフォームについては第8章に戻って読み返そう。愛猫の「ナポレオン猫」の性質も、66ページに戻って、よく読んで理解しよう。

出入り口付近にされた場合

● 場所の具体例

　部屋と廊下をつなぐドアなど、屋内の出入り口やその近く。

● なぜそこか

　縄張りにまつわるストレス。キャットリフォームに関して、僕が常々言っていることだが、縄張りマーカーが十分にないと、不安になった猫はおしっこの落書きでそれを埋め合わせようとする。尿でいろいろな場所に自分の名前を書いて、その場所または出入り口の先の部屋は自分のものだと示すのだ。

● 解決法

　キャットリフォームが先決だ。そうしたエリアに十分な数の縄張りマー

カーがあるように気をつける。出入り口だけでなく、ドアの先の部屋にも置く。縄張りマーカーとしては、単にベッドなどではなく、もっと強力なにおいの染みついたものが必要かもしれない。おしっこをかけた場所の近くに爪研ぎ器を置くとよい。猫用トイレを置けば理想的だ。忘れてならないのは、おしっこで自分の名前を残すのは、本来、モジョに反する症状だということ。これらはあくまでも応急処置で、問題の根っこをつかむには不十分だ。

家具にされた場合

● 場所の具体例

ベッド、ソファ、椅子など、人のにおいが染みついた主要な家具。

● なぜそこか

縄張りにまつわるストレス。「ベッドの私の側におしっこをかけるなんて！ 私のことが嫌いなんだ」とよく誤解される。これは裏の意味を持ったお世辞と考えよう。家にいるとき、僕はにおいの染みついた愛用品、ソファとベッドにいることが多い。そうした人間が長時間を過ごす場所におしっこをかけるのは、徹底的な不安から出た行動だ。モヒート猫なら、飼い主や飼い主の持ち物に体をこすりつけて、自分のにおいをそこに残す。においを残すという点では同じだが、モヒート猫が「あなたが好きだし、あなたは私のもの」と余裕を持って言う代わりに、おしっこをかける猫は「あなたが好きだし、私のものにしようと必死なの！」と言っているのだ。ほかの人があなたを自分のものにしているから、あるいはしようとしているのではないかと不安なのだ。同じように、猫同士の敵意が高まっていくときも、これと似た場所取り合戦が見られる。

● 解決法

「ナポレオン猫」に関する説明（66ページ）を読み返して、自分の猫に思い当たる節があるか確かめ、ツールを使ってモジョを高めてあげよう。このような状況を解消するにはキャットリフォームが役立つ。また、「ダメ！・いいよ法」（138ページ）も活用しよう。「ダメ！」がその家具で、「いいよ」は縄張りに対する不安を軽減し、おしっこでマーキングする必要をなくすための、においの染みついた愛用品だ。これを問題となっている家具のそばに置こう。

● 注意すること

手触りに特徴のあるものが標的になっている場合は、病気やトイレ嫌いの可能性がある。この解決法が効かない場合は、別の道を探すこと。

猫用品にする場合

● 場所の具体例

ベッド、キャットタワー、休息用の棚、爪研ぎ器などのにおいが染みついた猫用品。

● なぜそこか

縄張りにまつわるストレス。たいていは、その猫が誰かと競争関係にあるか、競争があると思い込んでいる。相手はほかの猫や犬、ときには人間の子どもの場合もある。この行動は所有権の過度の表現で、ナポレオン猫にお決まりの行動だ。しかし、やけくそになった内弁慶猫による可能性もある。価値のある所有物が何もかも取り上げられた、あるいは近寄らせてもらえないと感じて、そういう行動に出たのかもしれない。

● 解決法

第5章「猫のタイプと自信が持てる場所」(63ページ) に戻って、猫のタイプについて読み返そう。不安の根本的な原因は何かを知ることが、解決への第一歩であり、最後の一歩でもある。

猫にとって価値の高いにおいの染みついた愛用品を増やすことも解決へと導いてくれる。標的は置かれた場所、感触、人気度などから、猫に高く評価されている。同じようなものがたくさんあって、それも所有できることを猫にわからせよう。もし家庭内の動物のあいだに敵意があるなら、第14章で紹介した再引き合わせプロセス (ケース2、236ページ) も検討してみよう。

高さのあるもの（垂直方向のもの）にする場合

● 場所の具体例

テーブル、キッチンなど。

● なぜそこか

縄張りにまつわるストレス。こうした場所での行為は、いくつもの要因が絡んでいる可能性がある。しかし、このケースは典型的な「いじめっ子」対「いじめられっ子」のシナリオで起こるのが普通だ。いじめられっ子は床や猫用トイレでは安全と感じられない。絶えず待ち伏せされ、追いかけられているからだ。いじめられっ子や内弁慶猫は少しでも形勢が有利になる場所を求めて高いところに上がり、そこで安心して用を足す。でなければ追いかけ回されて高いところへ上がり、恐怖のあまり、そこで漏らして

しまう。

● **解決法**

　これは明らかに緊急事態だ。戦っている当事者同士をすぐに引き離し、第14章の再引き合わせプロセス（ケース2、236ページ）を最初から始める。関係修復をして、内弁慶猫の自信を取り戻す必要がある。

● **注意すること**

　縄張りにまつわるストレスのしるしは、必ずしも高いところでの排泄とは限らない。ほかのケースとしては、おしっこやうんちが1カ所にまとまっておらず、長く伸びている。これは追いかけられている（または追いかけられると思って逃げている）最中に、排泄したせいだ。排泄物と一緒にもつれた抜け毛がある場合は、そこで取っ組み合いが起こって、その最中に排泄してしまったことを示す。

猫用トイレの近くにする場合

● **場所の具体例**

　猫用トイレの60cm以内の場所。

● **なぜそこか**

　トイレ嫌いまたは病気（医学的問題）。これは何が起こっているのか、僕には一目瞭然なケースの1つだ。猫用トイレ自体が嫌になっている。

　一番多いのは排泄に伴う痛みを思い起こさせる場合、猫は「おしっこすると痛いな」とは思わない。「この場所が僕を痛い目にあわせるんだ」と思う。その理屈からすれば、またそこに行くなんてとんでもない。でもそこですべきだとはわかってはいるので、できるだけ近くに行くのだ。

● **解決法**

　この行為は動物病院に行ったほうがよいというしるしだ。飼い主が行動の修正という道を追求している一方で、猫のほうは「危険を知らせるイエローフラッグを掲げている」ということのないように気をつけよう。診断がついたら、この後299ページで説明する「猫用トイレの再引き合わせ」のヒントも参照してほしい。

基本に返ろう
ジャクソン流・猫用トイレの十戒（ダイジェスト版）

「どこで」から始めて、結果が得られなかったとしても、心配はいらない。1つのプロセスなのだから、ひたすら前進しよう。次の停車駅は「基本」だ。まずは、「猫用トイレの十戒」が守られているかを確認していこう。

詳細は第8章の120ページで解説したので、そちらを参照してほしい。ここでは簡単におさらいしていき、あなたの家で守られているかを再確認しよう。

1　猫の数＋1個の猫用トイレを用意せよ

猫それぞれに1つずつ猫用トイレを用意し、さらに1つ追加する。

2　猫用トイレを複数の適切な場所に設置すべし

ボックスはあなたではなく猫にとって一番いい場所に置くこと。

3　においのするものを使うべからず

僕はいつも香りの付いていない猫砂を勧める。猫砂には脱臭剤を入れず、ボックスのすぐ近くには芳香剤を置かないこと。

4　砂はワイルド・キャットの好みをもとに選ぶべし

ワイルド・キャットの好みに留意すれば、常識として猫砂は最もシンプルなものがよい。

5　考え無しに猫砂を注ぐべからず

猫砂は多ければ多いほどよいわけではない。2.5〜5cmくらいから始めて、調整していけばよい。

6　適正サイズのトイレを用いるべし

猫が入るのをためらわないような心地よく、使いやすい場所でなければならない。ボックスの長さは少なくとも猫の体長の1.5倍でなければならない。

7　猫用トイレを覆うべからず

カバーがあると待ち伏せゾーンや袋小路ができかねない。また、長毛種は出入りの際にカバーの側面に体が触れると、静電気が起こることがある。

第20章

トイレの大問題に立ち向かおう

8　浸透しないシートを使うべからず

　多くの猫は防水性シート（ライナー）の感触が好きでないし、爪が引っかかる恐れもある。

9　猫用トイレは清潔に保つべし

　猫は間違いなく、おしっこやうんちが残っているトイレより、きれいなトイレのほうが好きだ。

10　猫に好みのトイレを選ばせるべし

　どんなトイレが好きか見つけるのに一番良い方法は、選択肢を与え（大きさ、形、場所、猫砂のタイプ）、どれが好きかに従って調整することだ。

トイレ 問題を引き起こす三大変化

　「猫用トイレの十戒」を守っていることを確認してもらった。次に検討すべきことは、猫用トイレ以外の場所での排泄が始まったときを振り返って、それはいつ始まり、そのころ自分たちの生活にどんな変化があったかを問うことだ。具体的には以下の3つのことを考えてみよう。

猫用トイレに関する変化

　まず考えるべきなのは、猫用トイレそのものについてだ。猫砂のタイプ、置き場所、トイレ本体など、何か変えなかっただろうか？　もし変えたなら、変えてほしくなかったのはどこなのかを突きとめ、その部分を元に戻す。

ルーティンの変化

　新しい仕事に就いたり、そのころ子どもたちの新学期が始まったりしてはいないだろうか？　基本的に、あなたが家で過ごす時間が増えても減っても、家庭のリズムが変化する。これは極めて重要な「3つのR」に立ち返って対処すべき事態だ。信頼のおけるリズムを再構築しよう。

関係の変化（来るものと去るもの）

　新しい人間、新しい動物（猫または犬）、新生児……新たに加わったメンバーはどれも、家庭の力関係に変化をもたらす。特に、適切なプロセスを踏んで引き合わせられなかったり、現行の力関係がないがしろにされたりした場合は影響が大きい。関係を改善するには、第10・11章を参照してほしい。

問題が複雑なときこそモジョマップへ戻ろう

ここで紹介するのは、僕ならいくつかのテクニックを組み合わせて解決策を考える事例だ。ときには、起こっているトイレ問題が、あるカテゴリーにすんなり当てはまることもある。しかしほとんどの場合、そうはならない。少なくとも、完全に一致するということはない。僕は、解決プロセスで使うテクニックに固い信頼を置いているが、そうしたいつものやり方をあなたの家庭に当てはめようとした途端に、無数の不確定要素が関わってくる。ほかの人や動物も関わってくるし、家族の歴史、家族の現在の力関係、あなたの家の縄張りに特有の複雑さなど、数え上げればきりがないほど固有の要素がそこにはあるのだ。

というわけで、もし家中のさまざまな場所におしっこがされていて、2つ以上の要因が関わっているならば、猫の問題について浅瀬で完璧な答えが得られないからといって、失望する必要はない。僕が仕事をした家の少なくとも半分、特に多頭飼育の家では、ハイブリッドな診断と解決策が当てはまった。そんなときには、僕たちの「猫探偵」のテクニックを次のレベルに進めなければならない。演繹的推理力を働かせて、複数の地点から証拠を集め、トイレ問題解消プロセスに取り組まなければならない。そこで、問題の深みを探るためには「モジョマップ」に戻る必要がある。

モジョマップを導入する

第8章で紹介したように、モジョマップ（114ページ）は基本的にあなたの猫の現実の世界を詳しく記した青写真だ。マップにはどの部屋に何がどう置かれているか、どこに猫用トイレがあるか、猫とほかの動物と人間の動線はどうなっているかを書き込む。

最初のステップは、マップを正確に作ることだ。取っ組み合いの起こった場所、おしっこやうんちのあった場所、猫たちがよく集まっている場所、お気に入りの休息場所、猫用トイレの場所、食事場所、お気に入りの遊び場を、色分けして書き入れるとよいだろう。どのようにして情報を集めたかと213ページの「宝ものじゃないもの探し」を思い出そう。ここでは、あのときと同じようにして、マップを利用する。少し時間はかかるが、猫の活動パターンが徐々に見えてくるだろう。僕は1週間か2週間記録しながら、点と点をつないで、活動全体のパターンを見つけだすことに何度も成功している。最初はでたらめに起こった出来事として見ていたものが、信頼できるパターンとして見えるようになるのだ。

問題が起こったらまずは獣医に診せる

　例えばもし、あなたが僕に電話で、猫のトイレのことで困っているから、家に来て相談に乗ってもらいたいと頼んできたら、まずは獣医のところに行くようにしてもらう。診察を数カ月前に受けたばかりで、何も問題がなかったとあなたが言ったとしても、やはり診てもらうように告げる。なぜなら、健康診断は目的を持って行う診察とは違うからだ。

　そういった場合、診察は本当に頭のてっぺんからしっぽの先まで診てもらうように伝えている。甲状腺ホルモン濃度と血液の検査は、尿検査や糞便検査に劣らず重要だ。あなたの預金残高を際限なく減らすつもりはないが、僕は初回の相談業務後に再度、診断をしっかりと受けていなかったため、獣医のところに送り返すことさえある。

　かかりつけの獣医には、あなたの猫が屋内の縄張りをどんなふうに歩き、階段を使い、猫用トイレを出入りするかといったことはわからない。しかし、血液検査の結果を見れば、糖尿病、腎臓病、甲状腺機能亢進症、さらにはがんの徴候さえわかる。体を侵すにつれ、はっきりとそして突然、行動に影響を与える病気がわかるのだ。

　僕は長年仕事をしてきた中で、膿んだ歯が極端な攻撃性を引き起こした例や、折れたしっぽや詰まった肛門腺が何カ月にもわたるトイレ嫌いをもたらした例を見たことがある。猫は痛みを隠す。それが野生の習性だ。僕たちが行動を熱心に調べている一方で、あなたの猫がずっとイエローフラッグを掲げて「痛いよ！」と叫んでいるのを見逃すなんてことがないように、気をつけなければならない。手遅れになってから気づくことは避けたい。

 COLUMN　病気の兆候を見逃すべからず！

- トイレに入っているときに声を出す。
- うんちをしてから走る（痛みまたは不快感のしるしであることが多い）。
- 小さくてビー玉のような便や、プリンのような柔らかい便をする。
- ひどい悪臭のある便をする。
- 尿に血が混じる。
- 黒っぽくて結晶化した尿がでる。

猫用トイレのあれこれ集

猫用トイレの問題はさまざまだ。何といっても、においの染みついた愛用品としては最も重要であり、縄張りの中核、従ってその猫のモジョの中核をなすものなのだ。次に紹介していくヒントや工夫、テクニックは、あなたの猫知識を引き上げてくれるだけでなく、あなたの猫がモジョに満たされるための鍵となるだろう。

猫用トイレの再引き合わせ

猫用トイレに関してトラウマとなるような体験をした猫は、トラウマの原因が医学的なものであれ、行動上のものであれ、原因が解消されてもすぐに正常にトイレを使うようになることは期待できない。例えば、あなたが毎日地下鉄で通勤しているとしよう。列車が脱線し、突然あなたは投げ出される。1度や2度ではない。続けて6度もそんな目にあう。賭けてもいいが、あなたは歩いて仕事に行くようになるだろうし、あなたをまた地下鉄に乗せるのは一苦労だろう。猫だって同じだ。

猫に猫用トイレを改めて引き合わせる最善の方法は、選択肢をいくつか与えて、一番怖くないものを選べるようにしてあげることだ。古いものも取っておくが、形や感触がそれとはまったく違うものをいくつか追加する。僕はオーブンの天板から貯蔵用の容器まであらゆるものを使ってみた。ともかく、トイレの形も外見も高さも足の感触もバラバラなものだ。

用意をしたら、まずは前のトイレのときと同じ猫砂を新しいトイレに入れてみよう。それと同時に、まったく違う猫砂を新しいトイレに入れたものも試してみよう。猫砂の硬さは変えないようにするが、メーカーによって、猫が感じる感触はそれぞれ独特だ。香りの付いた猫砂やシリカゲルは避けるべきだ。鉱物系はどんなものでも避けるべきだ。

もとのトイレの付属品はすべて残しておいたほうがよいが、新しいトイレについてはシンプルに徹しよう。置く場所についてもいくつかの選択肢を与えてほしい。それから、僕は何度も成功したことがあるのでこれだけはやってほしいのだが、新しいトイレを、部屋の中央とか、自分の寝室とか、あなたなら絶対に置かないと思うような場所に置いてみてほしい。何といっても、猫は前のトイレに悪い思い出を持っているのだ。それなのに、僕たちはどうも猫用トイレをいつもの同じ場所に置く癖があるようだ。猫用トイレの再引き合わせに関しては、正反対の選択肢を与えることが、経験上重要だ。

やったのは誰？　カメラでつきとめよう

　こんなことを言うと自分がすごい年寄りに思えるが、僕がこの仕事を始めた当時、もし今持っているような高価な監視カメラを使えたなら、はるかに多くのケースをはるかに迅速に解決できたことだろう。トイレ問題がある場合、一番問題が発生する地点を絞り込んだら、カメラをそのあたりに向けて設置すればいい。そうして猫の動きを観察する。

　カメラを設けてこっそり観察すると、意外な事実がいろいろ出てくる。多頭飼育の飼い主がよく犯す過ちは、犯人は1匹だけだと思い込んでいることだ。猫たちは所有権を主張するため、同じ場所に何度も何度も「名前を残す」というむなしい試みに走るのだ。たとえ、もともとは1匹がお漏らししただけだったとしても、すぐにほかの猫たちがそれを誤って解釈する。例えば、病気のせいで1匹の猫がトイレ以外の場所でおしっこをしているとする。するとほかの猫たちはそれを縄張りへの挑戦状と受け取るかもしれない。そして突然、おしっこかけ競争が始まる。

　カメラを使えるようになったもう1つの大きなメリットは、真犯人を突きとめられることだ。僕が相談を受けた中には、3〜6匹の猫がいる家庭もあったが、家中におしっこやうんちをしているのはどの猫か、証拠がまったくないにもかかわらず、飼い主はなぜか犯人を確信しているということが多かった。単にその猫の性格を根拠に、決めつけていたのだ。ここ数年、僕は記録できるカメラを飼い主に貸して、データを取ってもらっている。その結果、少なくとも4分の1のケースで、真犯人とは違う猫を責めていたことがわかった。カメラは決して嘘をつかない。

ブラックライトで現場を調べよう

　紫外線ライト（ブラックライト）がなかったら、正直、僕はどうしていいかわからない。トイレ絡みの問題に立ち向かうとき、とても頼りになるのだ。もし、おしっこに関する問題があるなら、ブラックライトはとても便利だ。使いこなすためにいくつかコツを挙げておこう。

①ブラックライトは暗闇で使うか、部屋をできるだけ暗くして使う。間接照明による光であっても、光があると情報の信頼性が低下する。

②蛍光発色による色は時間とともに変化し、おしっこのタンパク質が分解されるに従がって、濃い橙黄色から白色に変わっていく。

③渦巻き形に見えるのはあなたがカーペットクリーナーのような洗浄剤を使った場所を示す。

④たとえ100万回洗浄したとしても、ブラックライトで照らせば尿の跡が見える。だからといってヒステリーになる必要はない。猫の尿はカーペットの染料を分解するので、においや染みがわからくなるほどきれいにしたとしても、必ず蛍光発色がある。

⑤新しい染みと既に洗浄した染みは識別できる。新しい染みのほうが明るく光る。

⑥どの染みにも起点と終点があることを確認する。特に幅木（床に接する部分の壁に取り付ける部材）のような部分を捜索しているときは、それをたどる。

⑦パターンを調べる。床の上の円は、猫がそこで膀胱を空にしたことを示す。スプレーの場合は普通、垂直面に跡があり、量はさまざまだ。小さな点、たいていは複数の染みがある場合は通常、尿路に問題があることを表す。

あなたがしてはいけないこと

　ここまで、トイレ問題を解決するためにすべきことをいろいろ見てきたが、最後にあなたが「してはいけない」ことをいくつか述べて、この章を終えることにしよう。

　日々待ったなしのトイレ問題に対処することほど、神経をたちまちすり減らすものはない。けれども、どんなに事態が悪化しても、その瞬間には猫と距離を置いて、冷静になることがとても大切だ。思い出してほしい。罰しようとしても、猫には何のことやら、さっぱりわからない。トレーニングとか教訓を与えるとかいう名目でいろいろなことをしても、相手に通じない以上、あなたがますます苦しくなるだけだ。そこで、次のことを肝に銘じてほしい。

- 猫を抱き上げて猫用トイレに連れて行ってはいけない。
- 猫の鼻をおしっこやうんちにこすりつけてはいけない。

第**20**章

301

トイレの大問題に立ち向かおう

- トイレ外でおしっこしたからといって、130ページで解説した「タイムアウト」法をしてはいけない。
- 餌のトレイと猫用トイレとともに、閉じ込めてはいけない。
- 怒鳴りつけてはいけない。

お漏らしをして2秒も経てば、猫はあなたが罰を与えても、なぜそんな振る舞いをするのか、自分にそんな仕打ちをするのか、まったく理解できないだろう。データを集め、粗相を片づけ、先に進む。それがまさに、このトイレ問題のプロセス中に、あなたにできることのすべてだ。映画をほんの数場面見ただけでわかったような気になってはいけないように、自分が見たことだけにもとづいて評価をする資格は飼い主にはない。ましてや、それを根拠に行動する資格もない。それに、繰り返しになるが、罰しても何の効果もない。だから、しないことだ。

第21章
モジョってこういうこと

　あなたは、今、以前よりも、猫についても猫のモジョについても知識を身につけたと思う。そして、僕はあなたの愛猫にもモジョを持たせることに成功していてほしいと願っている。それに、「なるほど！」と思う瞬間が「なんてこった！」と思う瞬間よりずっと多くなっていてほしい。そうなれば、猫の行動を予測不能とか、いきなりと表現することや、猫があなたや家族の誰かをひどく嫌っているというような、誤った擬人化もしなくなるだろう。

　かつて、僕はよく1人で、たいていは深夜に保護施設でたくさんの猫たちに囲まれているとき、人間である自分の理解力の限界にフラストレーションを感じていた。「どんなことをしたって、私たちに近づくことはできないのよ」と猫たちにあざ笑われているような気がした。腹立たしかった。あなたたちの中にもきっと、そんなふうに感じたことがある人はいると思う。

　僕は学校ではかなりできの悪い生徒で勉強もあまりしてこなかった。だけど猫については、僕の中に轟音を立てる一対のエンジンがあって、僕を駆り立て、今この瞬間まで推し進めてくれた。

　猫に夢中になるきっかけとなったのは、ワイルド・キャットについて学んだことだ。目の前にいる猫の中には、はるかな祖先が今も息づいている。まさに驚異だ。彼らは決して飼い馴らされることのない精神を誇示しながら、進化の時計の刻む一瞬一瞬、僕たちの世界になんとか馴染もうとしていた。

ただ観察するだけでは満足できない。僕もその仲間になりたいと思った。そのうっとりするような魅力を、会う人すべてに伝えたかった。もう1つ、僕を駆り立てたのが、一刻もなおざりにはできないという気持ちだった。もし僕が猫の日常を支配する暗号を解読できず、ワイルド・キャットをイエネコという現代の世界に馴染ませることができなかったら、内なるワイルド・キャットは死んでしまうかもしれない。猫との個々の関係ができていくにつれ、こうした罪のない生き物たちが、その幸せも、さらには命さえも、僕に頼っているのだと感じた。

本書を通じて、ゴールは解決策を見つけることではないと僕は伝えてきたつもりだ。ビートルズの「Fixing a Hole」にあるように、大事なのは「雨漏りのする穴を塞ぐ」ことではない。家族を雨から守りたいというあなたの気持ちだ。支配の感覚ではなく、歩み寄りの精神で猫との関係は完成される。価値ある関係だ。

あなたはちょうど今、本書をパラパラとめくって、頭がどうかなりそうな問題の解決策を躍起になって探しているところかもしれない。もちろん、本書にはそのための対処法がいろいろ載っている。とはいうものの、僕のアドバイスは、猫一般の世界からあなたが飼っている猫の世界へ飛び込むための踏切板に過ぎない。どうかそういうものとして見てほしい。ここで紹介した対処法は、あなたをある程度のところまで導いてくれるはずだ。しかし、本当に自分のものとするには、猫への愛情をもって、出来る限りの事をして、直感や想像力を働かせることだ。だからこそ僕は、何か問題が起こったときは、猫の世界を隅々まで探検する時間を取ってほしいと思う。

どんな関係でもそうだが、順調な航海が続いていたのに突然、波が立ち始め、戸惑って頭をかく瞬間があるものだ。そんなときのために、モジョのおまじないがいくつかある。この先何年も続く猫との暮らしのあいだ、心の片隅に留めておくといい。

第一に、迷ったときはワイルド・キャットの自信を作る基礎、「3つのR」と「自信の持てる場所」と「HCKE」にすぐに戻ること。これらのツールは、その猫がどんなに年老いていようと若かろうと、常にモジョを解き放つ。猫たちが耐えなければならなかったトラウマがどの程度であろうと、彼らの日常の要求がどんなに特殊であろうと、同じだ。

第二に、できるだけ頻繁に、ちょっと立ち止まって、あなたにはすべてを理解することは決してできないのだと思い出すこと。どんな関係も、自分がすべてコントロールしているのだと考えると、必ず壊れる。関係そのものに常に謙虚に向き合い、学ぶ気持ちを持ち続けること。これはかつて僕にとっ

て、学ぶのが一番難しい教訓だったが、今は逆にこれが猫に対する興味と愛情の源となっている。

　最後にぜひ言っておきたいことがある。これを抜かしたら怠慢ということになってしまう。それは、誰かから優しくしてもらったら、ほかの誰かに優しくして、その優しさの輪を広げていく義務が、僕たち全員にあるということだ。世界中のあまりにも多くの猫が、あなたのような家族と自分のものと呼べるベースキャンプを必死で求めている。また、猫は嫌いだとか怖いと言う人たち、あるいは単に「犬派」だと言う人たちがとても多いのも事実だ。仕方がないと言ってしまえばそれまでだが、僕たちがその人たちを導き、迷信を一掃することができれば、引き受け手となる人の絶対数を増やして、すべての猫に我が家を与えることができるかもしれない。さらに、飼い猫に対する避妊・去勢手術と野良猫に対するTNRがどれほど効果的かを、もっと積極的に発信する必要がある。猫が多過ぎるという理由で殺さなくてもいい世界を実現するためにできることを、僕たちはやらなければならない。

　猫のモジョは、飼い主としての責任が自分の家の壁を越えて、地域社会にまで広がっていることを自覚している人たちによって決まる。野良猫は僕たちの猫だ。家のない猫も僕たちの猫だ。すべての猫への愛と、家族の一員として護る気持ちが行きわたった世界の実現に力を尽くそう。そのとき、僕たちの感じる喜びは飛躍的に高まり、広がる。世界をモジョで満たすのだ。

索引

あ

アイ・ラブ・ユー、猫ちゃん 201〜203
赤ちゃん ·················· 182〜194,291
握手までのスリーステップ ········ 203
アジリティコース ·············· 135,263
アビシニアン ·················· 32,34,52
アンゴラ ····································· 34
安眠妨害 ·························· 130,259
行き止まり·········· 106,108,111,175,290
いじめっ子················· 240〜243,293
いじめられっ子 ··········· 240〜243,293
異食症 ···················· 215,268〜271
1本指の握手 ························· 204
イヌハッカ····· キャットニップを参照
ウェットフード ······················ 91,93
内弁慶猫·········· 68,69,95,143,149,154,
　　179,201,242,253,281〜286,293
エアスプレー ·············· 138,258,271
餌入れ ······· 46,94,155,156,177,220,283
エジプシャンマウ ····················· 32
エド・ロウ··························· 31,117
王座 ································· 114
大当たり（大当たり！効果）··· 136,137,163,
オス ··············· 49,59,62,90,147
お座り ························· 135,136
オペラント条件付け········ 129,133,134
オリエンタル ························· 52

か

外耳 ································ 43

回避行動 ·························· 242
ガスコンロ························· 259
カメラ ···················· 266,278,300
ガレージ ···························· 120
カレン・プライア ···················· 134
がん ···························· 217,298
完全室内飼い ·············33,184,225
キッチン ··················· 131,138,139,
　　　　257〜259,264,293
キャットウォーク ········· 110,111,153,
　　　173,174,188,257,284
キャットタワー ··········· 108,111,113,
　　114,116,135,139,153,
　173,174,187,263,267,293
キャットニップ ······· 82,89,90,109,
　　225,232,233,263
キャット・ハグ ······················ 61
キャットプルーフ ····················· 257
キャットリフォーム ··········· 100,106,
　　108〜111,114〜116,152,
　173〜175,191,194,238,241
キャティオ·························· 225,263
旧世界種 ·························· 21,22
去勢 ···················· 30〜35,62,90
首輪 ·······················47,226,241
クラシックカー・タイプ ·············· 88
クリッカートレーニング ··· 134〜136
痙攣 ···························· 208,272
血液検査 ·················· 219,269,298
毛づくろい·····················46,82,
　97〜98,206,208,215,274,275

喧嘩 ………106,148,167,236,245〜247

玄関 ……………… 194,262〜264

高血圧 ……………………… 217

甲状腺機能亢進症 …… 94,215,219,298

行動専門家……………………… 63,201

香箱座り ………………… 22,60,

合流セッション ……… 160〜167,179,
237〜240

コクーン ……………………… 72,73

骨関節症 …………………… 217

子猫 …………… 52,53,60,123,146,147,
151,191,224

コロニー ……… 49,56,73,74,145,151

さ

視覚 ……………………… 42

姿勢 ………………………59〜61

しっぽ ………………… 55,56,59,60,82,
150,156,198,208,272,273

自動給餌器………………………… 262

ジャパニーズ・ボブテイル ……… 32

シャム ………… 21,34,35,52,266,268

シャンプー……………………… 97,98

受容細胞 ……………………40〜42

消化器疾患………………………… 215

消去バースト ………………… 140

食物アレルギー ……………… 274,275

触覚 ………………… 40,41,209

鋤鼻器 ……………………… 61

ジョン・ブラッドショー …… 40,56,88

寝室 ………102,194,260,261,299

新世界種 ……………………… 21,22

水槽 ……………………… 113

睡眠 ……………… 46,47,97,98,215

スコティッシュフォールド ……… 35

スフィンクス ……………… 98

スフィンクス座り ……………… 60

スプレー ……………… 279,290,301

スプレーボトル ……………… 131

スポーツカー・タイプ………………… 88

成猫 …………………… 60,147,191

双方向的おもちゃ ……………… 85,186

た

ターキッシュバン ………………… 32

体内時計 …………… 46,93,139,250,260

ダイニング……………………… 114,258

タイムアウト …………… 130,131,252

宝物じゃないもの探し……………… 213

脱感作 ……………………… 189,285

多頭飼い ……………90,94,110,112,114,
145,168,246

タペータム……………………… 43

ダメ!・いいよ法 ………… 138,139,143,
230〜232,240,257,258,261

聴覚 ……………………… 43

挑戦ライン…………… 108,140〜144,
156,216〜228,283

チンチラ ……………………… 34

爪カバー（ネイルキャップ）………… 234

爪研ぎ ……… 102〜105,230〜235,293

ツリー猫…………………… 71,72,109

転嫁攻撃 ················· 82,130,171,179,
235,250,251,280

電気コード ··························· 257,271

トイレトレーニング ············· 126,127

瞳孔 ·················· 42,57,58,86,207

糖尿病 ········· 91,215,217,219,298

トキソプラズマ症 ·············· 183,184

ドライフード ························ 91,137

トラフィックフロー ········· 106,108,153

な

ナポレオン猫 ············66～69,74,154,
201,226,242,243,253,280,291～293

縄張りマーカー ·········· 102～104,116,
118,120,121,126,168,280

納戸 ······················· 102,120,194

尿石症 ································ 215

尿中結晶 ······························ 91

尿路感染症 ···························· 212

にらみ合い ···················· 166,240

猫アレルギー ·················· 183,201

猫エイズ ························ 147,225

猫砂 ·················· 31,117,121～125,
289,290,295,296,299

猫探偵活動 ············· 211,213,214,278

猫チェス ······························ 154

猫知覚過敏症候群 ···················· 272

猫テレビ ···················· 112,113,267

猫用刑務所 ··························· 130

猫用トイレ············103,106,117～127,
168,169,174,175,194,294～302

ネペタラクト ·························· 89

喉鳴らし ··························· 52,53

野良猫 ············· 49,56,245,276～280

ノルウェージャン・
フォレスト・キャット ················· 32

は

バーマン ························· 21,32

薄明薄暮性動物 ·················· 47,260

抜爪 ·············· 35,148,235,290

早食い防止ボウル ············95,159,218

反対条件付け ······················ 189

ビーチ猫 ····························· 71

ひげ ················ 41,42,44,58,96

日時計 ····················· 111,113,116

避妊 ···················· 30～34,90,147

非認知攻撃·························· 245

皮膚疾患 ······················ 272,274

肥満(太った猫)······ 91,96～98,122,123,
217,218

フードパズル ···················· 218,270

フェロモン······················ 56,61,62

ブッシュ猫············· 70～72,252,263

ブレイクアウェイカラー ············ 226

フレーメン反応 ······················ 61

分離不安 ···················· 265～268

ベースキャンプ ···················· 101,102,
153,155,175,176,187

ペットキャリー ······ 135,162,219～221

ペットゲート ······ 158,159,175,178,194

ベビーベッド ·············· 187,188,291

ペルシャ ……………………… 29,34,35
防御姿勢 ……………………… 59,61
膀胱炎 …………………………… 215
ボス猫 ……………… 73,74,148,242
ホットスポット ………… 106,108,111
ボディランゲージ …52,54～60,200,201

ま

マーキング…………56,62,69,104,230
マイクロチップ ………………… 226
マタタビ …………………………… 59,89
待ち伏せ地帯 ……… 106,108,111,175
瞬き ………………57,58,60,201～203
マンクス ……………………… 34,35
ミケランジェロテクニック ……… 205
耳 ……………… 43,57,59,198,206,207
耳催眠 ……………………… 206,207
味蕾 ……………………………… 45
目 ……………… 41,42,57,58,60
メインクーン ………………… 32,35
目隠し ……………………… 160,161
メス ……………… 31,59,62,90,146,147
モジョマップ ……………… 114～116,
213,251,269,283,284,297
モヒート猫……………… 64～66,74,
242,281,285,292

や

薬物治療 ……………………… 248
夜行性 ……………………… 20,47,260
ヤコブソン器官 ………………… 61

ら

ライオンカット …………………… 98
ランプウェイ …………… 110,111,174
リード ……………… 176,177,226,263
リビング…… 102,114,153,173,194,243
レーザーポインター ………… 85,88,89
老猫(高齢の猫) ……………… 91,98,109,
121～123,146,147,215
ロータリー…………………………… 108
ロシアンブルー …………………… 34

A-Z/0-9

B・F・スキナー ………………… 129
DNA ………………17,21,32,39,44,192
FHS ……… 猫知覚過敏症候群を参照
HCKE …………… 39,80,91,97,113,238
HCKEGS ……………… 38,80,91,97
TNR ……………………… 34,278
3つのR ………… 38,45,186,190,195

credits

本文イラストレーション
数字の後の「d」の文字はほかのページにも掲載されていることを意味する。

Osnat Feitelson: 17, 18, 19, 20, 22, 25, 26, 27d, 29, 36d, 37d, 39d, 40d, 41d, 45, 47d, 48, 49, 53d, 55, 57, 58, 60d, 61d, 62d, 64, 65, 66, 67, 68, 70, 71, 72, 73, 74d, 79d, 81, 85d, 91d, 97, 98d, 103d, 105, 108d, 112, 119d, 125, 128, 130, 133, 139, 140, 143, 144, 146, 150, 151, 154d, 155, 156, 157, 158d, 159d, 160, 161d, 164, 167, 168, 170, 173, 174, 176, 180d, 182, 183, 184, 185, 190, 196, 200d, 201d, 203, 204, 211, 214d, 215d, 220, 225d, 226, 230d, 232d, 233d, 234d, 239d, 242d, 247d, 248d, 250d, 251, 253d, 255, 257d, 259d, 262d, 264d, 270d, 274d, 275d, 280d, 281d, 286d, 288d, 293d, 297d, 298d, 300d, 302d, 303d, 305

Franzi Paetzold: 72, 73, 78, 95, 101, 107, 111, 115, 129, 187, 213

Omaka Schultz (artist), Brandon Page (inker), Kyle Puttkammer (art director): 83, 87, 124, 135, 244, 254, 277

Emi Lenox: 51, 59, 117, 118, 126, 192, 194, 222, 236d, 260, 294d

Sayako Itoh: 21, 32d, 56d, 88d, 205, 209d, 228, 271d

日本版ブックデザイン	米倉英弘（細山田デザイン事務所）
カバーイラストレーション	白根ゆたんぽ
DTP	TKクリエイト（竹下隆雄）
印刷	シナノ印刷株式会社
翻訳協力	日向やよい、樋田まほ、株式会社トランネット
校正協力	鷗来堂

【著者】
ジャクソン・ギャラクシー

猫の行動専門家。25年にわたって、動物保護施設や家庭訪問で猫のカウンセリングやしつけなどにより、猫たちがよりよい生活を送れるように尽力してきた。動物と人間をテーマにした専門チャンネル「アニマルプラネット」の人気長寿番組『猫ヘルパー～猫のしつけ教えます～』のホスト兼エグゼクティブプロデューサーとしても活躍。著書に『ニューヨーク・タイムズ』紙のベストセラーに選ばれた『猫のための部屋づくり』(エクスナレッジ刊、共著)、『猫のための環境づくり（Catify to Satisfy)』(共著)、自伝『ぼくが猫の行動専門家になれた理由』(パンローリング）がある。

ミケル・デルガード

フィーライン・マインズ社所属の行動コンサルタント、カリフォルニア大学デービス校獣医学科研究員。15年以上にわたり、人間が猫を理解する手助けとなる活動を行う。カリフォルニア大学バークレー校で動物の行動および人間と動物の関係を研究し、心理学の博士号を取得。

【訳者】
プレシ南日子

東京外国語大学英米語学科卒業。ロンドン大学バークベックカレッジ修士課程（映画史）修了。主な訳書に『愛犬を賢くする21の方法』(共訳、ゴマブックス)、『どん底から億万長者』『歴史を変えた!? 奇想天外な化学実験ファイル』(すべてエクスナレッジ)、『最新科学で読み解く0歳からの子育て』(東洋経済新報社)、『3.11 震災は日本を変えたのか』(共訳、英治出版）などがある。

ジャクソン・ギャラクシーの
猫を幸せにする飼い方

2018年11月1日　初版第1刷発行
2019年3月20日　　　第2刷発行

著者　　　ジャクソン・ギャラクシー
　　　　　ミケル・デルガード

訳者　　　プレシ南日子

発行者　　澤井聖一

発行所　　株式会社エクスナレッジ
　　　　　〒106-0032
　　　　　東京都港区六本木7-2-26
　　　　　http://www.xknowledge.co.jp/

問合せ先　編集　Tel：03-3403-1381
　　　　　　　　Fax：03-3403-1345
　　　　　　　　info@xknowledge.co.jp
　　　　　販売　Tel：03-3403-1321
　　　　　　　　Fax：03-3403-1829

無断転載の禁止
本書の内容（本文、写真、図表、イラスト等）を、当社および
著作権者の承諾なしに無断で転載（翻訳、複写、データベース
への入力、インターネットでの掲載等）することを禁じます。

© X-Knowledge Co.,Ltd.　Printed in Japan